锰基柱撑黏土低温选择性催化还原（SCR）脱硝

马宏卿　著

科学出版社

北京

内 容 简 介

作为燃煤大国，脱除燃煤烟气中的 NO_x 对于我国大气污染治理和环境改善具有重大意义。选择性催化还原（SCR）脱硝技术被公认为是最有效的烟气脱硝技术之一，其中，低温 SCR 脱硝技术由于具有突出的经济性优势，是当前主要发展方向。因此，开发高效经济的适用催化剂势在必行。本书系统总结 SCR 脱硝技术背景、理论研究及技术应用，尤其是低温 SCR 脱硝催化剂的研究现状；在此基础上，针对备受关注的高活性锰（MnO_x）基活性组分，详细论述以柱撑黏土为载体催化剂的制备、理化性质、低温脱硝活性、抗毒化性能［水、硫和碱（土）金属］及再生方法等内容。

本书可作为本科院校环境工程等专业教材，也可作为大气污染控制方向研究生、科研及技术人员的参考书，还可作为催化化学原理及应用的培训教材。

图书在版编目（CIP）数据

锰基柱撑黏土低温选择性催化还原（SCR）脱硝 / 马宏卿著. —北京：科学出版社，2020.10

ISBN 978-7-03-061870-2

Ⅰ.①锰⋯　Ⅱ.①马⋯　Ⅲ.①锰－粘土－复合材料－催化剂－脱硝　Ⅳ.①O643.36

中国版本图书馆 CIP 数据核字（2019）第 146055 号

责任编辑：叶苏苏 / 责任校对：王 瑞
责任印制：罗 科 / 封面设计：墨创文化

科 学 出 版 社 出版

北京东黄城根北街 16 号
邮政编码：100717
http://www.sciencep.com

成都锦瑞印刷有限责任公司 印刷

科学出版社发行　各地新华书店经销

*

2020 年 10 月第 一 版　开本：720 × 1000　1/16
2020 年 10 月第一次印刷　印张：12 1/4
字数：250 000

定价：**149.00 元**
（如有印装质量问题，我社负责调换）

前　　言

我国是燃煤大国，氮氧化物（NO$_x$）污染明显；高效脱除烟气中 NO$_x$ 进而实现大气污染治理和环境改善意义重大。就 NO$_x$ 脱除技术而言，以钒（VO$_x$）基催化剂使用为主的传统选择性催化还原（selective catalytic reduction，SCR）在应用上存在诸多问题。例如，商业催化剂脱硝活性温度窗口较窄（300～400℃），采取低粉尘工艺布置方式的脱硝成本高、需要改造原有设备，进一步增加了脱硝成本等。

低温 SCR 脱硝技术适合低粉尘甚至尾部布置方式，延长了催化剂寿命；同时无须烟气重新加热，还可有效降低现有设备的改造成本。基于以上两个方面的原因，低温 SCR 脱硝技术以其经济性广受关注，相关催化剂开发成为燃煤烟气脱硝领域的研究热点。目前研究报道的催化剂种类较多，但并未成功开发出低温范围内高效脱除 NO$_x$ 的商业化催化剂。在多种报道的催化剂中，MnO$_x$ 基催化剂脱硝活性相对较高；然而，其相关载体普遍存在成本高、易烧结和抗水（H$_2$O）抗硫（SO$_2$）性差的问题，难以实现工业化应用。因此，开发高效经济的低温催化剂势在必行。著者近几年来致力于以来源广泛、价格相对低廉的改性黏土作为载体开发相关 MnO$_x$ 基低温脱硝催化剂。本书现将相关研究进行整理，主要内容如下。

（1）通过比较发现，对黏土改性制备出柱撑黏土（pillar inter-layered clay，PILC），并将其用作载体是获得高 SCR 脱硝活性 MnO$_x$ 催化剂的有效途径。在此基础上，以 MnO$_x$/Ti-PILC 的低温 SCR 脱硝活性为评价标准，从载体 Ti-PILC 制备参数、MnO$_x$ 负载量及催化剂煅烧温度三个方面研究 MnO$_x$/Ti-PILC 的制备过程。发现得到 MnO$_x$ 的适宜载体 Ti-PILC 的条件如下：柱添加量 Ti/clay（摩尔质量比）为 15mmol/g、酸量 H/Ti（物质的量比）为 1.2、黏土浓度为 1%、1∶1（质量比）的水和丙酮做溶剂，煅烧温度为 500℃。MnO$_x$/Ti-PILC 的最佳负载量为 10%，300℃下煅烧后催化剂展现出理想的脱硝活性，和 MnO$_x$/Al$_2$O$_3$ 相当且优于 MnO$_x$/TiO$_2$，且在 650000h^{-1} 下仍保持较高的脱硝活性。就抗 H$_2$O 抗 SO$_2$ 性而言，所得催化剂具有较好的抗 H$_2$O 性；在存在 SO$_2$ 时，MnO$_x$/Ti-PILC 严重不可逆失活，即使经过 300℃热处理也仅可恢复 10%的脱硝活性。

（2）系统地研究添加元素（Bi、La、Fe、Sn、W、V、Ce）及添加量对 MnO$_x$/Ti-PILC 低温 SCR 脱硝活性的影响，以期指导改善其脱硝活性。多种添加元素中，添加 Ce、La 促进作用明显，且二者均存在最佳添加量。对于 Ce 而言，在最佳添加量下，Mn-CeO$_x$/Ti-PILC 的氧化还原性质最强，表面化学吸附氧浓度较高；在添加适量的 La 后，Mn-LaO$_x$/Ti-PILC 的氧化还原性质也明显增强，同时表面酸量得到改善，最终使催化剂脱硝活性明显提高。此外，Mn-CeO$_x$/Ti-PILC 和 Mn-LaO$_x$/Ti-PILC 较 MnO$_x$/Ti-PILC 的抗 H$_2$O 抗 SO$_2$ 性明显改善。

柱撑元素也是催化剂的重要组成部分，Ti-PILC 的制备方法对脱硝活性有重要影响。其中，以 TiOSO$_4$ 为 Ti 源通过沉淀反胶溶法得到的 Ti-PILC 负载 Mn-CeO$_x$ 后活性更为理想，其活性优于 Ti(OC$_4$H$_9$)$_4$ 溶胶法和 TiCl$_4$ 酸解法得到的 Ti-PILC 负载型催化剂，且在短时间内能抵抗一定浓度的 SO$_2$ 作用。结合理化表征分析可认为较强的表面酸量、层间存在的 TiO$_2$、较大的比表面积和孔容是其活性和抗 SO$_2$ 性较高的原因。

（3）采用不同的 PILC 作为载体，探讨柱撑元素对负载型 MnO$_x$ 基催化剂的低温 SCR 脱硝活性影响。在此基础上，进一步研究 Ce 和 Zr 共柱撑催化剂（MnO$_x$/Zr-Ce-PILC 和 Mn-CeO$_x$/Ti-Zr-PILC）的脱硝活性。结论如下：对于 MnO$_x$ 以及 Mn-CeO$_x$ 双组分催化剂而言，Ti 和 Zr 比 Fe 和 Al 作为氧化物柱时更有利；一步法引入 Zr-Ce 混合氧化物柱可显著提高催化剂的比表面积、丰富其孔结构、改善 MnO$_x$ 与载体的相互作用，提高其氧化还原性质以及表面酸量，最终 MnO$_x$/Zr-Ce-PILC 活性较 MnO$_x$/clay 明显增强，同时抗 H$_2$O 抗 SO$_2$ 性得到改善；对黏土进行有机改性后可以促进其有效地进行 Ti、Zr 混合柱撑，改善负载型 Mn-CeO$_x$ 的酸量，因此最终提高催化剂的脱硝活性。

（4）以 Mn-CeO$_x$/Ti-PILC 催化剂为研究对象，借助理化性质表征手段，对新鲜、SO$_2$ 中毒以及热处理后催化剂结构性质的变化进行全面对比，并探讨催化剂 SO$_2$ 中毒机理，最终发现硫酸铵盐的沉积可能是失活的重要原因。

（5）碱（土）金属会降低催化剂对 NO 的转化率，在同样致毒元素量的情况下，碱金属 K 的毒化作用强于碱土金属 Ca；碱金属 K 和 Na 中，K 的毒化作用强于 Na。K 的毒化作用的主要渠道包括中和催化剂活性酸位点、抑制 NH$_3$ 的表面吸附及活化、通过强化催化剂表面氧与金属键合降低化学吸附氧比例，最终抑制了催化剂的低温氧化还原性质。

水洗可以有效地对中毒程度较弱的催化剂进行再生；对于 K 掺入量较高的催化剂，酸洗再生的效果要优于水洗再生。

本书得到山东省自然科学基金博士基金（ZR2016EEB33）及山东省科技重点研发计划项目（2960109019GSF109096）的支持，主体内容以著者的博士学位论文《锰基柱撑黏土低温选择性催化还原（SCR）脱硝研究》为基础。特别感谢南开大学沈伯雄教授的悉心指导，姚燕、邓黎丹和刘亭博士参与本书第 7 章的写作，其中姚燕博士撰写 7.3 节，并在本书的完成中一直给予建议和帮助，在此致以深深的谢意。感谢我的家人在本书撰写期间给予的理解、支持与鼓励！

在本书撰写过程中，著者参考了大量国内外文献资料，并在书中尽量注明和列出。在此，向相关作者表示衷心感谢！

此外，由于著者知识结构及能力所限，本书疏漏在所难免，敬请读者批评指正。

马宏卿

2020 年 6 月于山东临沂

（E-mail：hongqing6010@126.com）

目　　录

第1章 绪　　论

1.1　烟气脱硝相关背景

1.1.1　NO$_x$的危害、来源

随着社会持续发展，人类对能源的需求不断增加，由此带来的环境问题也不断加重。当前主要环境问题之一就是大气污染，NO$_x$是一类重要大气污染物，通常所说的 NO$_x$ 有 N$_2$O、NO、NO$_2$、N$_2$O$_3$、N$_2$O$_4$ 和 N$_2$O$_5$ 等多种形式，其中所占比例最大的是 NO 和 NO$_2$，其他形式的 NO$_x$ 相对较少；NO 和 NO$_2$ 两种物质中，绝大部分又是 NO。NO 与血红蛋白的结合能力极强（NO 与血红蛋白的结合能力是 CO 的 1000 倍），会对中枢神经造成伤害；NO$_2$ 稳定性较强，其毒性是 NO 的 4～5 倍。NO$_x$ 还会导致光化学烟雾等较强毒性的二次污染物生成，大气中挥发性有机化合物（volatile organic compounds，VOC）浓度较高，因此我国光化学烟雾的产生主要受 NO$_x$ 制约，大气 NO$_x$ 浓度的微小增加都会加重光化学烟雾的污染。此外，NO$_x$ 还会通过物理化学作用导致酸雨、温室效应和臭氧层破坏等一系列环境问题[1]。

空气中的 NO$_x$ 主要来自天然排放和人为活动两个方面。天然排放的 NO$_x$ 主要来自土壤和海洋中的有机物质分解，产生量约为 5×10^8t/a。全球人为活动的 NO$_x$ 产生量在 5×10^7t/a 以上，主要集中在城市和工业区等人口密集区域，对人类危害较大；人为活动 NO$_x$ 中 90%以上来自煤、石油、天然气等燃烧过程。从世界范围来看，NO$_x$ 排放总量的 35%～40%来自煤的燃烧。我国 NO$_x$ 排放总量的 60%来自煤的燃烧[2]。据统计，火电站 NO$_x$ 的排放量约占全国 NO$_x$ 排放总量的 40%，移动源 NO$_x$ 的排放量约占 25%，其他行业 NO$_x$ 的排放量约占 35%[3]。

1.1.2　NO$_x$污染现状以及控制政策

我国以煤为主要一次能源，目前是世界上最大的煤炭消费国，煤炭消费总量占世界的 36.9%[2]。根据国家统计局数据统计，2000～2004 年，煤炭占能源消费总量的比例为 65%以上，2009 年煤炭在全国一次能源消费结构中所占的比例达到 69.6%，消费总量为 30.5 亿 t。到 2020 年，煤炭在全国一次能源消费结构中的比

例占 55%左右，消费总量将达到 38 亿 t；到 2050 年，煤炭在全国一次能源消费结构中的比例仍将占到 50%左右[4]。

在今后相当长的时期内，中国能源仍以煤炭发电为主。这种能源状况决定了我国的大气污染属于以烟尘、SO_2、NO_x 和 CO_x 为主要特征的煤烟型大气污染，目前全国烟尘排放总量的 70%、CO_2 排放量的 70%、SO_2 排放量的 80%都来自燃煤[5]，燃煤过程中 NO_x 排放量占排放总量的 67%[6]。

我国经济快速发展促使电力需求不断增加，发电装机容量也不断增长。到 2020 年，全国用电总量预计将超过 46000 亿 kW·h，所需的发电装机容量约为 11 亿 kW，其中燃煤机组的发电装机容量高于 6.5 亿 kW。NO_x 的排放量随着火电机组数量和发电量的不断增加而增长，同时国内民用汽车等移动源保有量也在逐年增加，因此，我国的 NO_x 排放污染问题较为突出，2000 年我国 NO_x 排放量约 77 万 t，约 63%源于煤燃烧，其中燃煤发电占 35.8%；2007 年我国 NO_x 排放量为 1797.7 万 t。据测算，全国 NO_x 排放量的年均增长率为 5%~8%。若不有效控制，预计到 2030 年，全国 NO_x 排放量将达到 3154 万~4296 万 t，届时我国将超过美国成为世界第一大排放国[7]。此外，由于 NO_x 的跨国界"长距离"输送，NO_x 排放问题引起国际社会的广泛关注，这使我国控制 NO_x 排放的国际压力增大。

20 世纪 70 年代起，欧洲、日本、美国等发达国家及地区已重视 NO_x 的排放控制问题，相继对燃煤电站锅炉的 NO_x 排放提出限制，并日趋严格。我国 NO_x 排放控制起步较晚。1996 年颁布《火电厂大气污染物排放标准》（GB 13223—1996），其中仅对≥1000t/h 的锅炉提出控制要求，排放限值为 650mg/m³。2000 年，在新修订的《中华人民共和国大气污染防治法》中明确提出：企业应当对燃料燃烧过程中产生的氮氧化物采取控制措施。从 2004 年 1 月 1 日起，我国开始实施《火电厂大气污染物排放标准》（GB 13223—2003）[8]，通过排放量和排放浓度双重控制 NO_x 排放。"十一五"期间，实施总量控制的污染物中唯有 NO_x 的污染尚未得到有效控制，"十二五"期间加大了对 NO_x 排放的控制力度，脱硝成为节能减排新的着力点。2010 年 1 月 27 日，环境保护部颁布并执行《火电厂氮氧化物防治技术政策》，对全国 200MW 及以上燃煤发电机组、热电联产机组和重点控制区域的所有燃煤发电机组以及热电联产机组的 NO_x 排放实行重点控制。对 NO_x 减排以及烟气脱除 NO_x 技术提出了较高的要求。自 2014 年以来，我国增加了对于燃煤锅炉 NO_x 排放要求，并对新建燃气燃油锅炉收严了相关标准限值；部分省市通过燃煤锅炉"超低排放"技术改造、燃气锅炉"低氮改造"对 NO_x 排放提出了更高的要求。全面实施该项技术政策后，减排压力巨大[9]。据环境保护部数据统计，2011 年上半年，NO_x 排放总量即达到 1206.7 万 t，同比增长 6.4%。因此，面对现实的高排放量和严峻的控制要求，NO_x 尤其是燃煤 NO_x 的排放控制问题将是我国未来环保工作的一项重点。科学有效地治理 NO_x 已成为我国大气污染控制领域最为紧迫的任务之一。

1.1.3　燃煤 NO_x 的主要控制技术

NO_x 的污染控制备受关注。国内外学者研究开发了多种技术进行 NO_x 的控制。电厂 NO_x 控制可以分为燃烧前控制、燃烧过程控制和燃烧后脱硝（即烟气脱硝）三类技术。其中，燃烧前控制主要通过超临界萃取等方法减少燃料的含氮量，最终降低 NO_x 排放，此方法处理成本较高。此外，电厂排放的 NO_x 中热力型 NO_x（来自 N_2 氧化）占相当一部分。因此，目前燃烧前控制技术研究和应用均较少，现行的控制技术主要是燃烧过程控制技术和烟气脱硝技术。

燃烧过程控制即根据燃烧过程 NO_x 的生成特性，改变化石燃料的燃烧条件，合理地控制燃烧过程，从而降低 NO_x 的生成量。燃烧过程控制采用的技术手段包括低 NO_x 燃烧器、空气分级燃烧、燃料再燃、燃料分级燃烧、浓淡偏差燃烧、烟气再循环、低过剩空气燃烧水或蒸汽喷射等。其中，低 NO_x 燃烧器是利用烟气再循环、分段送风、再燃烧技术而研制成的，是一种低 NO_x 燃烧和分段燃烧相结合的脱氮装置，可以使燃烧中的 NO_x 下降 50%。烟气再循环通过部分烟气返回燃烧区来同时降低炉内温度以及氧气浓度，有效控制热力型 NO_x 的生成。烟气再循环量不高于 15% 时，此法可明显有效地控制燃油和燃气锅炉 NO_x，但对燃煤锅炉 NO_x 控制效果较差。

由于燃烧过程控制 NO_x 效率普遍不高，无法满足发达国家严格的相关排放标准要求，而且有可能导致锅炉燃烧效率降低和受热面腐蚀，国外广泛采用烟气脱硝技术。此外，燃烧过程控制技术成本较低，工艺相对成熟，常作为烟气脱硝技术的有益补充。美国和德国先采用低 NO_x 燃烧技术降低 50% 以上的 NO_x 后再进行烟气脱硝，以降低脱硝设备入口处的 NO_x 浓度、提高脱硝活性并减少投资和运行费用[10]。在排放标准相对不是很严格时，使用燃烧过程控制 NO_x 即可满足排放要求。低 NO_x 燃烧技术的研发和生产在我国已取得了长足进步，实现了自主设计、自行制造及安装并调试，已是火电行业控制 NO_x 的首选技术。但这种技术仅可以降低 NO_x 排放量的 50% 左右，而随着社会发展和民众环保意识的提升，NO_x 排放限制标准将会更加严格，届时单纯使用燃烧过程控制技术将无法满足要求，必须使用相应的烟气脱硝技术。

烟气脱硝技术有多种，依据不同的工作介质可分为干法脱硝和湿法脱硝两种。干法脱硝主要有 SCR 脱硝、选择性非催化还原（selective non-catalytic reduction，SNCR）脱硝、等离子体法、催化分解法等；湿法脱硝主要是液体吸收法等。各种方法的简单比较如表 1.1 所示。

干法脱硝过程简单、设备投资较少并且脱硝活性高，国际上研究最多、应用最广。其中已成功应用于工业实践、相对成熟的是 SCR 脱硝和 SNCR 脱硝两种技术，其他大多处于研究阶段或中试阶段。与 SNCR 脱硝相比，SCR 脱硝技术优势体现在脱硝活性可达 90%以上、选择性好、氨逃逸率较小（<5ppm①）、操作温度低、技术成熟可靠且运行稳定。当前一些排放要求较高的发达国家（如美国、德国和日本）均普遍使用该技术来控制 NO_x 的排放。从长远看，SCR脱硝应该是我国烟气脱硝技术的主流。

表 1.1　烟气脱硝技术比较

工艺		原理要点	优点	缺点	脱硝活性	投资费用	适用性
选择性还原法	SCR脱硝	以 NH_3、H_2、CO、烃类等为还原剂，较低温度和催化剂作用下，将 NO_x 选择性还原为 N_2 和 H_2O	操作温度比SNCR脱硝低，无二次污染，净化效率高，技术成熟	投资成本高，存在安全风险：氨泄漏，关键技术含量高	>80%	较高	排气量大的连续排放源
	SNCR脱硝	以尿素或者氨类化合物将 NO_x 还原为 N_2 和 H_2O，通常发生在较高的温度（900~1000℃）	不使用催化剂，设备工艺简单，不需旧设备改造，能耗及处理费用低	NH_3 用量大，有泄漏风险，设计及温度和控制难度较大	40%~60%	中等	排气量大的连续排放源
	SCR-SNCR 结合脱硝	在高温区使用SNCR脱硝；在尾部烟道中安装SCR反应器，利用SNCR脱硝中逃逸的 NH_3 将 NO_x 进一步还原	结合了 SCR脱硝和 SNCR脱硝工艺优势（脱硝活性较高，NH_3逃逸量低）	工艺复杂	85%		排气量大的连续排放源
催化分解法		不使用还原剂，利用催化剂使 NO_x 直接分解成为 N_2 和 O_2	不加还原剂，无二次污染	反应所需温度高	—	高	研究阶段
等离子体法		高能电子或其次生的活性基团将 NO 氧化成 NO_2 并与 NH_3 生成 NH_4NO_3	同时脱硫脱硝，无二次污染	运行费用高，关键设备和技术含量高	85%	较高	范围广
微生物法		利用反硝化菌使 NO 转化为 N_2	工艺设备简单，无二次污染，能耗及处理费用低，效率高	有废弃滤料，微生物及控制条件苛刻	80%	低	范围广

---

① 1ppm = 10^{-6}

续表

工艺		原理要点	优点	缺点	脱硝活性	投资费用	适用性
液体吸收法	水吸收	水直接吸收	投资成本低，设备简单	效率低	很低	较低	气量小，脱硝活性要求不高的场合，不适于处理燃煤电厂烟气
	硝酸吸收	稀硝酸化学吸收	可以回收 NO	消耗动力大			
	碱液吸收	碱液化学吸收	投资成本低	效率低			
	吸收还原	先吸收到碱液中，再还原为 N_2	净化效率高	设备负载大，易腐蚀			
	络合吸收	络合剂直接与 NO_x 反应，然后加热使其释放	可以回收 NO	需要后续处理			
	氧化吸收	用强氧化剂将 NO 氧化为 NO_2，再用碱液吸收	吸收塔占地面积小	氧化剂用量大，二次污染			
吸附法		利用分子筛、活性炭、硅胶、泥煤等吸附 NO，部分吸附剂兼有催化剂的功能，将 NO 氧化为 NO_2，脱附的 NO_2 用水或者碱液吸收	同时脱硫脱硝，回收 NO_x 和 SO_2，运行费用低	吸附剂用量大，设备庞大，一次脱硝活性低，再生频繁	80%~90%	较高	排气量不大，不适于处理燃煤电厂烟气

1.2　SCR 脱硝技术以及国内外研究现状

SCR 脱硝技术是目前发达国家普遍采用的脱硝技术。在商业燃煤、燃气和燃油锅炉烟气脱硝系统中，理想状态下其脱硝活性可以达到 90% 以上。实际维持如此高效率所需费用较高，同时由于存在氨量的控制误差等因素，SCR 系统的实际脱硝效率维持在 70%~90%。具备高脱硝活性的 SCR 脱硝技术成熟可靠，是目前广泛用于燃煤电站等固定源 NO_x 脱除的最佳技术。随着节能减排宏观政策及 NO_x 控制标准的逐步严格，SCR 脱硝技术在我国今后必将得到更广泛的应用与发展。

1.2.1　SCR 脱硝基本原理

SCR 脱硝技术的基本原理是：在烟气中存在一定量 O_2 的条件下，通过烃类化合物、尿素、氨、CO 等还原剂（电厂中主要为 NH_3），在非均相催化剂的作用下，于适当的温度下把 NO_x 还原为 N_2 和 H_2O。其主要反应方程式及反应原理如图 1.1 所示。

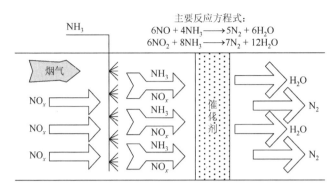

图 1.1　SCR 脱硝技术的基本原理图

SCR 主要反应如下：

$$4NH_3 + 4NO + O_2 \longrightarrow 4N_2 + 6H_2O \tag{1.1}$$

$$4NH_3 + 2NO_2 + O_2 \longrightarrow 3N_2 + 6H_2O \tag{1.2}$$

$$NO + NO_2 + 2NH_3 \longrightarrow 2N_2 + 3H_2O \tag{1.3}$$

由于烟气中的 NO_x 主要以 NO（95%）形式存在，反应（1.1）是主要反应形式，也称标准 SCR（standard SCR）反应。同时 NO_x 中较少量的 NO_2（5%）可以使 SCR 脱硝反应速率更高，促进 SCR 脱硝反应。实验发现 NO 和 NO_2 物质的量相等时，脱硝反应按照反应（1.3）进行，此时称为快速 SCR（fast SCR）反应[11]。

$$4NH_3 + 6NO \longrightarrow 5N_2 + 6H_2O \tag{1.4}$$

$$8NH_3 + 6NO_2 \longrightarrow 7N_2 + 12H_2O \tag{1.5}$$

在 SCR 脱硝反应中，O_2 起到重要作用。无 O_2 存在的条件下，NO、NO_2 与还原剂 NH_3 在催化剂中也会发生反应（1.4）和反应（1.5），不过反应速率明显慢于反应（1.1）和反应（1.2）。

除了以上反应，SCR 脱硝反应通常还存在一些副反应，主要是 NH_3 的氧化反应以及分解反应，生成 N_2、NO，甚至是 N_2O 等。主要副反应如下：

$$4NH_3 + 3O_2 \longrightarrow 2N_2 + 6H_2O \tag{1.6}$$

$$2NH_3 + 2O_2 \longrightarrow N_2O + 3H_2O \tag{1.7}$$

$$4NH_3 + 5O_2 \longrightarrow 4NO + 6H_2O \tag{1.8}$$

$$2NH_3 \longrightarrow N_2 + 3H_2 \tag{1.9}$$

其中，NH_3 氧化为 NO 的反应［反应（1.8）］和 NH_3 的分解反应［反应（1.9）］所需温度高于 350℃，450℃以上反应（1.8）和反应（1.9）变得激烈。温度低于 300℃时，仅可能发生 NH_3 氧化生成 N_2 的反应［反应（1.6）］。

此外，烟气中往往存在一些 SO_2，这些 SO_2 本身以及其氧化生成的 SO_3 可能与还原剂 NH_3 反应生成 $(NH_4)_2SO_4$［反应（1.11）］和 NH_4HSO_4［反应（1.12）］

等一系列硫酸铵盐；这些硫酸铵盐往往可以覆盖在催化剂表面，导致催化剂活性位点暴露减少，催化剂脱硝活性下降。而反应（1.13）形成的 H_2SO_4 容易与催化剂活性成分等直接反应导致催化剂失活。以上两个方面是 SO_2 影响催化剂脱硝活性的主要因素。

$$2SO_2 + O_2 \longrightarrow 2SO_3 \tag{1.10}$$

$$2NH_3 + SO_3 + H_2O \longrightarrow (NH_4)_2SO_4 \tag{1.11}$$

$$NH_3 + SO_3 + H_2O \longrightarrow NH_4HSO_4 \tag{1.12}$$

$$SO_3 + H_2O \longrightarrow H_2SO_4 \tag{1.13}$$

1.2.2 SCR 装置及技术应用现状

1. SCR 装置的系统组成

图 1.2 为 SCR 装置的系统组成示意图。在典型的 SCR 系统中，NH_3 由氨罐输送到喷氨格栅并喷入烟道中，其后与省煤器出口的烟气在氨与烟气混合器中进行充分混合进入 SCR 反应器。NH_3 与烟气在 SCR 反应器内经催化剂作用充分反应后生成 N_2 和 H_2O，并随烟气排出，进入空气预热器（air preheater，APH），随后经除尘器除尘并从系统中排出。整个系统中均配有检测控制系统，在 SCR 反应器进口处设置 NO_x、O_2 浓度监测分析仪，在 SCR 反应器出口处设置 NH_3 浓度监测分析仪，当 NH_3 的逃逸率超过规定值时，系统会报警并自动调节喷氨量。另外，还设有温度监测系统监视系统的温度变化，当烟气温度超出 SCR 反应器设定的温度窗口时，温度信号将自动关闭氨注入系统和喷氨系统。

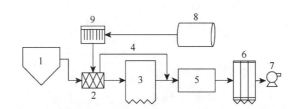

图 1.2 SCR 装置的系统组成示意图

1-省煤器；2-氨与烟气混合器；3-SCR 反应器；4-SCR 旁路；5-APH；6-除尘器；
7-风机；8-氨罐；9-喷氨格栅

2. SCR 反应器的总体布置

SCR 脱硝工艺的核心装置是 SCR 反应器。依据脱硝反应所使用的催化剂脱硝活性温度窗口，可以将 SCR 反应器按照如下三种方式进行布置。

1）高飞灰布置方式

将 SCR 反应器布置于锅炉省煤器和 APH 之间，如图 1.3（a）所示。此种布置方式中，烟气段温度为 300～500℃，可以满足大多数 SCR 脱硝催化剂所需反应温度的需求，因此可选催化剂种类较多。此外，由于烟气温度较高，无须对烟气重新加热，该布置方式的初始投资及运行费用较低。

此种布置方式也存在一定的缺点，例如，催化剂由于长期暴露在较高温度的烟气中，一方面催化剂容易出现烧结现象；另一方面高浓度粉尘对催化剂具有较大的冲刷和磨损，还容易使催化剂孔道堵塞，造成催化剂脱硝活性下降、气流阻力增大。此外，烟气中存在的碱金属（K、Na 等）、碱土金属（Ca、Mg 等）、砷（As）和汞（Hg）等物质也会造成催化剂出现中毒现象，使其活性下降甚至失活。

2）低飞灰布置方式

将 SCR 反应器布置在静电除尘器（electrostatic precipitator，ESP）和 APH 之间，如图 1.3（b）所示。与高飞灰布置方式相比，此种布置方式中烟气经过除尘器后粉尘浓度很低，高浓度粉尘冲刷和堵塞催化剂问题显著缓解。因此，此种布置方式有效保护了催化剂，使其寿命显著延长。

此种布置方式的缺点有以下几个方面：经过除尘之后，烟气温度迅速降低，仅有 160℃左右甚至更低，烟气温度与很多脱硝催化剂脱硝活性温度窗口并不匹配，造成可选催化剂种类较少；由于未经过脱硫装置（flue gas desulfurization，FGD），烟气中含有较高浓度的 SO_2，其与还原剂 NH_3 反应形成的硫酸铵等铵盐类容易覆盖在催化剂表面，致使催化剂脱硝活性下降甚至失活。另外，较高温度的烟气首先经过 ESP，因此 ESP 需要能耐受高温，这对其技术要求极高，然而目前高温静电除尘技术并不成熟，难以满足此种布置方式的要求。

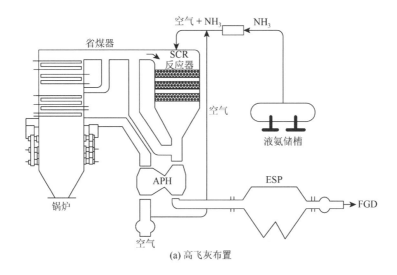

(a) 高飞灰布置

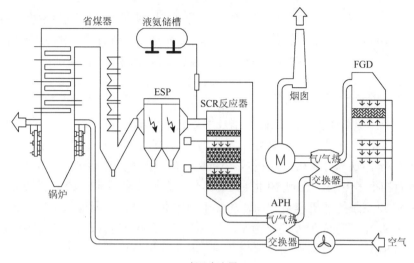

(b) 低飞灰布置

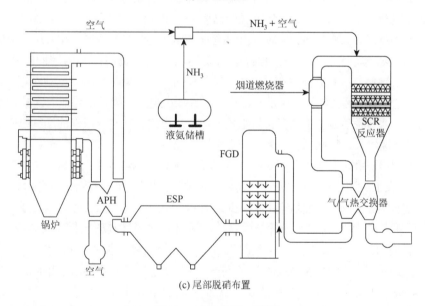

(c) 尾部脱硝布置

图 1.3 SCR 布置工艺图

3）尾部脱硝

将 SCR 反应器布置在 FGD 之后，如图 1.3（c）所示。此种布置方式中，烟气经过除尘脱硫之后，粉尘浓度和 SO_2 浓度显著降低，因此不存在高浓度粉尘催化剂冲刷和较大程度的堵塞现象，同时降低了 SO_2 造成的催化剂脱硝活性下降乃至中毒失活影响；可以使用更大的烟气流速，从而节约催化剂用量，降低成本；催化剂使用寿命较高，可达到高飞灰 SCR 系统催化剂使用寿命的两倍以上。

不过，经过湿式 FGD 后烟气温度显著降低，即使半干法脱硫后温度稍高，也仅有 75～100℃。因此，此种布置方式中，必须对烟气进行重新加热才可以达到 SCR 催化剂脱硝活性温度窗口，这样造成投资和运行成本明显增加。

3. SCR 系统工程应用现状

20 世纪 70 年代后期，SCR 脱硝技术首先在日本应用于工业锅炉和电站锅炉上。2002 年，日本共有折合总容量大约为 23.1GW 的 SCR 装置在电力工业中使用。1985 年，欧洲开始引进此技术。1959 年，美国就开始研究并获得 SCR 脱硝技术方面的很多专利，直到 20 世纪 80 年代才开始工业应用。20 世纪 90 年代之前，在 SCR 系统的装机容量方面，相比于日本和欧洲，美国远远落后。2005 年，美国已在 SCR 工程应用上世界领先，其 SCR 系统装机容量超过 100000MW。未来大量的 SCR 装置市场将在美国与亚洲，其中我国市场潜力巨大。

自 20 世纪 80 年代初，我国就开始进行燃煤烟气脱硝方面的研究工作。随着 NO_x 排放标准逐渐严格，选用 SCR 装置脱硝已成为火电厂烟气脱硝的趋势。20 世纪 90 年代，福建漳州后石电厂 600MW 火电机组上首先建成 SCR 装置，NO_x 排放浓度仅 85mg/m³，投产运行效果较好；但建设投资巨大、运行费用高等问题同时存在。2000 年，我国第二次修订并发布《中华人民共和国大气污染防治法》，2004 年，我国制定《火电厂大气污染物排放标准》，此后，许多火电厂陆续开始重视 NO_x 排放及控制，商业化烟气脱硝装置也在多台机组投入运行。已建、在建或拟建的烟气脱硝项目装机容量飞速增长，这些项目主要分布在上海、北京、浙江、广东、江苏、山西、湖南等省市[10]。采用的工艺技术主要是 SCR 脱硝技术，比例约为 96%，SNCR 脱硝技术仅占 4%。表 1.2 列出了目前已建、在建或者拟建的火电厂烟气脱硝代表性项目。

前期投入上的不足使我国目前缺少具有自主知识产权的 SCR 脱硝技术，这严重制约了我国烟气脱硝工作的开展。目前，国内大型烟气脱硝工程（在建或已建）均需整套进口或引进核心技术和关键设备，需支付高额的技术使用费并且技术上受制于人。另外，SCR 脱硝技术的关键——催化剂成本占 SCR 脱硝工程成本的 20%～40%，因此今后研究的重点是实现催化剂的国产化。目前我国 SCR 脱硝催化剂生产厂家主要有成都东方凯特瑞环保催化剂有限责任公司、江苏龙源催化剂有限公司和重庆远达催化剂制造有限公司等，主要是蜂窝式催化剂，三家公司的生产量分别为 4500m³/a、3000m³/a 和 10000m³/a。

表 1.2　已建、在建或拟建的火电厂烟气脱硝代表性项目

地区	项目	脱硝系统装机容量	脱硝装置供应商
北京市	北京第一热电厂一期	4×100MW	浙江能源 SCR
	北京第一热电厂二期	2×200MW	华电环保 SCR

续表

地区	项目	脱硝系统装机容量	脱硝装置供应商
北京市	北京草桥电厂	2×300MW	华电环保 SCR
	太阳宫电厂	2×350MW	杭州锅炉厂 SCR
	北京高井发电厂	4×150MW	清华同方 SCR
	石景山电厂	4×200MW	清华同方 SCR
上海市	外高桥第三发电厂	1×1000MW	重庆远达 SCR
	吴泾电厂	2×300MW	—
浙江省	乌沙山发电厂	1×600MW	清华同方 SCR
	国华宁海电厂	1×600MW＋2×1000MW	日本 BHK SCR
	北仑电厂	2×1000MW	江苏龙源 SCR
	乐清电厂	1×600MW	浙江天地环保 SCR
	福州电厂	2×600MW	哈锅 SCR
	仓南电厂	1×1000MW	哈锅 SCR
江苏省	国华太仓发电有限公司	2×600MW	苏源环保 SCR
	徐州阚山发电厂	2×600MW	美国燃烧技术 SNCR
	南京热电厂	1×200MW	—
	利港电厂	2×600MW	美国燃烧技术 SNCR
	南通电厂	2×900MW	—
	镇江电厂	2×1000MW	—
	靖江电厂	2×600MW	—
	板乔电厂	2×600MW	哈锅 SCR
广东省	广州恒运电厂	2×300MW	东方锅炉&比晓夫 SCR
	黄埔电厂	2×125MW	东方锅炉&比晓夫 SCR
	广东台山电厂	1×600MW	丹麦 Topsoe SCR
	南海电厂	1×600MW	—
	德胜电厂	2×300MW	哈锅 SCR
	海门电厂	2×1000MW	—
	平海电厂	2×1000MW	上海 IHI SCR
	惠来电厂	2×1000MW	东方锅炉&比晓夫 SCR
湖南省	长沙电厂	2×600MW	东方锅炉 SCR
	耒阳电厂	2×300MW	—
	涟源电厂	2×300MW	东方锅炉&比晓夫 SCR

地区	项目	脱硝系统装机容量	脱硝装置供应商
山西省	鲁晋王曲发电有限公司	2×600MW	—
	晋城电厂	2×600MW	—
	漳山电厂	2×600MW	北京紫泉 SCR
山东省	威海电厂	2×600MW	哈锅 SCR

1.2.3　SCR 脱硝催化剂

SCR 脱硝活性主要取决于催化剂特性（反应活性、结构类型、使用寿命等）、SCR 反应塔入口烟气参数（烟气温度、烟气流速、NO_x 浓度与飞灰浓度分布、氨氮物质的量比分布等）以及 SCR 反应器结构设计（空塔速度、烟气流速、催化剂层数等）。其中催化剂是此项技术的核心，也一直是研究的热点。在 SCR 系统 50~100 美元/kW 如此高的投资及运行成本中，催化剂成本占整个系统初期投建成本的 20%以上，其成分组成、结构及相关参数对 SCR 系统的整体脱硝效果有直接影响。实际应用过程中 SCR 脱硝催化剂失活不可避免，由此引起的催化剂置换费占系统总价的 30%~50%[12]。由上可以看出，催化剂的使用寿命决定 SCR 系统的运行成本。因此，催化剂是此脱硝技术的关键。

1. SCR 脱硝催化剂分类

按活性组分，SCR 脱硝催化剂包含贵金属、过渡金属氧化物和沸石分子筛三类。三种催化剂的简单比较如表 1.3 所示。

表 1.3　三种催化剂比较

催化剂	贵金属	过渡金属氧化物	沸石分子筛
脱硝活性	高	中、高	中、高
选择性	低	高	高
脱硝活性温度	中	低中	较高
脱硝活性温度窗口	较窄	中	中
H_2O 对脱硝活性的抑制	弱	中	很强
SO_2 对脱硝活性的抑制	中	弱	中

1）贵金属催化剂

在 SCR 脱硝技术工业化之前，最早作为 SCR 脱硝催化剂活性物质的主要是

Pt、Pb、Rh、Ru 等贵金属。这些贵金属负载在 Al_2O_3 等载体上制成的催化剂具备很高的 SCR 脱硝活性，其催化反应温度为 300℃左右。不过，贵金属的高成本限制了其广泛应用，目前多作为三效催化剂应用在净化汽车尾气领域。通过湿法浸渍得到的 Pt/Al_2O_3 催化剂具有较高的 SCR 脱硝活性，当添加 Mg 时，Al_2O_3 形成其复合形态，被氧物种（O species）控制的活性物质 Pt 可以抑制 CH_4 还原剂向 CO_2 转化，同时促进 NO 的吸附及其向 NO_2 的氧化，可以进一步提高催化剂 SCR 脱硝活性[13]。气溶胶喷雾热解法制备得到的 Pt/SiO_2 和 Pt/Al_2O_3 也可应用于脱硝，Pt 纳米颗粒高度分散在载体表面，温度超过 250℃时，Al_2O_3 表面会明显发生活性成分团聚现象；而对于 SiO_2 而言，其与 Pt 相互作用较强，纳米颗粒直径小于 3nm[14]。Pt 相关催化剂除了应用于 NO 还原为 N_2 外，很多也应用于 N_2O 等的还原处理中[15]。

2）沸石分子筛催化剂

分子筛种类繁多，是目前应用和研究较热的一类多孔材料。大部分分子筛具有优良的吸附性能、适宜的表面酸量和灵活性。离子交换的沸石分子筛催化剂是一类最近备受关注的 SCR 脱硝催化剂。在 Fe、Co、Cu 等过渡金属交换的分子筛中，Fe 类分子筛往往在 400℃以上显示出较高的脱硝活性，而 Cu 类分子筛脱硝活性温度窗口往往略低。Iwamoto[16]制备的丝光沸石负载型 Ce 催化剂在 250～560℃显示出较高的脱硝活性。国内也进行了一些相关研究，梁斌和 Calis[17]对 Ce 离子交换的分子筛 SCR 脱除 NO_x 进行研究，发现该催化剂脱硝活性理想。沸石分子筛催化剂的脱硝活性温度窗口较宽，高温下热稳定性较好，并且对 SO_2 氧化能力较低，多适用于排放温度相对较高的燃气场合。

文献中，很多研究者将 ZSM-5[18-20]、SAPO-34[21, 22]、SBA-15[23]、MCM-41[24]、β[25]等分子筛应用于开发 SCR 脱硝催化剂。Bin 等[18]指出 Cu-Zr/ZSM-5 具有较高的 SCR 脱硝活性，在很宽的温度范围（167～452℃）内均表现出近 100%的 NO 转化率，这明显优于 Cu/ZSM-5 催化剂和 V_2O_5-WO_3/TiO_2 商业催化剂（二者脱硝活性温度窗口分别为 197～404℃和 320～450℃）。Zr 掺杂负载量对 Mn/ZSM-5 催化剂 SCR 脱硝活性有较大影响，适量的 Zr 掺杂可以促进 ZSM-5 表面上的活性物种富集，也可促进其高度分散且防止其结晶态形成，适量的 Zr 掺杂后，催化剂的 H_2 还原峰大幅度地移向低温方向，催化剂的 NO 最高转化率对应的温度也较低；活性组分和 Zr 之间可以形成较强的相互作用，有助于在 Zr^{4+} 周围形成氧空位，提供的氧原子从而可以以相对自由的途径接近活性成分原子，这与其对 SCR 脱硝活性的提高有关[19]。研究表明，具有菱沸石结构的 Cu/SAPO-34 分子筛催化剂同样具有优异的低温 SCR 脱硝活性、高 N_2 选择性以及优异的水热稳定性。Martínez-Franco 等[22]使用 Cu-TEPA 复合物与结构导向剂相结合，并将其加入 Si 源、Al 源和 P 源中，采用一步法合成出具有高活性、高水热稳定性的 Cu-SAPO-34 分子筛，具有 Cu 负载量可控且分子筛产量高等特点，可以有效地应用于 SCR 脱硝中。

3）过渡金属氧化物催化剂

过渡金属氧化物催化剂是 SCR 脱硝催化剂最具吸引力的方向，相较于贵金属催化剂而言，其价格低廉；对于沸石分子筛催化剂而言，其脱硝活性窗口温度往往略低。因此，各国研究者对其进行了广泛深入的研究。

V、Fe、Co、Ce、Mn、Cu 等单一/组合过渡金属氧化物被广泛应用于 SCR 脱硝[22-26]，非单一过渡金属氧化物在 300～450℃内通过合理设计几乎都可接近完全脱除 NO。表 1.4 给出了部分催化剂在给定条件下的脱硝活性（含 H_2O 含 SO_2 以示催化剂的良好脱硝活性）。Zhao 等[26]对 Al_2O_3、TiO_2、ZrO_2 和 SiO_2 等负载型/非负载型 VO_x 催化剂的脱硝活性进行了细致研究，发现锐钛矿型 TiO_2 负载型 VO_x 催化剂具有较高的脱硝活性，同时其抗 SO_2 毒化能力最强。此类典型的催化剂属 V 系催化剂，在后续进行细致介绍。

表 1.4　过渡金属氧化物 SCR 脱硝催化剂举例

催化剂	烟气组成						温度 T/℃	活性 X/X_0	文献
	NO_x/ppm	NH_3/ppm	O_2/%	SO_2/ppm	H_2O/%	空速 GHSV/h^{-1}			
$CeWAlO_x$	1000	1000	5	100	8		300	98/100	[27]
$WO_3/Ce_{0.65}Zr_{0.35}O_2$	1000	1000	5	100	10	30000	300	83/94	[28]
Ce_2Sn_1	800	800	5	200	5	50000	360	88/94	[29]
$Cu-Ce/NbOPO_4$	500	500	3	250	—	20000	350	90/93	[30]
$CuCe/ZSM-5$	1000	1100	5	15	10	30000	300	80/95	[31]

注：X/X_0 代表在所示烟气组成下，经抗 H_2O 抗 SO_2 性测试后催化剂前/后脱硝活性

2. 钒基催化剂 V_2O_5-WO_3（MoO_3）/TiO_2

目前只有钒（VO_x）基催化剂 V_2O_5-WO_3（MoO_3）/TiO_2 得到了实际工业应用，已经被广泛应用于燃煤电厂等 SCR 系统[32, 33]，文献中关于这种催化剂的研究也相对深入。V_2O_5-WO_3（MoO_3）/TiO_2 活性受 O_2 浓度影响，在 150～250℃低温下，转化率随着 O_2 浓度升高而增加。V_2O_5 是该 SCR 脱硝催化剂的活性成分，其具备较高的 SCR 脱硝活性，但是这种强毒性物质氧化 SO_2 能力较强，氧化产物 SO_3 与烟气中的 NH_3 等生成$(NH_4)_2SO_4$ 和 NH_4HSO_4 等，随后沉积在设备上造成设备腐蚀，所以 V_2O_5 的负载量不宜过高，实际应用中一般不高于 1%[34]。WO_3 具有较好的抗 SO_2 性，同时可以降低 N_2O 的生成量，因此其作为助剂，可提高 SCR 脱硝过程中 NO 转化率；还可以提高催化剂的抗 SO_2 性以及 N_2 选择性，其负载量一般在 10%左右。MoO_3 可以防止催化剂 As 中毒。TiO_2 利于 VO_x 的均匀分散；与催化剂失活相关的硫酸盐在 TiO_2 表面的稳定性弱，因此，TiO_2 可以增强催化剂的抗 SO_2 性。其中，锐钛矿型 TiO_2 是目前经常用到的有效载体。

NH_3 可以以两种强作用物质吸附在纯 V_2O_5 和 V_2O_5/TiO_2 以及含 W 或者 Mo

的 V_2O_5-WO_3（MoO_3）/TiO_2 上：一种是以路易斯（Lewis，L）酸形式吸附在相应未饱和的阳离子上；另一种是以 NH_4^+ 形式吸附在布朗斯特（Brønsted，B）酸上。NO 在 V_2O_5-TiO_2、V_2O_5-WO_3-TiO_2 和 V_2O_5-TiO_2-SiO_2 等表面吸附则很弱，以致常被忽略，尤其是反应气中存在 NH_3 的情况下。由此，对于 VO_x 基催化剂，其 SCR 脱硝反应一般遵循 E-R（Eley-Rideal）机理。一般认为 NH_3 的吸附是 SCR 脱硝反应的关键步骤，但是目前对于 NH_3 吸附的具体酸位点意见不一。1990 年，Ramis[35]通过实验数据提出一种可能的机理，认为 NH_3 吸附在 L 酸上并转化为氨基（—NH_2）化合物，继而与气相 NO 反应生成亚硝胺（HN_2O—）中间产物，最终分解成 N_2 和 H_2O，反应后催化剂活性位点减少，通过与 O_2 反应实现再生。

Topsoe 等[36]通过原位红外分析手段改进了 VO_x 基催化剂 SCR 脱硝机理，其得出的反应机理模型包括 NH_3 活化和氧化还原反应两个过程，认为 NH_3 吸附于 B 酸位 V^{5+}＝OH 并活化，而非吸附于 L 酸位，这个步骤与催化剂脱硝活性直接有关，之后活化的 NH_3 与气态或弱吸附态的 NO 反应，最终生成 N_2 和 H_2O。这一观点得到很多研究者的认可[37]。

根据截面几何形状的不同，商业 SCR 脱硝催化剂分为以下三种类型：平板式、波纹板式和蜂窝式（图 1.4）。平板式和波纹板式催化剂为非均质催化剂。其中，平板式催化剂以金属板网为骨架，通过双侧挤压的方式将催化剂碾压于金属板网基底之上，后续经过切割和煅烧操作后可以组装成型；波纹板式以玻璃纤维或者陶瓷纤维等为基本骨架，通过涂覆的方法将催化剂黏附在骨架表面。蜂窝式催化剂为均质催化剂，将催化剂原料与辅料混合搅拌均匀，然后通过挤出成型的方法制成蜂窝状（图 1.5）。与前两种催化剂相比，蜂窝式催化剂在表面受粉尘冲刷破坏磨损之后，依然具有原来的脱硝活性，且催化剂可以再生；此外，模块化、长度易控、质量较轻、比表面积较大的蜂窝式催化剂回收利用率较高，因此占据较大市场份额。根据不完全统计结果，目前蜂窝式、平板式和波纹板式三种催化剂的市场份额分别为 70%、25% 和 5% 左右[38]。三种类型的商业 SCR 脱硝催化剂性能比较如表 1.5 所示。

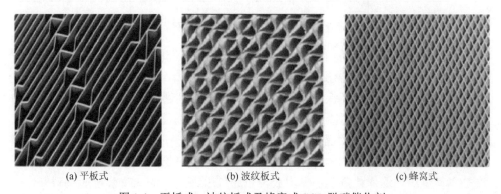

(a) 平板式　　　　　　　(b) 波纹板式　　　　　　　(c) 蜂窝式

图 1.4 平板式、波纹板式及蜂窝式 SCR 脱硝催化剂

图 1.5　典型的蜂窝式 SCR 脱硝催化剂单体

表 1.5　不同商业 SCR 脱硝催化剂的性能比较

项目	蜂窝式	平板式	波纹板式
比表面积	大	小	中等
相同脱硝活性催化剂体积	相对小	相对大	相对大
相对压损	1.24	1	1.48
抗中毒能力	中等	强	中等
抗飞灰腐蚀性	一般	强	一般
抗堵塞性	一般	强	一般
耐热性	中	中	中
耐久性	高	低	低
反复利用性	高	低	低
综合成本	低	中	高
适用场合	高、低尘	高、低尘	低尘

　　我国 SCR 脱硝催化剂生产技术目前处于引进、消化、吸收阶段，如中国东方锅炉（集团）有限公司与德国 KWH 公司（于 2005 年已并入 Envirotherm 公司）合资组建的东方凯特瑞环保催化剂有限责任公司，其通过引进 KWH 公司成熟的烟气脱硝催化剂设计、制造、检验技术及整条生产线，生产蜂窝式 SCR 脱硝催化剂；北京国电龙源环保工程有限公司和国电环境保护研究院合作组建江苏龙源催化剂有限公司，并引进了日本日挥触媒化成株式会社的蜂窝式 SCR 脱硝催化剂生产技术；重庆远达催化剂制造有限公司也通过引进 Cormetech 公司的脱硝催化剂技术，进行蜂窝式 SCR 脱硝催化剂生产。

3. SCR 脱硝存在问题

目前我国用煤品质不高、灰分高，除尘器之前布置 SCR 脱硝催化剂床层带来冲刷磨损、烧结及粉尘覆盖等诸多问题。虽然商业化的 $V_2O_5\text{-}WO_3(MoO_3)/TiO_2$ 具备极高的脱硝活性与较好的抗 SO_2 性，且已经在工业上广泛应用，脱硝工艺具有设备结构较简单、维护方便、运行可靠，脱硝活性高、无副产物、投资较低等优点。但此类催化剂脱硝活性温度窗口偏高，在 350℃ 以上才显示出较理想的活性。在工程实际运行中，为避免重复加热烟气，需将反应器布置于除尘器、FGD 之前，由此产生诸多问题。除 SO_2、水蒸气、飞灰、碱金属（K、Na）、碱土金属（Ca、Mg）、As 甚至 Hg 等成分使催化剂中毒外（后续章节有详述），烟气温度过高导致催化剂发生烧结、飞灰撞击磨蚀等都会导致催化剂脱硝活性下降甚至丧失[39]。现在将主要问题概括如下。

1）改造成本过高

商业 VO_x 基催化剂的 SCR 反应器宜布置于省煤器和 APH 之间。而对于中国大多数电厂而言，省煤器、APH 和锅炉一般是一体的，部分同时安装 FGD，并没有预留出安装 SCR 反应器的空间。这必然要对系统设备进行改造以安装 SCR 反应器，直接进行改造会牵扯 APH、风道、除尘器、FGD 等多个脱硝装置器件，改变整个锅炉结构，影响锅炉的运行，工程复杂，投资巨大，需支付高昂的改造费用。据统计，一个机组如果没有预留安装 SCR 反应器的空间而进行改造，其改造费用需上亿元。

2）粉尘冲蚀

由于烟气没有经过除尘器，其中含有高浓度的粉尘。粉尘对催化剂表面冲击导致催化剂磨损甚至破碎，磨碎率与烟气流速、粉尘特性、冲击角度及催化剂特性有关。目前商业蜂窝式催化剂降低了系统的压力损失，减小了粉尘对催化剂的冲蚀作用，使烟气流速保持较高水平。但是为了降低生产成本，蜂窝式催化剂壁很薄，粉尘的影响仍不可小觑。

3）催化剂孔道堵塞

由于流经 SCR 反应器的烟气流速较低，烟气呈层流状态，高浓度粉尘聚集于 SCR 反应器的上游，并逐渐累积在催化剂表面。粉尘中含有的 K、Na、Ca、Mg 等多种元素与 CO_2 反应生成碳酸盐，或与 SO_2 和 SO_3 反应生成亚硫酸盐和硫酸盐等。这些金属盐类逐渐与催化剂表面融为一体，堵塞催化剂孔道。除了高浓度粉尘在催化剂表面的累积，铵盐的生成是催化剂孔道堵塞的另一个重要原因：当锅炉的运行负荷较低时，烟气温度相应较低，此时铵盐会迅速生成。因此实际运行中必须将烟气入口温度维持在铵盐生成温度之上；对于累积的粉尘问题，必须有特定的清灰装置进行定期清扫。

4）SO_2 等腐蚀设备

由于烟气没有经过 FGD，烟气中往往含有高浓度的 SO_2。这部分 SO_2 先被氧化为 SO_3，再与烟气中的 H_2O 及 NH_3 反应生成多种硫酸铵盐。除了覆盖催化剂表面以及与催化剂活性成分反应毒化催化剂之外，这些含硫物质对设备有很强的腐蚀作用。

5）催化剂毒性

VO_x 化合物对人及动物有中度或高度毒性，其毒性作用与 V 的价态有关。价态越高，毒性越大。各种形式氧化物中，V_2O_5（与其盐类）毒性最大，会使人发生急性中毒并损害人体消化系统、心脏及呼吸道等。短时间吸入高浓度 VO_x 化合物的粉尘或烟雾所致的眼与呼吸道黏膜刺激，会导致出现急性 V 中毒。

在电厂运行过程中会出现催化剂表面磨损，在高温下部分催化剂成分升华使一部分 V_2O_5 随烟气排放进入大气中，可引起环境污染并对人体产生危害。因此催化剂的生产、使用过程及废弃催化剂处理过程均存在很大风险。

当前，为避免或者抑制 SO_2 和粉尘对 SCR 脱硝催化剂的影响，较为合理的布置方式是在 APH、除尘器和 FGD 尾部布置 SCR 反应器。这种布置适合处理含有高浓度 SO_2 和粉尘的烟气。但是，此种布置中烟气经过脱硫除尘后温度较低，一般都不高于 150℃，因此必须重新加热烟气以达到催化剂的有效活性温度。这样系统能耗和操作费用明显提高。为避免预热烟气耗能，当前，工业上一般将 SCR 反应器布置于 APH、除尘器以及 FGD 上游。APH 前部锅炉烟气温度大约在 400℃，恰好适合 SCR 脱硝催化剂。不过，这种配置下烟气中 SO_2 和粉尘浓度较高，极其容易毒化催化剂。尽管采用蜂窝式结构或调整催化剂组成可以在一定程度上缓解这种毒化作用，但并非彻底解决此问题。

由于这些原因，近年来国内外不少学者提出将 SCR 反应器置于除尘器甚至 FGD 之后，但是烟气温度普遍较低。为避免重复加热烟气、节约运行成本和锅炉改造投资，研究和开发在低温条件下具有高活性的 SCR 脱硝催化剂具有重要的经济意义和实际意义，此研究备受重视。

1.3　低温 SCR 脱硝研究进展

同现有的 V_2O_5-WO_3（MoO_3）/TiO_2 为主要催化剂的 SCR 脱硝技术相比，低温（300℃以下）SCR 脱硝不但不需要额外增加设备，并且 SCR 反应器可布置于 FGD 和除尘器下游，通过的烟气温度较低、SO_2 和粉尘含量也较低，因此 SCR 反应器钢结构和吹灰装置的设计要求有所下降，同时因不用对烟气进行预热，耗能成本降低。低温 SCR 脱硝技术成为近期国内外脱硝研究领域的热点。低温 SCR 脱硝技术的开发主要集中在低温催化剂的研制上。

1.3.1　低温 SCR 脱硝催化剂

1. 氧化物类载体催化剂

1）TiO$_2$ 类负载型催化剂

对于具备相对较大比表面积的锐钛矿型 TiO$_2$，其与烟气中存在的 SO$_2$ 及其氧化形成的 SO$_3$ 的反应性较差；同时相比于 Al$_2$O$_3$ 和 ZrO$_2$ 等金属氧化物，NH$_3$ 反应生成的铵盐在 TiO$_2$ 表面的稳定性较差[40]；此外，TiO$_2$ 表面可以提供大量的 L 酸位，这利于 NH$_3$ 的吸附以及活化。对 TiO$_2$、SiO$_2$ 和活性炭（activated carbon，AC）三种载体低温（100℃）SCR 脱除 NO 和 NO$_2$ 的系统研究表明：TiO$_2$ 表面存在 NO + NO$_2$ + 2NH$_3$ ——→ 2N$_2$ + 3H$_2$O 和 2NO$_2$ + 2NH$_3$ ——→ N$_2$ + NH$_4$NO$_3$ + H$_2$O 两种反应[41]，因此可广泛作为低温 SCR 脱硝催化剂载体。此外，Tauster 等[42]指出 TiO$_2$ 与其负载的很多金属氧化物相互作用较强。

在低温 SCR 脱硝中，Mn、Fe、Ni、Cr、Cu 等组分负载于 TiO$_2$ 之上制成相应催化剂并得到广泛研究。TiO$_2$ 与 MnO$_x$ 之间存在较强的相互作用，是 MnO$_x$ 基催化剂的理想载体。浸渍法制备的 Mn-CeO$_2$/TiO$_2$ 在低温下活性、抗 H$_2$O 抗 SO$_2$ 性良好，120℃下 NO 脱除效率始终高于 95%；溶胶-凝胶法制备的 MnO$_x$/TiO$_2$ 活化能更低，具备更高的脱硝活性[43]。CrO$_x$/TiO$_2$ 也具有较高的脱硝活性。低温条件下，无定形态 CrO$_x$ 催化剂脱硝活性和选择性均较好，晶态 CrO$_x$（Cr$_2$O$_3$）会氧化 NH$_3$，产生 N$_2$O[44]。H$_2$O 和 SO$_2$ 严重毒化催化剂 L 酸位，导致催化剂发生不可逆失活，催化剂中毒前后比表面积无明显变化，因此(NH$_4$)$_2$SO$_4$ 和 NH$_4$HSO$_4$ 等形成并沉积的观点不能解释 SO$_2$ 的毒化作用[45]。

就稳定性较高的 Fe-TiO$_x$ 而言，其在 200～300℃内 SCR 脱硝活性较好[46]，600～700℃的高温煅烧会降低 Fe-TiO$_x$ 的比表面积以及孔容，吸附 NO 等反应气体的能力也相应下降，最终脱硝活性降低[47]。相比于纯 Fe$_2$O$_3$ 或 TiO$_2$，Fe-TiO$_x$ 具有 Fe—O—Ti 结构的微小晶体，因此具备超高的单位比表面积酸量[48]。同时 Fe 和 Ti 原子尺度上的强相互作用使 Fe^{3+}氧化能力显著增强，这些因素都促进了 SCR 脱硝反应[49]。Roy 等[50]指出 Ti$_{0.9}$M$_{0.1}$O$_{2-\delta}$（M = Cr、Mn、Fe、Co、Cu）中，Ti$_{0.9}$Mn$_{0.1}$O$_{2-\delta}$ 催化反应温度最低，N$_2$ 选择性最高的是 Ti$_{0.9}$Fe$_{0.1}$O$_{2-\delta}$，在此基础上制得的 Ti$_{0.9}$Mn$_{0.05}$Fe$_{0.05}$O$_{2-\delta}$ 显示出较高的低温 SCR 脱硝活性。

除以上金属之外，TiO$_2$ 负载 Cu、Ni、Mo 等活性组分的催化剂也有报道。Matralis 等[51]研究 MoO$_3$/TiO$_2$ 时发现，TiO$_2$ 表面多聚钼酸盐的覆盖度增加时，催化剂 SCR 脱硝活性升高。Peña 等[52]系统比较研究了 TiO$_2$ 负载 MO$_x$（M = V、Cr、Mn、Fe、Co、Ni、Cu）催化剂的低温 SCR 脱硝活性，实验发现：除 VO$_x$/TiO$_2$

之外其余各催化剂在 200℃时均展现出较高的脱硝活性，其中 MnO_x/TiO_2 脱硝活性最佳，各催化剂脱硝活性由高及低的元素顺序为：Cu≥Cr≥Co>Fe≥V>Ni。Koebel 等[53]关于 TiO_2 负载型 VO_x 低温脱硝的结论并不一致，通过实验发现：在烟气中含有与 NO 等物质的量的 NO_2 时，$3\%V_2O_5$-$8\%WO_3/TiO_2$ 几乎可以完全脱除 NO_x。

TiO_2 的晶相结构对其负载型催化剂脱硝活性影响较大。锐钛矿型 TiO_2 比金红石型 TiO_2 与活性组分 MnO_x 相互作用更强，负载型 MnO_x 催化剂脱硝活性更高[54]。同时，非金属掺杂可以减小 TiO_2 带隙以增加产生的氧空位[55]，即可用非金属元素替代部分氧。研究表明：F、Se 和 S 等多种非金属元素掺杂[56,57]可显著提高 V_2O_5/TiO_2 低温 SCR 脱硝活性。此前 Khan[58]对非金属元素 N 掺杂 TiO_2 也已经取得很大成功，为低温改性催化剂研究提出了新的思路。

此外，TiO_2 的前驱物也是催化剂脱硝活性的影响因素之一，相比于 $TiCl_4$，以 $Ti(SO_4)_2$ 制备的 $Fe-TiO_x$ 脱硝活性更高[48]。

2）Al_2O_3 类负载型催化剂

除 TiO_2 外，表面酸量较强的 Al_2O_3 也经常用作载体。与 MnO_x/TiO_2 相似，MnO_x/Al_2O_3 在低温 SCR 中也表现出很高的脱硝活性，200℃左右其脱硝活性可以达到80%左右[59]。据报道，在 MnO_x/Al_2O_3 制备过程中，使用不同的 Mn 前驱物最终得到的 MnO_x 晶相不同，因此脱硝活性不同，$Mn(NO_3)_2$ 和 $Mn(CH_3COO)_2$ 制备的 MnO_x 相分别以 MnO_2 和 Mn_2O_3 为主[60]。Al_2O_3 负载 Cu、Ce 等也可应用于低温 SCR 脱硝过程，采用不同的 Cu 前驱物制备 CuO_x/Al_2O_3 也同样存在脱硝活性差异，以 $CuSO_4$ 作为前驱物比以 $Cu(NO_3)_2$ 作为前驱物制备的 CuO_x/Al_2O_3 脱硝活性高；通过表征发现 $CuSO_4$ 前驱物有助于催化剂展现较强的表面酸量；CuO_x/Al_2O_3 在200℃左右对NO的脱除效率可达到80%；不过其脱硝活性在存在 SO_2 时显著下降，催化剂失活严重[61]。MnO_x/Al_2O_3 同样存在抗 H_2O 抗 SO_2 性差的问题，H_2O 与催化剂表面 NO 和 NH_3 的吸附形成竞争，导致 NO 脱除效率下降，其中 NO 吸附量的下降是 H_2O 造成 MnO_x/Al_2O_3 活性受抑制的主要原因；SO_2 在生成$(NH_4)_2SO_4$ 等覆盖催化剂的同时，还会造成活性成分 MnO_x 硫酸化，因此 MnO_x/Al_2O_3 会由于 SO_2 而严重失活[62]。总之，抗 H_2O 抗 SO_2 性差是 Al_2O_3 负载型催化剂的主要问题。对催化剂进行适当处理可以改进其抗 SO_2 性。研究[63]表明，硫化处理后的 CuO_x/Al_2O_3 催化剂表面 L 酸位和 B 酸位明显增加，同时催化剂氧化还原性质变弱，有效抑制 NH_3 氧化，可以明显提高 300℃以下的 SCR 脱硝活性。

3）SiO_2 类负载型催化剂

SiO_2 因其巨大的比表面积也被用作低温 SCR 脱硝催化剂载体，MnO_x/SiO_2 等负载型催化剂有不少报道。Smirniotis 等[64]指出，SiO_2 较 TiO_2 和 Al_2O_3 两种载体负载的 MnO_x 催化剂脱硝活性明显偏低。Huang 等[65]以溴化十六烷基三甲烷烃为原料，用 NaOH 调节 pH 制备的介孔 SiO_2 材料比表面积高达 $980m^2/g$；并且他们通过浸渍法负载 Fe 和 Mn 活性组分，制备出二元组分负载型催化剂，在空速为 $20000h^{-1}$ 时，$160℃$ 下几乎可以实现 NO 100%的脱除效率；需要指出的是，一定量的 H_2O 可进一步提高脱硝活性。H_2O 与 SO_2 同时作用则导致催化剂脱硝活性明显下降，经过热处理，催化剂脱硝活性可以恢复。Caraba 等[66]用溶胶-凝胶法制备的 SiO_2 负载型 V_2O_5 催化剂在低温下也具备一定的脱硝活性，表征发现该催化剂表面同时具有大量的 L 酸位和 B 酸位。

4）复合金属氧化物类催化剂

TiO_2-SiO_2、TiO_2-ZrO_2、Al_2O_3-SiO_2 复合金属氧化物被广泛用作催化剂载体，$CuSO_4$-CeO_2/TiO_2-SiO_2 在 $5000h^{-1}$ 空速及 $4\%O_2$ 浓度条件下，$220℃$ 时 NO 转化率接近 98%，催化剂低温下具有较好的单独抗 H_2O 抗 SO_2 性，在长达 33h 同时通入 H_2O 和 SO_2 的情况下，NO 转化率依然维持在 95%左右，并无中毒迹象[67]。Shen 等[68]通过柠檬酸制备的 Ce-ZrO_x 用作 MnO_x 载体时，$160℃$ 即可 100%脱除 NO_x；展现出较宽的温度窗口的同时，催化剂抗 H_2O 抗 SO_2 性理想，$180℃$ 下 SO_2 和 H_2O 对其脱硝活性几乎无影响；柠檬酸法比直接燃烧法和共沉淀法制备的载体更适宜低温 SCR 脱硝，在存在 SO_2 和 H_2O 的条件下也是如此。CuO_x/SiO_2-Al_2O_3/堇青石和 MnO_x/TiO_2-ZrO_2 等低温脱硝催化剂也有报道[69]。

2. 炭基载体类催化剂

比表面积较大、孔结构丰富、成本较低的 AC、活性炭纤维（activated carbon fiber，ACF）以及纳米碳管等炭基载体本身即拥有一定的 SCR 脱硝活性。在 SCR 脱除 NO 的过程中，随着反应温度的升高，这些材料的 NO 转化率先上升后下降。这是由于低温下 AC 和 ACF 等主要具有吸附功能，温度的上升弱化了其吸附能力，$100\sim150℃$ 时，脱硝活性接近最低；温度继续升高时其催化反应性体现出来，脱硝活性提高。进一步研究其脱硝影响因素时，湘潭大学的杨超等[70, 71]发现在短时间内其抗 SO_2 性良好，H_2O 会抑制脱硝活性，并采用暂态响应手段对 AC 低温 SCR 脱硝机理进行探讨，提出脱硝反应符合 E-R 机理，催化过程的控制步骤为 NH_3 的吸附过程。

炭基材料的孔结构特性以及表面官能团与其脱硝活性密切相关。通过 H_2SO_4、HCl 以及 NaOH 等改性、掺杂 N 元素等使炭基材料表面活性基团增加，对 NO 的吸附能力得到提高，从而可改善其相关催化剂的 SCR 脱硝活性[72, 73]。Pasel 等[74]研究发现 AC 负载 Fe_2O_3、Cr_2O_3 和 CuO 三种催化剂都表现出很高的 SCR 脱硝活性，尤其是 Fe_2O_3 活性组分催化剂脱硝活性最佳，其在 $140\sim340℃$ 整个温度窗口内可以完全脱除 NO，同时保持 100%的 N_2 选择性。刘守军和刘振宇[75]指出 AC 载体经 H_2SO_4 处理后制备的 CuO/AC 活性降低，用 HNO_3 氧化处理 AC 后则可提高其脱硝活性。MnO_x/AC、VO_x/AC、NiO_x/AC 也有报道。虽然 MnO_x/AC、CuO/AC、Fe_2O_3/AC、Cr_2O_3/AC 已经表现出很好的低温 SCR 性能，但会受到 SO_2 毒化。VO_x/AC 近来成为低温 VO_x 基催化剂研究的热点。

Zhu 等[76-79]在 V_2O_5/AC 方面做了大量工作。据报道，在 260h 内，V_2O_5/AC 能够展现出稳定的低温 SCR 脱硝活性[76]。V_2O_5 的负载量对其低温 SCR 脱硝活性影响显著，随着负载量由 0 增加至 5%，V_2O_5/AC 的脱硝活性由 15%提高至 80%；在负载量为 5%～13%时，V_2O_5/AC 的脱硝活性基本维持稳定；随着负载量的进一步增加，对应的脱硝活性降至 65%。经过浓 HNO_3 预氧化处理的 AC 在更低的 V_2O_5 负载量下即可获得理想的脱硝活性，实验结果表明：负载量为 1%时脱硝活性最佳，温度达到 250℃时，催化剂对 NO 的转化率为 73%，加入 SO_2 后其可以达到 93%[77, 78]。V_2O_5/AC 也受到了其他研究者的关注[80, 81]。Lazaro 等[80]指出 V_2O_5/AC 在存在 SO_2 时会出现催化剂中毒现象，W、Mo、Zr 以及 Sn 的添加可改善其抗 SO_2 性，不过会降低 V_2O_5/AC 的脱硝活性。掺杂 Fe、Mn、Cu 以及 Cr 等对 V_2O_5/AC 的脱硝活性影响不明显[82]。用 H_2SO_4 预处理后的 VO_x/CCM（炭包覆陶瓷），气体组分含有 H_2O 或 SO_2 时，NO 脱除效率和 N_2 的选择性在 200～227℃下同时为 100%；当 H_2O 和 SO_2 同时加入时，脱硝活性出现一定程度的下降[83]。

SO_2 对 V_2O_5/AC 催化剂的作用受到 V_2O_5 负载量和反应温度的影响，V_2O_5 负载量低于 5%、温度高于 180℃时 SO_2 起促进作用。原因如下：低 V_2O_5 负载量的催化剂表面生成的硫酸盐提供了额外的 NH_3 吸附酸位，形成的 NH_4^+ 与 NO 持续反应，与沉积过程达到平衡，而非硫酸铵盐简单分解，从而避免过量硫酸铵盐的沉积覆盖活性位，最终沉积与反应平衡，确保 SO_2 不抑制脱硝活性甚至起到促进的作用。García-Bordejé 等[84]发现 SO_2 明显提高蜂窝状 V_2O_5/活性炭-陶瓷催化剂的脱硝活性，烟气中 400ppm 的 SO_2 可使催化剂的脱硝活性增加 3 倍；通过 X 射线光电子能谱（X-ray photoelectron spectroscopy，XPS）、程序升温脱附（temperature programmed desorption，TPD）、程序升温还原（temperature programmed reduction，TPR）以及瞬态响应等手段研究发现，稳定态的硫酸盐沉积于 V—OH 活性位点附近，有利于提高脱硝活性；并且提出$(NH_4)_2SO_4$ 等改善了催化剂的氧化还原性质，这是 SO_2 促进 VO_x 基催化剂脱硝活性的主要原因，而并非$(NH_4)_2SO_4$ 等对表面酸量的改进。V_2O_5 负载量较高（>5%）、反应温度较低（<180℃）时，SO_2 则导致催化剂脱硝活性下降，其原因是高 V_2O_5 负载量（>5%）催化剂对 SO_2 氧化作用明显，在低反应温度（<180℃）下容易形成$(NH_4)_2SO_4$ 等，导致催化剂孔道堵塞，最终使催化剂发生失活[78]。也有研究者提出不同意见[85]。对 AC 负载的 VO_x 而言，$(NH_4)_2SO_4$ 等与 NO 的反应也可显著影响其脱硝活性，低温下$(NH_4)_2SO_4$ 等在 V_2O_5/AC 上比在 V_2O_5/TiO_2 上更易分解，AC 对$(NH_4)_2SO_4$ 等的分解起到了促进作用，所以 SO_2 对一定 VO_x 负载量的催化剂没有毒害作用，当 VO_x 负载量过高时，V 促进 SO_2 至 SO_3 的氧

化，导致过量$(NH_4)_2SO_4$ 等生成，$(NH_4)_2SO_4$ 与 NO 的反应导致自身分解消耗并不能与其生成积累达到平衡，导致催化剂中毒[86]。Huang 等[87]提出 H_2O 能够促进 SO_2 对 V_2O_5/AC 的失活作用，认为 H_2O 会加快硫酸盐生成及沉积速率，降低其反应分解速率，因此促进催化剂失活。

ACF 也广泛用作载体。Marban 等[88]研究了不同种类的 ACF 负载型催化剂的活性，同时以 ACF 为载体，负载 Ni、Cr、Fe、V、Mn 等氧化物活性成分，催化剂脱硝活性顺序为 Fe＞Mn＞V＞Cr＞Ni，受 SO_2 中毒的顺序为 Mn＞Fe＞Cr，其中，VO_x 催化剂脱硝活性几乎不受 SO_2 影响；而加入 H_2O 时，这些催化剂脱硝活性都下降。以 NH_3 为还原剂，Yoshikawa 等[89]发现 ACF 负载型催化剂较颗粒活性炭和 Al_2O_3 类更优，ACF 负载的 Fe_2O_3、Co_2O_3 以及 Mn_2O_3 三种催化剂中，Mn_2O_3/ACF 的 SCR 脱硝活性最好，NO 转化率超过 60%，150℃时可达到 92%。

3. 分子筛载体类催化剂

分子筛负载铵盐在低温下也可用于 SCR 脱硝反应，无须喷氨而避免了二次污染。对于离子交换类分子筛而言，其孔结构、硅铝比对脱硝活性有显著影响，此外，交换离子的种类、性质和交换率也是重要影响因素。在众多相关研究中，Mn、Fe、Ce 等金属分子筛催化剂脱硝活性良好。Salker 和 Weisweiler[90]发现较表面只存在 NH_3 吸附的 Cr-ZSM-5 和 Fe-ZSM-5 而言，Cu-ZSM-5 中同时存在 NH_3 和 NO 的化学吸附，并且 O_2 益于吸附 NO_x，最终 Cu-ZSM-5 展现最优的脱硝活性，在此基础上，他们进一步提出了其催化反应历程。Co 分子筛也有相应研究[91]。Balle 等[92]对离子交换法和浸渍法制备的 Fe-HBEA 的 SCR 脱硝活性进行深入研究，发现浸渍法效果更佳，并且证实 Fe 的最佳负载量为 0.25%。H_2O 对脱硝起抑制作用，CO 和 CO_2 则影响不大。Zhou 等[93]制备了 Fe-Ce-Mn-ZSM-5 催化剂，并测试了其低温 SCR 脱硝活性，发现该催化剂的 NO 转化率可以达到 96.6%（200℃，30000h^{-1} 空速）；通过原位漫反射傅里叶变换红外光谱（in-situ diffuse reflection infrared Fourier transform spectrum，in-situ DRIFTS）探究了反应机理，并提出两种反应路径：一种是 NO_2 和吸附于 B 酸位的 NH_4^+ 形成 $NO_2[NH_4^+]_2$ 中间体，之后与 NO 反应生成 N_2 和 H_2O；另一种是吸附的 NH_3 与 NO 直接反应，催化剂中的 Mn 为催化剂提供了 NH_3 吸附的 B 酸位，而 Fe 和 Ce 的作用是加速 NO 至 NO_2 的转化，Fe、Mn、Ce 的综合作用使催化剂表现出较好的低温脱硝活性。Richter 等[94]制备了 MnO_x/NaY，在煅烧温度低于 500℃且负载量为 15%时，此催化剂中 MnO_x 依然以无定形态存在，催化剂在 200℃以下即可达到 80%～100%的脱硝活性（30000～50000h^{-1} 空速内），此蛋壳型催化剂显现出良好的低温脱硝活性；在表征分析催化剂理化性质后，进一步指出此蛋壳型催化剂独特的结构是其高脱硝活性的原因之一，并认为其脱硝反应与中间体硝酸盐的出现有关。Carja 等[95]报道其制备的

Mn-Ce/ZSM-5 的 NO 转化率在 200℃下即超过 70%，并且抗 H_2O 抗 SO_2 性良好。

值得指出的是，沸石分子筛类存在脱硝活性温度窗口高及 H_2O、SO_2 中毒现象严重等弊端。对于 Cu-分子筛催化剂，尽管低温下相对高效，活性成分 Cu 组分稳定性不高的问题却限制了其实际应用。通过将 Cu 引入一种（小）微孔 SSZ-13 和 SAPQ-34 分子筛中，此类 Cu-分子筛催化剂往往可以在 150～400℃内对 NO 展现出 95%以上的转化率，同时得到 90%以上的 N_2 选择性，还有研究进一步证实此类催化剂具有优越的抗 SO_2 和碱金属中毒性能[21, 22]。现将文献中报道的典型低温分子筛催化剂列于表 1.6 中。

表 1.6 低温下高活性分子筛催化剂

| 催化剂 | 拓扑结构 | Si/Al | 负载量/% | S_{BET}/(m²/g) | 制备方法 | 测试条件 | | | | | 脱硝活性 | | 脱硝活性温度窗口/℃ | 参考文献 |
						NO/ppm	NH₃/ppm	O₂/%	H₂O/%	空速/h⁻¹	T_{90}/℃	S_{N_2}/%		
Cu-ZSM-5	MFI	14	4.7	357	离子交换法	500	500	5	10	100000	175	—	150～450（＞80%）	[96]
Co-ZSM-5	MFI	25	11.2	295	离子交换法	1000	1000	10	—	150000	215	95	—	[97]
Fe-Cu-ZSM-5	MFI	—	1.9	300	浸渍法	1000	1000	3	6	45000	190	98	200～400（＞98%）	[98]
Fe-β	BEA	27	6.3	554	离子交换法	1000	1200	8	8	—	250			[99]
Pt-SBA-15	p6mm	—	1	702	浸渍法	1000	—	10	—	30000	—			[100]
Cu-SAPQ-34	CHA	—	1.0	289	离子交换法	350	350	14	10	60000	300	—	200～550（＞80%）	[101]
Cu-SSZ-13	CHA	8.3	10.3	478	离子交换法	500	500	5	10	400000	225		225～400（＞80%）	
Cu-SSZ-13	CHA	8.3	3.8	526	离子交换法	500	500	5	10	400000	220		200～550（＞80%）	[102]
Cu-SSZ-13	CHA	8.3	3.6	528	离子交换法	500	500	5	10	400000	220		200～550（＞80%）	
Cu/USY	—	—	10	—	浸渍法	600	600	5	—	—	200		150～350（＞80%）	[103]

注：拓扑结构代码见 Datebase of Zeolite Structure（http://www.iza-structure.org/databases/#opennewwindow）

4. 其他载体负载型催化剂

将 Co 负载在掺杂 Zr 的硅土上可得在低温下具有良好的脱硝活性的催化剂；若负载量或者煅烧温度过高，则会形成 N_2 选择性差的 Co_3O_4 或者降低 Co 的分散性，致使催化剂脱硝活性降低[91]。凹凸棒石表面负载 MnO_x 时也可有效促进 NH_3 的活化，因此对低温 SCR 脱硝明显有利[104]。

改性的粉煤灰也有用作低温 SCR 脱硝催化剂的报道。时博文等[105]以粉煤灰和凹凸棒石为原料制得复合载体，并得到负载型 Fe-MnO$_x$ 催化剂，在 150℃下其 SCR 脱硝活性已超过 90%。

1.3.2 锰（MnO$_x$）基低温 SCR 脱硝催化剂

MnO$_x$ 在低温 SCR 脱硝中展现出的优越的活性使其备受关注。其丰富的游离氧可以促进 SCR 脱硝过程的良好循环，其晶格氧可促进 NO 的有效氧化，这是其低温脱硝活性良好的重要原因。

纯 MnO$_x$ 即可在低温下有效 SCR 脱除 NO$_x$。在多种存在形态中，纯 MnO$_2$ 的脱硝活性略高于天然锰矿石[106]。MnO$_x$ 的分散性和氧化态往往可决定 MnO$_x$ 催化剂的反应效率，文献通常认为高氧化态的 MnO$_x$ 脱硝活性极高，MnO$_x$ 单位比表面积的脱硝活性顺序如下：MnO$_2$＞Mn$_5$O$_8$＞Mn$_2$O$_3$＞Mn$_3$O$_4$＞MnO。沉淀法制备的 MnO$_x$ 具有较高比表面积，呈非晶态框架结构，同时催化剂中的残炭成分使得该催化剂在 75～200℃表现出良好的低温 SCR 脱硝活性。在 400000h^{-1} 高空速、100℃低温条件下，其脱硝活性仍高达 90%[107]。多种制备方法中，沉淀法、低温固相反应法以及流变相反应法得到的 MnO$_x$ 均表现出优越的低温 SCR 脱硝活性[108]。

虽然 MnO$_x$ 催化剂在较低的温度下脱硝活性较好已被广泛证实，但是其活性点容易被 SO$_2$ 占据并毒化。Park 等[106]指出天然锰矿石受 SO$_2$ 影响较大。

1. 载体

负载于特定载体上是提高 MnO$_x$ 基催化剂脱硝活性的有效途径。当前广泛应用的载体有 TiO$_2$、Al$_2$O$_3$、ZSM-5 和 ACF 等，这些载体负载型 MnO$_x$ 基催化剂在低温下均显示出较高的脱硝活性。研究表明不同载体会影响 MnO$_x$ 的生成与分散。在 TiO$_2$ 表面，Mn(NO$_3$)$_2$ 前驱物分解生成的 MnO$_x$ 主要以 MnO$_2$ 形式存在，此外还有少量的 Mn$_2$O$_3$ 和部分未分解的 Mn(NO$_3$)$_2$，同时 MnO$_x$ 分散性较好[109]。当以表面酸量较强的 Al$_2$O$_3$ 作为载体时，MnO$_x$ 晶体容易生长，分散性变差[59]。对 ACF、GAC、γ-Al$_2$O$_3$ 等载体来讲，ACF 作为载体时表现最佳，反应温度为 150℃时，催化剂的 NO 转化率可达 92%[97]。

研究负载型 MnO$_x$ 催化剂低温脱硝行为时，Kang 等[110]比较了 γ-Al$_2$O$_3$、TiO$_2$、Y-ZrO$_2$ 和 SiO$_2$ 等负载型催化剂脱硝活性，结果发现脱硝活性由高到低的顺序为：MnO$_x$/TiO$_2$≈MnO$_x$/γ-Al$_2$O$_3$＞MnO$_x$/SiO$_2$＞MnO$_x$/Y-ZrO$_2$；此外，研究者进一步指出 SO$_2$ 和 H$_2$O 对脱硝活性最高的 MnO$_x$/TiO$_2$ 影响较小。对于双组分 Mn-CeO$_2$ 催化剂而言，TiO$_2$ 同样比 Al$_2$O$_3$ 在低温段更有脱硝优势；不过，当反应温度超过 150℃后，Mn-CeO$_2$/Al$_2$O$_3$ 的脱硝活性略高[111]。

除了脱硝活性之外，载体还可影响催化剂的抗 H_2O 抗 SO_2 性。AC 负载型催化剂受 H_2O 影响完全可逆，而 Al_2O_3 负载型催化剂表现为部分不可逆[112]。TiO_2 负载型 MnO_x 基催化剂展现出相对较好的抗 SO_2 性，而 Al_2O_3 负载型催化剂遇 SO_2 失活严重，部分 MnO_x 甚至被硫酸化[62]。

不仅如此，载体的形貌、晶体结构、预处理方式等也可显著影响 MnO_x 基催化剂的脱硝活性。锐钛矿型 TiO_2 与 MnO_x 之间的相互作用强于金红石型 TiO_2，因此其最大单层负载量相对较高，催化剂在较低的 Mn 负载量下即可显现出较优的脱硝活性[54]。TiO_2 成为低温 MnO_x 基 SCR 脱硝催化剂载体的理想选择。对 TiO_2、ZrO_2 等进行硫酸化处理往往也可以改善催化剂酸量。研究表明，优化 ACF 的表面官能团以及孔结构有利于改善其 SCR 脱硝活性，如以 H_2SO_4 和 HCl 对 ACF 进行改性可增加其表面活性基团，而 NaOH 利于缩小 ACF 平均孔径，两者都使得 ACF 相关催化剂脱硝活性提高[113]。

2. 制备方法

MnO_x 基催化剂脱硝活性受制备方法影响较大[114]，共沉淀法制备的 MnO_x 比表面积最高、晶体微粒尺寸较小，故表现出较好的脱硝活性。采用共沉淀法得到的 MnO_x 受 H_2O 和 SO_2 影响不大；其中沉淀剂的选择非常重要，碳酸盐类沉淀剂优于氢氧化物类沉淀剂，Na 盐类沉淀剂优于 K 盐类沉淀剂和铵盐类沉淀剂；以 Na_2CO_3 作为沉淀剂得到的 MnO_x 比表面积较大、Mn^{4+} 以及表面活性氧丰富，沉淀剂中的碳还可增强催化剂的表面酸量，因此 MnO_x 低温 SCR 脱硝活性更高[107]。流变相法得到的 MnO_x 基催化剂在 80～150℃ 内几乎可完全转化 NO；即使在 H_2O 和 SO_2 共同作用下，催化剂脱硝活性仍在 70% 以上，此外值得强调的是，催化剂中毒失活具有可逆性，升温吹扫即可恢复其脱硝活性[115]。对于 $Mn-CeO_x$ 双组分催化剂制备方法而言，与柠檬酸法和浸渍法相比，共沉淀法制备的催化剂脱硝活性更高；不过，柠檬酸法可提高 MnO_x 基催化剂的抗 SO_2 性，以柠檬酸法制备的 $Mn-CeO_2$ 脱硝活性同样受 H_2O 和 SO_2 的影响较小，断开 H_2O 和 SO_2 之后，催化剂脱硝活性可以逐渐恢复[116]。

负载型 MnO_x 催化剂脱硝活性同样受制备方法影响。与共沉淀法、浸渍法相比，溶胶-凝胶法得到的 MnO_x/TiO_2 脱硝活性最佳，并且抗 SO_2 性最强；在通入浓度为 200ppm 的 SO_2 后，共沉淀法得到的 MnO_x/TiO_2 脱硝活性迅速下降，短短 1h 内，NO 转化率即降至 15% 左右，而溶胶-凝胶法得到的催化剂脱硝活性最终稳定在 60% 以上[43]。Yu 等[117]发现与浸渍法相比，使用表面活性剂通过一步溶胶-凝胶法制备的 $Mn-Fe-Ce-TiO_2$ 低温 SCR 脱硝活性更高，最重要的是催化剂抗 SO_2 性明显提升，300ppm 高浓度 SO_2 对催化剂影响较小，在进一步提升 SO_2 浓度至 900ppm 时，脱硝活性仍未进一步下降。

就负载型催化剂而言，载体的制备方法同样可影响最终负载型催化剂的脱硝活性以及抗 H_2O 抗 SO_2 性，采用柠檬酸法制备的 Zr-CeO$_x$ 作为载体时，负载型 MnO$_x$ 催化剂抗 SO_2 性理想，在通入 100ppm 浓度的 SO_2 7h 后脱硝活性未出现任何下降；而直接燃烧法和共沉淀法制备的 Zr-CeO$_x$ 作为 MnO$_x$ 催化剂载体时，催化剂脱硝活性在通入 SO_2 后均显著下降，断开后脱硝活性可部分恢复[68]。

3. 掺杂改性

Fe、Ce、Cu、Cr 等金属元素可以与 Mn 发生相互作用，有效改善 MnO$_x$ 催化剂的氧化还原性质，显著增强 MnO$_x$ 催化剂氧化 NO 为 NO_2 的能力，提高对 NO$_x$ 和 NH_3 的吸附作用，最终大大提高催化剂低温 SCR 脱硝活性。

Ce 掺杂改性 MnO$_x$ 后可以显著提高催化剂脱硝活性。Mn-CeO$_x$ 在 150℃ 下可以实现高于 95% 的 NO 转化率[118]。引入 Cu 可以提高 MnO$_x$ 基催化剂脱硝活性[119]，同时拓宽脱硝活性温度窗口[120]。柠檬酸法制备的 Cr-MnO$_x$ 也展现出理想的脱硝活性，Cr 与 Mn 之间相互作用生成的中间体利于促进 SCR 脱硝反应生成 N_2 和 H_2O[121]。在这些催化剂中，Mn-CeO$_x$ 以其优越的低温 SCR 脱硝活性而备受关注，其脱硝活性明显高于纯 MnO$_x$ 与 CeO$_x$，Mn/(Mn + Ce) 的最佳物质的量比为 0.25[122]。

然而，很多研究发现 Mn-CeO$_2$ 催化剂在低温下对 SO_2 比较敏感。对于共沉淀法制备的非负载型 MnO$_x$-CeO$_2$ 催化剂，SO_2 使其脱硝活性下降明显[116]，Mn-CeO$_2$/TiO$_2$[123]、Mn-CeO$_2$/ACF[124]、Mn-CeO$_2$/AC/陶瓷[125] 在一定程度上也存在类似的 SO_2 毒化效应。因此，确保 Mn-CeO$_2$ 良好低温 SCR 脱硝活性的同时，必须提高其抗 SO_2 性。

添加 Fe 和 Pr 等可以提高 Mn-CeO$_2$ 的抗 H_2O 抗 SO_2 性。在通入 SO_2 3h 内，Mn-Fe-CeO$_2$ 和 Mn-Pr-CeO$_2$ 脱硝活性维持在 90% 以上，Mn-CeO$_2$ 则明显降低[124]。Nd 等其他元素加入 Mn-CeO$_2$ 后，催化剂表面酸量显著提高，促进 SCR 脱硝反应；而以 Fe、Zr、W 等改性 Mn-CeO$_2$ 时，脱硝活性影响出现负面效应，最终导致脱硝活性下降[126, 127]。除上述元素以外，添加 W 带来的促进作用也有报道[128]。

比较而言，负载型 MnO$_x$ 催化剂的改性研究同样较多。通过 N_2 吸附/脱附、X射线衍射（X-ray diffraction，XRD）、TPR 和原位傅里叶变换红外光谱（Fourier transform infrared spectrum，FTIR）等多种手段证实：添加金属 M（M = Co、Ni、Cr、Fe、Cu、Zn、Ce、Zr）会不同程度地影响 MnO$_x$/TiO$_2$ 的孔结构特性、Mn 的存在形态和催化剂的表面酸量等[129]；研究者同时系统地研究了二元催化剂 M-MnO$_x$/TiO$_2$ 的低温 SCR 脱硝活性，最终证实添加 Ni、Fe、Cu、Ce 等对 MnO$_x$/TiO$_2$ 低温 SCR 脱硝有利，尤其是 Ni 元素，在 Ni 与 Mn 物质的量比为 0.4 时，Mn-NiO$_x$/TiO$_2$ 在 200℃ 下实现对 NO$_x$ 的 100% 脱除，其脱硝活性毫无疑问地优于 MnO$_x$/TiO$_2$；而 Zn、Zr 作为添加元素对催化剂脱硝活性不利[130]。

与 MnO$_x$/TiO$_2$ 对比，Mn-CeO$_x$/TiO$_2$ 催化剂化学吸附氧含量以及 NH_3 吸附能力

提高，容易展现出更高的低温脱硝活性，同时具备比 MnO_x/TiO_2 更高的抗 SO_2 性[92]。Wu 等[131]对 TiO_2 为载体的二元催化剂 $Mn-MO_x/TiO_2$（M = Fe、W、Mo、Cr）进行比较研究，结果证实，相比于 MnO_x/TiO_2，添加 Fe 后的 $Mn-FeO_x/TiO_2$ 脱硝活性明显提高，N_2 的选择性明显优于 MnO_x/TiO_2，并且该催化剂抗 H_2O 抗 SO_2 性更佳。Shen 等[132]也发现 Fe 的添加能显著增加 MnO_x 基催化剂的比表面积和孔容、降低平均孔径、提高催化剂吸附 NH_3 以及 NO 的能力、促进 MnO_x 以更高氧化态均匀分散且增加催化剂表面化学吸附氧浓度，最终显著提高 MnO_x 基催化剂的脱硝活性；并且发现 Fe 与 Ti 物质的量比为 0.1 时，这种促进效应最显著，此时，Fe 主要以 Fe^{3+} 形式存在。研究同时发现添加 Fe 增强了催化剂的抗 H_2O 抗 SO_2 性，而且样品的抗 H_2O 抗 SO_2 性随着 Fe 负载量的提高而逐渐增加，其中，$Fe(0.15)-Mn-CeO_x/TiO_2$ 表现出更强的抗 H_2O 抗 SO_2 性（0.15 为添加量）。在存在 H_2O 和 SO_2 的条件下的 5h 内，此催化剂脱硝活性仍达到 83.8%；与之形成鲜明对比，$Mn-CeO_x/TiO_2$ 的 NO 转化率则由 91.8%迅速降至 49.5%。此外，Fe 和 V 亦有助于提高 MnO_x 基催化剂的抗 SO_2 性[133]。

4. 前驱物

对于 MnO_x/TiO_2 来说，MnO_x 的前驱物会影响 MnO_x 相。采用 $Mn(NO_3)_2$ 和 $Mn(CH_3COO)_2$ 两种前驱物可分别得到主要物相为 MnO_2 和 Mn_2O_3 的 MnO_x[134]。与 MnO_x/TiO_2 相似，前驱物同样对 MnO_x/Al_2O_3 中的 MnO_x 存在形态产生影响[60]，最终影响催化剂的脱硝活性。

1.3.3　低温 SCR 脱硝催化剂脱硝机理及动力学研究

1. 机理

SCR 脱硝反应机理主要有两种：L-H（Langmuir-Hinshelwood）机理和 E-R 机理。对于低温 SCR 脱硝反应机理的研究一般针对不同的催化剂开展，其中，催化剂载体或掺杂元素是否会对机理产生影响并不确定，E-R 机理或者 L-H 机理究竟是哪种机理占主导作用并未达成共识。不过，两种机理普遍认为气相 NH_3 在催化剂活性位点上均吸附成为过渡吸附态。

就 NH_3 在低温 SCR 脱硝中的作用而言，文献多认为 NH_3 在催化剂表面的吸附是整个 SCR 脱硝反应的第一步，对于反应进行至关重要。NH_3 的吸附有两类：一类是吸附在 B 酸位（能放出质子）；另一类则吸附在 L 酸位（能接受电子）。在不同温度段的 SCR 脱硝反应中，两种酸的作用和影响并不一致，温度略高时，B 酸位上吸附的 NH_3 常扮演重要角色，L 酸位上吸附的 NH_3 往往对低温 SCR 脱硝反应最重要。这些吸附类物质与气相 NO 反应生成 N_2 和 H_2O，这种机理为 E-R 机理，NH_3 的过渡吸附态与催化剂表面吸附的 NO 反应，反应则遵循 L-H 机理。从能量的角度来看，以 NO 和 NH_3 吸附物进行反应的 L-H 机理所需活化能更低，SCR 脱硝反应更容易进行。Kijlstra[112]和 Kapteijn 等[135]对低温 SCR 脱硝反应机理进行了系统研究。

1）E-R 机理

低温 SCR 脱硝反应机理的相关研究一般认可 NH_3 以吸附态参与反应。不过，对于 NH_3 在不同吸附位（B 酸位和 L 酸位）上吸附态的作用尚且没有定论。很多研究认为反应温度会显著影响两种酸的作用，在相对高温下，B 酸位上吸附的 NH_3 起主要作用；L 酸位上吸附的 NH_3 则在低温下起主要作用[136]。

Kijlstra 等[112]认为 MnO_x 基催化剂上 SCR 脱硝反应符合 E-R 机理；首先，NH_3 吸附在 MnO_x 的 L 酸位上（—NH_3），之后解离吸附形成—NH_2 中间物，此中间物可以直接与气相中 NO 反应生成 N_2 和 H_2O，同时，NH_3 在催化剂上可以逐步氧化导致 NO 生成或过度解离成—N，再与 NO 反应生成 N_2O。

关于 MnO_x 基复合氧化物和负载型 MnO_x 基催化剂报道的脱硝活化也符合上述模型[137, 138]。Marbán[139]通过红外表征分析做出如下推测：对炭基载体负载型 MnO_x 基催化剂而言，NH_3 在催化剂上以—ONH_2 和—NH_4^+/NH_3 两种形式存在，二者通过各自途径在存在 O_2 的条件下还原 NO；在 Mn_3O_4 催化剂上可能形成—ONH_2 中间物。E-R 机理也存在于 VO_x/AC 等多种催化剂低温 SCR 脱硝中。MnO_x 基催化剂报道较多[140]。Pena 等[109]通过实验及原位表征分析证实 MnO_x/TiO_2 低温 SCR 脱硝是典型的 E-R 机理。

2）L-H 机理

E-R 机理已关注 NH_3 的吸附以及活化，所以 NO 和 NH_3 同时活化的 L-H 机理更侧重对 NO 吸附的研究。NO 的吸附为 Freundlich 型，O_2 将活性中心氧化后，进而促进 NO 的吸附。

Kijlstra 等[112]通过 FTIR 技术发现：在有 O_2 的条件下，NO 在 MnO_x/Al_2O_3 表面存在 5 种吸附形式，其热稳定性顺序为：线状亚硝基类（linear nitrites）、桥联状亚硝基类（bridged nitrites）和单齿状亚硝基类（monodentate nitrites）＜桥联状硝基类（bridged nitrates）＜双齿状硝基类（bidentate nitrates）；其中，亚硝基类热稳定性较低，能不断地与吸附的 NH_3 反应，但是在低温条件下，高热稳定性的硝基类则可以稳定存在，占据活性位并降低脱硝活性。Machida 等[141]也研究过 $Mn-CeO_x$ 催化剂上 NO_x 的吸附行为。

很多研究指出 E-R 机理和 L-H 机理同时存在于大多数 MnO_x 基催化剂低温 SCR 脱硝过程中。Kijlstra 等[142]在其研究基础上，提出了 230℃下 MnO_x/Al_2O_3 的 SCR 脱硝反应模型，此模型还可解释低温 SCR 脱硝中 SO_2 和 H_2O 的影响，并被很多后续研究者证实。反应过程中 E-R 机理和 L-H 机理平行进行，但 E-R 机理主要生成 N_2。具体步骤如下：

$$O_2 + 2* \longrightarrow 2O—* \qquad (1.14)$$

$$NH_3 + * \longrightarrow NH_3—* \qquad (1.15)$$

$$NO + O—* \longrightarrow NO—O—* \qquad (1.16)$$

$$NO—O—* + O—* \longrightarrow NO_3—* + * \qquad (1.17)$$

$$NH_3—* + O—* \longrightarrow NH_2—* + OH—* \qquad (1.18)$$

$$NH_2—* + NO \longrightarrow N_2 + H_2O + * \qquad (1.19)$$

E-R 机理：

$$NH_2—* + NO—O—* \longrightarrow N_2 + H_2O + O—* + * \qquad (1.20)$$

L-H 机理：

$$2OH—* \longrightarrow H_2O + O—* + * \qquad (1.21)$$

Qi 等[116]也针对 MnO_x-CeO_2 提出了类似反应机理。针对 MnO_x/Al-SBA-15 体系，韦正乐等[143]借助 $NO + O_2$ 和 NH_3 的吸附态和瞬态实验以及 $NO + O_2$、NH_3 反应的稳态实验，对 SCR 脱硝机理和反应路径进行了研究，发现 NH_3 吸附在催化剂上可形成配位态的 NH_3 和 NH_4^+，其中配位态的 NH_3 能脱氢形成—NH_2 活性中间态；NO 和 O_2 在催化剂上吸附形成硝酸盐类、硝基类和亚硝酸盐类物质。将 $NO + O_2$ 通入预吸附了 NH_3 的催化剂中时，表面配位态的 NH_3、NH_4^+ 以及—NH_2 都明显减少直至消失，SCR 脱硝反应有效进行；而将 NH_3 通入预吸附了 $NO + O_2$ 的催化剂中时，只有硝基类和亚硝酸盐类减少，硝酸盐类则基本不发生变化，结果是 SCR 脱硝反应微弱。—NH_2 与气相中的 NO 结合生成 NH_2NO 中间产物然后分解为 N_2 和 H_2O；吸附于 B 酸位上的 NH_4^+ 与硝基类结合生成 NH_4NO_2 中间产物并后续分解为 N_2 和 H_2O，整个 SCR 脱硝反应既有 E-R 机理，也有 L-H 机理；催化剂表面存在的硝酸盐类比较稳定，难以参与低温 SCR 脱硝反应。研究者对新出现的 SCR 脱硝催化剂体系、反应中间产物等也进行了很多探索。Yu 等[144]关于 Cu/SAPO-34 的 SCR 脱硝反应机理的研究结果表明 NH_3 可以吸附在 Cu^{2+} 和—OH 活性位上，漫反射 FTIR 表征分析显示：吸附在 Cu^{2+} 位点上的 NH_3 被反应消耗，随后在 B 酸位上的吸附 NH_3 再迁移到活性位上参与脱硝反应；整个反应过程中，B 酸位负责储存和向活性位提供 NH_3 物种。电子顺磁共振（electron paramagnetic resonance，EPR）结果证明，Cu/SAPO-34 各种形式的 Cu 物种中，孤立的 Cu^{2+} 物种是 SCR 脱硝反应的活性中心，而亚硝酸盐物种是反应的关键中间物。

3）O_2 的作用

研究者对 O_2 在低温 SCR 脱硝中作用也进行了探讨。Kapteijn 等[135]利用原位 FTIR 和 TPR/TPD 技术研究了有 O_2 和无 O_2 条件下的 SCR 脱硝反应，发现无 O_2 条件下 NO 的吸附很少，并提出 O_2 的作用可能在于以下四个方面：SCR 脱硝反应后，O_2 重新氧化催化剂表面，进而完成一个 SCR 循环；NO 偏好于吸附在被氧化中心，因此 O_2 将活性中心氧化后可促进 NO 吸附，从而提高脱硝活性；被氧化的催化剂表面还可以使被吸附 NH_3 中的 H 解离出来，形成活性的 NH_2，而 NH_2 是 NH_3 参与低温 SCR 脱硝反应的主要形式；O_2 本身能氧化 NO 为更易于吸附在催化剂表面的 NO_2，此作用无关于催化剂表面是否已被氧化。

2. 动力学研究

目前，低温 SCR 脱硝动力学研究主要基于幂函数动力学等经验方程，或者机理推导（如 L-H 机理或 E-R 机理），或者集合以上二者。研究者在低温 SCR 脱硝反应动力学方面做了很多工作。不同反应机理对应动力学方程见表 1.7。

表 1.7　不同反应机理对应动力学方程

SCR 脱硝反应动力学模型	反应机理	动力学方程
E-R 机理	吸附态 NH_3 与气相 NO 进行反应	$r_{NO} = \dfrac{K_{NH_3} C_{NH_3}}{1 + K_{NH_3} C_{NH_3}}$
L-H 机理	NH_3 与 NO 吸附在相邻的活性位点上进行反应	$r_{NO} = k \dfrac{K_{NO} C_{NO} K_{NH_3} C_{NH_3}}{(1 + K_{NO} C_{NO} + K_{NH_3} C_{NH_3})^2}$
幂函数		$r_{NO} = k C_{NO}^a C_{NH_3}^b C_{O_2}^c$

基于幂函数动力学方程，Qi 等[116]在 120℃下对 MnO_x-CeO_2 催化剂的动力学进行研究，计算得出 NO、NH_3 和 O_2 三者的反应级数分别为 1、0 和 0.5。研究 MnO_x/TiO_2 反应动力学时，Wu 等[145]发现此种催化剂上 NO、NH_3 和 O_2 的反应级数与 Qi 等[116]完全一致，计算出的表观活化能为 38kJ/mol。

有一些研究者则得到不同的结果，区别主要体现在 NO 的反应级数上。Richter 等[94]用幂函数动力学方程拟合 MnO_x/NaY 的实验数据时，得出了不同的结果，计算发现 NO 和 O_2 的反应级数分别为 2 和 0.3，因此认为速率控制步骤中有两个 NO 分子参与反应，因此 NO 的反应级数为 2，此结论与他们提出的反应机理模型（NO 氧化为 NO_2，然后二者形成类似于 N_2O_3 的中间物，中间物再与 NH_3 反应）一致。还有文献发现 NO 的反应级数明显低于 1，为 0.4～0.8，NH_3 和 O_2 的反应级数一致。Kijlstra 等[112]认为 E-R 机理和 L-H 机理同时存在于 MnO_x/Al_2O_3 低温脱硝中，推导的包含两种机理的动力学方程很好地吻合了实验数据。NO 不仅仅以气态形式参与 SCR 脱硝反应，这可以很好地解释反应级数低于 1 的情况，如果只存在 E-R 机理，那么反应中至少存在 NH_3 的活化这一速率控制步骤；速率控制步骤存在于 NO 与 NH_3 形成复合物之后、SCR 脱硝反应产物 H_2O 与 NH_3 存在竞争吸附[142]，都可能是 NO 反应级数小于 1 的原因。

1.3.4　密度泛函理论等新研究手段在低温 SCR 脱硝催化剂研究中的应用

采用响应面技术（response surface methodology，RSM）结合中心复合设计（central composite design，CCD）可用来评估和优化 Fe-Cu/ZSM-5 的制备参数，通过软件设计得出最佳催化材料的制备参数：焙烧温度为 577℃，Fe 的负载量为 4.2%，浸渍温度为 43.5℃；在此基础上，制备的催化剂在反应温度为 270℃下 NO 的转化率为 78.8%，与预测值（79.4%）接近[146]。

密度泛函数理论（density functional theory，DFT）可用于确定催化剂设计、活性组分的氧化和稳定状态、反应路径和反应机理等多方面的研究和探索。McEwen 等[147]将原位 X 射线吸收光谱与 DFT 相结合，研究 Cu-SSZ-13 中交换位的特性，研究结果表明，催化剂中存在 2 配位的 Cu（Ⅰ）和 4 配位的 Cu（Ⅱ），它们与 H_2O 或—OH 结合相对稳定，且进一步通过 DFT 计算证实 Cu-SSZ-13 中的 Cu 物种在 SCR 脱硝反应中具有重要的氧化还原作用。曹蕃等[148]采用 DFT 研究了 NO 和 NH_3 在完整和有缺陷的 $\gamma\text{-}Al_2O_3$（110）表面吸附与 SCR 脱硝反应特性，提出 NO 在完整的（110）表面的吸附作用较弱，而 NH_3 分子的吸附作用较强，NH_3 分子在 Al 原子顶位可形成稳定吸附。反应路径研究结果表明，完整的（110）表面上 SCR 脱硝反应的决速步为—NH_2NO 基团的分解，反应的最大能垒为 235.75kJ/mol；同时证实 SCR 脱硝反应在有缺陷（110）表面的最大能垒明显较低，说明氧空穴促进了 SCR 脱硝反应的进行。关于 SO_2 中毒机理也有 DFT 相关研究的报道[149]。

分子模拟手段应用于分子筛脱硝催化剂的研究鲜有报道，分子模拟基于量子力学和分子力学，能够模拟催化体系参与反应的一些微观行为。一方面，催化反应往往发生在纳米尺度的孔内及界面上；另一方面，由于受到微孔体系空间上的限制，纳米微孔中流体的行为与性质是真实实验很难观察和测定的。而分子模拟作为"计算机实验"，能够模拟真实体系的性质并能给出满意的结果[150]。对于多孔且有序的材料，运用计算机分子模拟可以很好地设计所需的催化材料，同时满足 SCR 脱硝反应要求，有望应用于脱硝催化剂开发。

1.4　柱撑黏土材料及其在烟气脱硝中的应用

1.4.1　柱撑黏土制备及性质

1. 柱撑黏土概述

柱撑黏土（pillared inter-layered clays，PILC，也称层柱黏土或交联黏土）是

一种具有二维孔道类分子筛结构的新型催化材料，可由廉价易得的黏土为原料经过特殊改性制得。20 世纪 70 年代首次出现金属氧化物-柱撑黏土合成的相关报道，之后 PILC 得到广泛关注。PILC 是以各种聚合羟基阳离子、配位化合物金属阳离子为柱撑剂（交联剂）与黏土层间离子（Na^+等）进行离子交换，继而借助干燥、煅烧等脱去聚合羟基阳离子的羟基和水分子，从而在黏土层间形成稳定的柱状物支撑起相邻黏土层，最终使层间分开并得到的一类孔径大且分布规则的新型多孔性纳米复合材料。

2. 柱撑黏土的制备

PILC 最早在 1955 年制得，这类由有机金属螯合物、有机胺离子、癸烷柱撑而形成的 PILC 材料引起了当时研究者的广泛关注。但其热稳定性较差，当加热到 450℃左右时即会发生分解，这一缺点制约了其工业应用。经过研究者的不断努力，后期研究出聚合羟基金属离子等无机柱撑剂。Brindley 和 Sempels[151]于 20 世纪 70 年代首次以 Zr 和 Al 相关柱撑剂制得了 PILC，此方法有效地解决了热稳定问题。从有机 PILC 过渡到无机 PILC 是此材料又一重大进展，自此 PILC 便走向了实用化。后来，由 Fe、Cr、Cu 和 Ti 等各种聚合羟基多核金属离子获得的相应 PILC 陆续出现。

PILC 的传统制备方法主要分为以下几步：交联剂制备、交联反应和后续热处理。此路线一般使用稀黏土悬浮液，用水量大，干燥耗能多。因此，后续高浓度黏土悬浮液制备 PILC 受到重视，此技术常需要配合使用改良的热处理方式，如红外干燥、微波干燥等传统热处理工艺。微波干燥法和红外干燥法的反应时间较短，制成的 PILC 热稳定性较好，有利于投入工业生产[152]。也可对聚合阳离子采用水热处理方式得到交联剂之后，经交联柱撑得到 PILC。

具体来讲，PILC 的制备方法一般如下：先将黏土在水中进行溶胀，然后用部分已水解的聚合阳离子交换出黏土层间的水解阳离子，再将交换后的黏土进行干燥和煅烧，使已水解的聚合阳离子转化为金属氧化物柱。

可制备 PILC 的层状基质材料很多，一般需要满足以下两个基本条件：层间具有可交换的阳离子；基质黏土在溶剂中可膨胀，以便进行离子交换过程。蒙脱土、云母石、水滑石和累托石等均可作为基质黏土。我国蒙脱石资源丰富，而且蒙脱石具有良好的膨润性和阳离子交换性，所以蒙脱石的相关研究和应用最为广泛[153]。

交联剂又称柱撑剂，是指能通过离子交换进入蒙脱石层间形成支柱的一类化合物的统称。不同交联剂对 PILC 的酸度、孔结构、机械强度和水热稳定性等性能影响很大。交联离子的分子体积越大，电荷越高，PILC 的层间距越大。实际操作中，一般选择具有大体积和高电荷的无机聚合羟基金属阳离子作为柱撑剂，此类高价金属阳离子的配位数多、难饱和且易接受外来电子配位（L 酸中心）；高价金属阳离子半径小、极化能力强，易脱水形成 B 酸中心[154]。因此，PILC 也表现出良好的表面酸量。

3. 柱撑黏土的物理化学性质

PILC 的酸量、表面积和孔分布等性质独特，且具有较高的热稳定性。可根据不同金属氧化物柱、氧化物柱组合撑开黏土层，因此黏土层间距可调，比表面积、孔结构、酸碱性及强度均可在一定程度上根据需要进行合理的调控，这为不同化学反应选择相应的 PILC 催化剂提供了可能[155-157]。可控的孔道使 PILC 非常适宜用于选择性催化领域。表 1.8 给出了部分文献所述的不同氧化物柱 PILC 的比表面积等简单理化性质。

表 1.8 不同氧化物柱 PILC 的部分理化性质

样品	$S_{BET}/(m^2/g)$	$V_P/(cm^3/g)$	d_{001}/nm	文献
常温常压方法				
Al-PILC	159	0.11	1.69	
Ti-PILC	230	0.20	2.20	[158]
Fe-PILC	215	0.29	1.50	
Zr-PILC	167	0.14	1.70	
CrZr-PILC	239	0.21	1.64	[159]
ZrTi-PILC	379	0.36	2.03	
AlFeCe-PILC	137	0.036	1.27	[160]
高温高压方法				
Al-PILC	202	0.13	1.72	[161]
AlFe-PILC	317	0.20	1.91	[162]
AlNi-PILC	375	0.21	2.11	[163]

注：S_{BET} 由 BJH 方法求算得出；V_P 为 $P/P_0 = 0.99$ 处孔容

4. 柱撑黏土的应用

国外对于 PILC 的应用研究较多，而且已经尝试将其应用于工业实际中，主要是催化和吸附领域。大孔径、高比表面积的特性使得 PILC 具有良好的选择吸附性，可以广泛应用于有机物以及重金属的吸附脱除[164, 165]。由于具有成本廉价、孔径分布独特和比表面积高等一系列优点，PILC 在催化领域得到广泛的应用，如

石油的催化裂解等。PILC 可以单独做催化剂，也可以作为载体[166]。Kaneko 等[167]
以 Ti-PILC 光催化降解乙酸、乙二酸以及癸酸，Ti-PILC 在降解乙酸和乙二酸的反
应中表现出比 TiO_2 好的脱硝活性。近年来也有不少研究将 PILC 用于气态污染物
的去除，如 NO_x、VOC 以及 H_2S 等多种气态污染物的催化转化及去除[166, 168]。Huang
等[158]制备了不同氧化物柱的 PILC，并用多种过渡金属（Mn、Co、Cu、Cr 等）
对其进行改性，改性 PILC 对多种 VOC 表现出较高的脱硝活性，添加 Ce 后其脱
硝活性明显改进；双金属改性催化剂中，$Cr-CeO_x/PILC$ 对含氮的 VOC 脱硝活性
较高的同时，控制 NO_x 副产物的能力也最佳，研究者通过表征分析进一步提出催
化剂的高脱硝活性与 PILC 为催化剂提供的表面酸量和高比表面积等有很大关系。
Marcos 等[165]制备了 Al-V-PILC（V = Ce/Nb），并将其负载 Cu 等活性成分后用于
CO_2 催化加氢制备甲醇（MeOH）和乙二醇二甲醚（DME）中，发现活性组分为
Cu 和 Ce 的最佳催化剂在 200～300℃内具有很好的 NO 转化率，并通过多种表征
手段研究探讨柱元素对催化剂孔结构、酸碱性和活性位等理化性质的影响。

1.4.2　柱撑黏土与 SCR 脱硝

1992 年，Yang 等[169]首次将 PILC 用于 NH_3 法 SCR 过程中，证实各种 PILC
催化剂的 SCR 脱硝活性以 Cr-PILC、Fe-PILC、Ti-PILC、Zr-PILC、Al-PILC 顺序
降低（在 250～400℃内）；其中 Cr-PILC 脱硝活性甚至优于商业催化剂 $V_2O_5-WO_3/$
TiO_2，不过 SO_2 会导致其脱硝活性明显下降；Fe-PILC 则与 V_2O_5/TiO_2 脱硝活性相
当，其抗 SO_2 性较好。有研究发现错层 Fe-PILC 为"房卡式"结构，直径为 17nm
的 Fe_2O_3 颗粒分散其中，此结构利于 SCR 脱硝，因此 Fe-PILC 脱硝活性也会高于
商业催化剂 $V_2O_5-WO_3/TiO_2$，表征发现 Fe-PILC 中 B 酸丰富，这可能得益于 Fe_2O_3
与黏土层的相互作用[170]。

通过离子交换法改性 PILC 后，SCR 脱硝活性可明显改善。Long 和 Yang[171]
研究发现 Fe-Ti-PILC 对 NO 的转化率超过 90%（300℃），并且提出其 SCR 脱硝
反应机理：吸附于 Fe-Ti-PILC 之上的 NO 在 O_2 作用下氧化形成 NO_2 以及硝酸盐
类，吸附的 NO_x 在一定温度下被 NH_3 还原，NH_3 可以吸附在 Fe-Ti-PILC 的 B 酸
位和 L 酸位上实现再生，NH_4^+ 和吸附态 NH_3 在与 NO、$NO + O_2$ 和 NO_2 反应中具
有脱硝活性，$NH_3 + NO + O_2$ 和 $NH_3 + NO_2$ 的脱硝反应速率高于 $NO + NH_3$。此外，
他们提出了 SCR 脱硝有关反应路径，其中 NO_2 和 NH_3 形成活性中间体，此活性
中间体再和 NO 反应生成 N_2 和 H_2O。具体反应路径如下：

$$2NH_3 + 2H^+ \longrightarrow 2NH_4^+ \tag{1.22}$$

$$2NH_3 \longrightarrow 2NH_3(a) \tag{1.23}$$

$$NO + 1/2O_2 \longrightarrow NO_2 \tag{1.24}$$

$$NO_2 + NH_4^+ \longrightarrow NO_2[NH_4]^+ \tag{1.25}$$

$$NO_2 + 2NH_3(a) \longrightarrow NO_2[NH_3]_2 \tag{1.26}$$

$$NO_2[NH_4]^+ + NO \longrightarrow \cdots\cdots \longrightarrow 2N_2 + 3H_2O + 2H^+ \tag{1.27}$$

$$NO_2[NH_3]_2 \longrightarrow \cdots\cdots \longrightarrow 2N_2 + 3H_2O \tag{1.28}$$

Long 和 Yang[172]进一步指出在具备较高脱硝活性的同时，Fe-Ti-PILC 抗 H_2O 抗 SO_2 性良好。250～450℃内，在存在 H_2O 和 SO_2 的条件下，Fe-Ti-PILC 的 SCR 脱硝反应活性接近 V_2O_5-WO_3/TiO_2 的两倍，同时 N_2 选择性更高；较高的脱硝活性归因于催化剂对 NH_3 和 SO_2 的低氧化活性。H_2O 以及 SO_2 的促进作用是由于形成的硫酸盐增强了催化剂的表面酸量，而 Fe-Ti-PILC 的脱硝活性与其表面酸量成正比。基于以上研究分析，450℃下对 Fe-Ti-PILC 进行 $SO_2 + O_2$ 处理可将其脱硝活性提高 53%以上；而 H_2O 对 $SO_2 + O_2$ 预处理的促进效应轻微不利[173]。Ce、Pr 等稀土元素进一步改性 Fe-Ti-PILC 时，无论是否存在 SO_2 和 H_2O，脱硝活性均明显提升，这是由于 Ce 和 Pr 提高了催化剂对 NO 的转化率；而添加 Th 对催化剂脱硝活性无明显改进[174]。本书以酸处理后的 Zr-PILC 为载体，经碳化处理以及负载 MnO_x 后对其脱硝活性以及抗 H_2O 抗 SO_2 性进行研究：H_2O 会对催化剂脱硝活性产生抑制，然而其抑制作用在断 H_2O 后即可消除；在 SCR 脱硝反应过程中通入 SO_2，对 NO 转化率影响不大。

通过浸渍法将 VO_x 负载于硫化处理的 Ti-PILC 后得到催化剂，在 300℃下也可以得到 90%以上的脱硝活性；其中，VO_x 与载体之间的相互作用使其脱硝活性高于 VO_x 与载体的简单混合物[175]。加入 W 对催化剂脱硝活性则无明显改进[176]。此外，Cu、Co 改性的 Ti-PILC 以及 Al-PILC 也可用于 SCR 脱硝。

Wang 等[177]将 Ti-PILC 催化剂应用于烟气同时脱硝脱汞中，首先通过浸渍法负载 Mn 和（或）Ce 于 Ti-PILC 载体上得催化剂，活性组分分布于载体表面以及层间氧化物柱上；催化剂具有较高低温 SCR 脱硝活性的同时，对 Hg^0 也展现出非常高的催化氧化活性，NO 转化率在 250℃时超过 95%，即使在无 HCl 存在的条件下，Hg^0 脱除率依然超过 90%。

总体来看，目前 PILC 应用于 SCR 脱硝研究多集中在中温段（300～450℃），其表现出较高的脱硝活性以及抗 H_2O 抗 SO_2 性，当前明显缺少其在低温 SCR 脱硝方面的相关研究。

1.4.3　柱撑黏土低温 SCR 脱硝目的和意义

我国是燃煤大国，NO_x 污染严重，因此脱除烟气中的 NO_x 意义重大。传统的

SCR 法在应用上仍然存在设备改造大、催化剂易中毒等不足之处。目前商业催化剂脱硝活性温度窗口较窄（300～400℃）；采取低粉尘布置方式的脱硝成本高，同时其使用需要改造原有设备，增加脱硝成本。低温 SCR 脱硝技术适合低粉尘甚至尾部布置方式，延长了催化剂寿命，同时降低了现有设备的改造成本，因此以其经济性受到关注，相关催化剂开发成为燃煤烟气脱硝领域的热点。

目前低温 SCR 脱硝的问题主要体现为虽然催化剂种类较多，但是并没有成功开发出低温范围内能够有效脱除 NO_x 的催化剂；具备相对较高脱硝活性的 MnO_x 基催化剂的载体普遍存在成本高、易烧结、抗 H_2O 抗 SO_2 性差的问题，难以实现应用。黏土资源廉价易得，经过改性的 PILC 在中温下显示出良好的脱硝活性以及抗 H_2O 抗 SO_2 性，但是对于其在低温领域的应用还未开展。针对以上问题，本书将 PILC 作为 MnO_x 基催化剂的相关载体，制备相应催化剂，研究其低温 SCR 脱硝活性。对 MnO_x 基 PILC 的制备、性质以及其低温 SCR 脱硝活性等方面进行系统研究，探讨其在低温 SCR 脱硝中应用的可能性，为低温 SCR 脱硝催化剂的开发和设计提供参考。

第 2 章 实 验 部 分

2.1 催化剂制备仪器、气体及试剂

2.1.1 仪器

实验中所用仪器如表 2.1 所示。

表 2.1 实验仪器

名称	型号	生产厂家
陶瓷纤维马弗炉	TM-0217P 型	北京盈安美诚科学仪器有限公司
高温管式电炉	KSW-4-16 型	余姚市东方电工仪器厂
电热恒温干燥箱	DL-202 型	天津中环实验电炉有限公司
真空干燥箱	DZF-6020	上海一恒科学仪器有限公司
数显恒温水浴锅	HH-S 型	江苏金坛医疗仪器厂
低速台式离心机	TDZ4-WS 型	长沙湘仪离心机仪器有限公司
电子天平	FA2004A 型	上海精密科学仪器有限公司
控温磁力搅拌器	HJ-3 型	江苏金坛医疗仪器厂
玻璃转子流量计	LZB 型	天津流量仪表有限公司
质量流量计流量控制器	D07-7B 型	北京七星华创电子股份有限公司
质量流量计流量显示仪	D08-1D 型	北京七星华创电子股份有限公司
智能 PID 调节仪	XMTP4000 型	天津市中环温度仪表有限公司
热电偶	K 型	天津市中环温度仪表有限公司
手持式烟气分析仪	KM900	英国 Kane 公司
手持式烟气分析仪	KM940	英国 Kane 公司
紫外分光光度计	752N	上海精密科学仪器有限公司
特气减压器	TJ-2 型	大连大特气体有限公司
单级压力调节器	YQJ（F）系列	徐州鸿业仪器仪表有限公司
二氧化硫减压器	YOL-04	天津伊思得减压器有限公司
集气袋	—	天津市科密欧化学试剂开发中心
脱硝反应器	—	自行设计

2.1.2 气体及试剂

实验中所用试剂以及气体分别列于表 2.2 和表 2.3。所用试剂均为分析纯（钨酸铵、硫酸氧钛、钛酸丁酯例外，为化学纯）。

表 2.2 试剂表

名称	英文名称	分子式	相对分子质量	提供厂家	纯度
硝酸锰	manganese nitrate	$Mn(NO_3)_2$	250.1	GF[a]	49%～51%溶液
硝酸铈	cerium nitrate	$Ce(NO_3)_3 \cdot 6H_2O$	434.25	GF	99%
硝酸镧	lanthanum nitrate	$La(NO_3)_3 \cdot 6H_2O$	433.00	GF	98%
硝酸铁	ferric nitrate	$Fe(NO_3)_3 \cdot 9H_2O$	404.02	GF	98.5%
偏钒酸铵	ammonium metavanadate	NH_4VO_3	116.98	DM[b]	99%
钨酸铵	ammonium tungstate hydrate	$(NH_4)_{10}W_{12}O_{41}$	1602.4	GF	85%～90%
四氯化锡	tin（IV）chloride	$SnCl_4 \cdot 5H_2O$	350.58	GF	99%
硝酸铋	bismuth nitrate	$Bi(NO_3)_3 \cdot 5H_2O$	485.10	GF	99%
硝酸银	silver nitrate	$AgNO_3$	169.87	BH[c]	溶液
硝酸钡	barium nitrate	$Ba(NO_3)_2$	261.34		溶液
硝酸氧锆	zirconium dinitrate oxide	$ZrO(NO_3)_2 \cdot 2H_2O$	231.23	GF	97.7%
钛酸丁酯	butyl titanate	$Ti(OC_4H_9)_4$	340.30	GF	98%
硫酸氧钛	titanium oxysulfate	$TiOSO_4$	159.95	DM	38%（TiO_2）
四氯化钛	titanium tetrachloride	$TiCl_4$	189.71	GF	—
硝酸铝	aluminum nitrate	$Al(NO_3)_3 \cdot 9H_2O$	375.13	GF	99%
硝酸	nitric acid	HNO_3	63.01	PF[d]	65%～68%
盐酸	hydrochloric acid	HCl	36.46	PF	35%～36%
柠檬酸	citric acid	$C_6H_8O_7 \cdot H_2O$	192.14	GF	99.8%
冰醋酸	acetic acid	CH_3COOH	60.05	GF	99.5%
十六烷基三甲基溴化铵	hexadecyl trimethyl ammonium bromide	$C_{16}H_{33}(CH_3)_3NBr$	364.45	GF	99%
丙酮	acetone	C_3H_6O	58.08	PF	99.5%
P25	titanium dioxide	TiO_2	79.88	Deguss	—
三氧化二铝	corundum	Al_2O_3	101.96	SS[e]	99%
膨润土[f]	wilkinite			GF	99%

注：a-天津市光复精细化工研究院；b-天津市大茂化学试剂厂；c-北京化工厂；d-天津市化学试剂批发公司；e-天津市化学试剂三厂；f-膨润土化学成分（%）为：SiO_2 72.21，Al_2O_3 17.98，Fe_2O_3 1.42，CaO 4.07，MgO 4.02，K_2O 2.89，Na_2O 2.32

表 2.3　实验所用气体简表

名称	英文名称	分子式	相对分子质量	生产（供应）厂家	纯度/浓度
一氧化氮	nitric oxide	NO	30.01	LF[a]	20%（N_2 平衡）
氨气	ammonia	NH_3	17.03	LF	2%（N_2 平衡）[c]
氧气	oxygen	O_2	32	LF	高纯
氮气	nitrogen	N_2	28.01	LF	高纯
二氧化硫	sulfur dioxide	SO_2	64.06	ZG[b]	2%（N_2 平衡）
氢气	hydrogen	H_2	2.00	LF	5%（N_2 平衡）

注：a-天津市河西区六方高科技气体供应站；b-北京兆格气体科技有限公司；c-活性测试时，反应气体中的 NH_3 浓度为 2%，NH_3-TPD 用纯氨

2.2　脱硝实验部分

2.2.1　脱硝活性评价装置

本实验采用钢瓶配气的方式对电厂烟气进行模拟，实验装置如图 2.1 所示。装置由配气系统、控制系统、反应系统、分析测试系统四部分构成。经过混合预热后的模拟气体进入 SCR 反应器进行 SCR 脱硝反应，反应温度为 80~280℃。

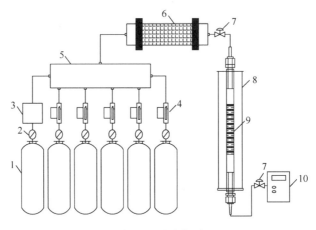

图 2.1　脱硝装置

1-配气钢瓶；2-减压阀；3-水浴鼓泡器；4-质量流量计/玻璃转子流量计；5-气体混合器；6-气体预热器；7-采气口；8-SCR 反应器；9-催化剂床层；10-手持式烟气分析仪

配气系统主要包含配气钢瓶和气体混合/预热器以模拟烟气，控制系统包含减压阀、质量流量计、玻璃转子流量计及气体预热器和 SCR 反应器中包含的 K 型

热电偶（智能 PID 调节仪）等控温测温元件，反应系统涉及 SCR 反应器及催化剂床层，分析测试系统针对气体（主要是 NO_x）进行分析测试，具体包含各种气体分析仪以及集气袋等。

1. 配气系统

气体采用模拟气体。由于在实际燃煤电厂烟气中 NO 占 NO_x（包括 NO、NO_2、N_2O 等）总量的 95% 以上，在研究和设计方面一般只考虑反应 $4NH_3 + 4NO + O_2 \longrightarrow 4N_2 + 6H_2O$ 和反应 $4NH_3 + 6NO \longrightarrow 5N_2 + 6H_2O$，所以模拟气体不包括 NO_2 等其他 NO_x。模拟气体组分包括 NO、N_2、O_2、SO_2、H_2O。其中，NO、N_2、O_2、SO_2 为标准气，用配气钢瓶供给；通过 N_2 经过一定温度的蒸馏水中鼓泡带出 H_2O。如上所有气体通过气体混合/预热器后，作为模拟烟气进入 SCR 反应器，气体混合/预热器为自制装置，内部以陶瓷填充，外围用加热丝缠绕实现加热。

2. 控制系统

脱硝实验装置的控制系统主要分为气体流量控制和温度控制两方面。

（1）气体流量控制。各配气钢瓶出口连接减压阀，其中具有腐蚀性的气体 NO、NH_3、SO_2 采用耐腐蚀的不锈钢专用减压阀，N_2 和 O_2 采用铜质专用减压阀。NO、NH_3、SO_2 气体流量由配套质量流量计进行测量和控制，质量流量计本身具有检测控制电路以及流量调节阀，是一个闭环控制单元，压力或温度的波动不会使其气体流量测定失准，因此不需要进行压力和温度修正；N_2 和 O_2 的流量通过玻璃转子流量计控制。详细参数如表 2.4 所示。

表 2.4　气体流量控制器

气体	NO	NH_3	SO_2	O_2	N_2	N_2（H_2O）
流量控制	质量流量计	质量流量计	质量流量计	玻璃转子流量计	玻璃转子流量计	玻璃转子流量计
型号	D07-7B	D07-7B	D07-7B	LZB	LZB	LZB
流量规格/mL	0～5	0～200	0～200	0～100	0～400	0～100
准确度/%F.S.	±1.5	±1.5	±1.5	±1.5	±1.5	±1.5
重复精度/%F.S.	±0.2	±0.2	±0.2	±0.2	±0.2	±0.2

（2）温度控制。真实烟气具有一定温度；同时，催化反应也需在一定温度下进行。温度控制主要针对模拟烟气以及 SCR 反应器。模拟烟气的温度控制主要由 XMTP4000 型智能 PID 调节仪和 K 型热电偶组成，即调整预热器温度，实现对烟气加热控制的目的，实验中此温度一般控制在 200℃。对于 SCR 反应器而言，除以 XMTP4000 型智能 PID 调节仪和 K 型热电偶组合进行控温外，控温预

热器和 SCR 反应器还安装 XMTP4000 型智能 PID 调节仪和热电偶组合，以实现温度校正，从而达到对反应温度更为精确控制的目的。实验中 SCR 反应器温度为 80～280℃。

3. 反应系统

SCR 反应器由不锈钢器件构成，硬连接方式保证了 SCR 反应器的气密性。SCR 反应器由内及外依次是气流区、反应器内壁、加热区、保温层。SCR 反应器内壁的直径（气流区直径）为 1cm，加热区最大功率为 1kW，外围的保温层包括石英棉等保温材质，以保证内部气流区的温度恒定。催化床位于 SCR 反应器内部气流区的中间位置，在其下部设置不锈钢丝筛网，同时结合催化剂上部与下部安装的两层石英棉，使催化剂得到支撑与固定。

4. 分析测试系统

模拟烟气中的气体成分主要通过英国 Kane 公司的 KM900 和 KM940 手持式烟气分析仪进行测定。其中，KM900 手持式烟气分析仪的传感器有 NO、O_2、SO_2 化学传感器，KM940 手持式烟气分析仪装有 NO_2、CO 和 O_2 三种化学传感器，以此实现烟气中 NO、O_2、NO_2、SO_2 等成分的分析测定，手持式烟气分析仪相关参数见表 2.5。采用纳氏试剂比色法测定 NH_3 成分，测试精度为 ±3%。

表 2.5　实验所用手持式烟气分析仪参数指标

测试对象	手持式烟气分析仪	分辨率	精度	测定范围
NO	KM900	1ppm	±5%，＞100ppm ±5ppm，＜100ppm	0～5000ppm
O_2		0.1%	±0.2%	0～21%
SO_2		1ppm	±5%	0～5000ppm
NO_2	KM940		±5%，＞100ppm ±5ppm，＜100ppm	0～5000ppm
O_2			±0.2%	0～21%

注：对模拟烟气中的 NH_3 成分测定则采用化学分析法，一般为纳氏试剂比色法（HJ 533—2009）

2.2.2　脱硝活性实验过程

测试前首先将定量催化剂装填入 SCR 反应器中，并且用 N_2 吹扫一段时间以排出测试系统中的 O_2。之后打开各路气源，在设定的空速下通入所需的气体量。各种气体的流量由质量流量计控制，同时将控温预热器以及 SCR 反应器设定于指定温度。模拟烟气经过混合、预热（200℃）之后进入 SCR 反应器中。模拟烟气流经催化床时，NH$_3$ 将 NO 选择性地还原生成 N$_2$ 和 H$_2$O，即发生 SCR 脱硝反应。需要指出的是，在实验中模拟烟气吹脱催化剂 2h 后再进行测试，目的是消除模拟烟气流经催化剂时 NO 被吸附而使其浓度降低对测定结果造成影响。进出 SCR 反应器的模拟烟气中的 NO 浓度由手持式烟气分析仪进行测定。在 SCR 脱硝过程的研究和应用中，脱硝效果一般均采用脱硝活性来定量，脱硝活性定义式如下：

$$NO转化率\,\eta = \frac{[NO]_{in} - [NO]_{out}}{[NO]_{in}} \times 100\%$$

其中，$[NO]_{in}$ 为 SCR 反应器入口处烟气中 NO 的初始浓度；$[NO]_{out}$ 为 SCR 脱硝反应后气体中 NO 的浓度。

因为本书侧重于这种新型 PILC 负载型催化剂的低温 SCR 脱硝应用研究，同时 MnO$_x$ 基催化剂，尤其是锰铈混合氧化物催化剂（Mn-CeO$_x$）在低温 SCR 脱硝中展现出较好的 N$_2$ 选择性，如 Mn-CeO$_x$ 对 N$_2$ 选择性高于 90%[111]，负载型锰铈基低温 SCR 脱硝催化剂（Mn-CeO$_x$/USY）N$_2$ 选择性接近 100%[178]，所以本书重点以 NO 去除效率来评价催化剂脱硝活性。部分涉及 N$_2$ 选择性实验的计算公式如下：

$$S_{N_2} = 1 - \frac{2[N_2O]_{out}}{[NO]_{in} + [NH_3]_{in} - ([NO]_{out} + [NH_3]_{out} + 2[N_2O]_{out} + [NO_2]_{out})}$$

其中，N$_2$O 浓度 $[N_2O]_{out}$ 由气相色谱（Agilent7890A）测定；$[NO]_{in}$ 和 $[NH_3]_{in}$ 分别为 SCR 反应器入口处烟气中 NO 和 NH$_3$ 的初始浓度；$[NO]_{out}$、$[NH_3]_{out}$ 和 $[NO_2]_{out}$ 则为 SCR 反应器出口处 NO、NH$_3$ 和 NO$_2$ 的浓度。

2.3　催化剂表征

欲研究催化剂的脱硝活性并开发高脱硝活性的催化剂，必须对催化剂各种性质有全面的了解。实验中，在综合比较催化剂脱硝活性的同时，通过多种分析测试手段对某些具有代表性的催化剂进行较全面、深入的测试分析，以获得催化剂物化性质的全面信息，结合脱硝活性，以深入探究结构性质与脱硝活性的内在联系，从而促进催化剂的进一步开发改善。

2.3.1　比表面积测定及孔结构分析

采用比表面积孔径分析仪测定催化剂的孔容、比表面积、平均孔径、孔径分布等。测定之前，测试样品在真空下于一定温度干燥 2h，并抽真空处理 10h。−196℃ 下由 NOVA 2000 气体吸附系统进行测定得到 N$_2$ 吸附等温线。在此基础上，利用 BET（Brunauer-Emmet-Teller）方程计算测试样品的比表面积和吸附平均孔径，孔径分布用 BJH（Barrett-Joyner-Halenda）方程通过 N_2 吸附等温线的脱附曲线计算。微孔（孔径＜2nm）比表面积和微孔孔容由 t-曲线方法计算得到。

2.3.2　X 射线衍射光谱

XRD 作为目前研究晶体结构（如原子或离子，还有其基团的种类和位置分布、晶胞形状和大小等）最有利的，特别适用于晶态物质物相分析的一种研究方法，在多相催化研究中广泛地用于催化剂材料的晶相结构及组成分析。本书利用日本 Rigaku 公司生产的 D/MAX22500 型 X 射线衍射仪对样品进行测定，测试条件采用 Cu Kα 射线，加速电压为 40kV，灯丝电流为 100mA，扫描角度（2θ）为 3°～80°。

2.3.3　X 射线光电子能谱

XPS 是重要的表面分析技术之一，不仅可以用于探测表面元素组成，还可以用于确定样品表面元素的氧化态。本书利用英国 Kratos 公司生产的 Axis Ultra DLD 型多功能 X 射线光电子能谱仪对样品的表面化学组成和电子结构进行分析。该 X 射线光电子能谱仪装备单色 Al Kα 射线源（$h\nu$=1486.6eV，其发射电流和阳极电压分别为 10mA 和 15kV）；利用 300μm×700μm 的光栅测定 XPS，分别测定全谱和高分辨率谱。以 C1s（$h\nu$=284.6eV）作为参照峰对所测定元素结合能进行荷电校正。在测定过程中，将分析室中的操作压力控制为 10^{-9}Pa。根据此条件下最终得到的 XPS 对实验中主要催化剂样品进行表面元素的氧化态及其浓度分析。

2.3.4　傅里叶变换红外光谱

红外光谱法是鉴别物质和分析物质结构的有效方法，通过 FTIR 可以表征分析测试样品的晶相结构和微观基团。本书傅里叶变换红外光谱仪为美国 Nicolet 公司生产的 Magna-560 型傅里叶变换红外光谱仪。主要技术指标如下：分辨率为 0.3，信噪比为 30000∶1（峰/峰值）。采用 KBr 压片制样，将样品压制成自支撑的晶片后置于具有 KBr 窗口的耐高温池内。测试分辨率为 4cm^{-1}，波数为 400～4000cm^{-1}，最终收集了 100 次的扫描干涉图。

2.3.5　透射电镜

通过 TEM 能够直接观察催化剂的外表形貌和微观结构。本书利用日本电子公司的 JEM-1200EX 型 TEM 进行检测，其加速电压为 120kV，放大倍数为 0～200000。检测之前将待测样品细致研磨，置于无水乙醇中超声处理 10min，使其均匀分散，制成稀墨水状混合物，随后吸取少量滴到铜网上，待乙醇挥发完全后进行观测。

2.3.6 热重分析、差示扫描量热分析

热重（thermogravimetric，TG）法和差示扫描量热（differential scanning calorimeter，DSC）法可对测试样品的热稳定性进行研究。本书分别采用德国 NETZSCH 公司的 STA 409 PC 同步热分析仪对测试样品进行 TG 和 DSC 分析。测试气氛是流动 N_2，测试温度为室温～1000℃，升温速率为 10℃/min，气体流速为 40mL/min。

2.3.7 NH_3 程序升温脱附分析

通过 NH_3-TPD 可以分析催化剂样品的表面酸量。本书所用仪器为天津先权仪器公司的 tp-5080 全自动多用吸附仪。样品用量为 0.1mg。测试之前，在一定温度下（通常为样品煅烧温度）于 N_2 气氛中活化处理测试样品 30min，目的是去除测试样品孔结构中吸附的可能影响测定的挥发性物质。之后进行吸附过程：将经过预处理的待测试样品在常温、高纯 NH_3 流中吸附 30min 达到吸附饱和。高纯 N_2 吹扫 30min 以除去残留的未吸附 NH_3。在流速为 30mL/min 的高纯 N_2 保护下，以 10℃/min 的升温速率进行氨脱附，在 100℃进行基线调零，脱附终温通常为 500℃，脱附的 NH_3 由热导检测器（thermal conductivity detector，TCD）于 60℃测定。

2.3.8 H_2 程序升温还原分析

H_2-TPR 可以对样品成分的氧化还原性质进行分析，还辅助 XRD 等确定样品某些组成成分。本书所用仪器为天津先权仪器公司的 tp-5080 全自动多用吸附仪，检测仪为 TCD，测试样品用量为 0.1mg。在 H_2-TPR 测试之前，样品于 N_2 气氛中在一定温度（通常为煅烧温度）下预处理 1h，以去除样品孔结构中吸附的挥发性杂质，然后冷却至室温。在 30mL/min 流速的 5%浓度的 H_2 流中（N_2 为平衡气）以 10℃/min 的升温速率由室温升温至 900℃进行 H_2-TPR 分析。

第3章 MnO$_x$/Ti-PILC 制备及低温 SCR 脱硝

低温 SCR 脱硝催化剂的活性组分主要集中在 Fe、V、Cu 和 Mn 等。与商业 V$_2$O$_5$-WO$_3$/TiO$_2$ 中温 SCR 脱硝催化剂（适用温度为 300~400℃）相比，同等空速条件下，MnO$_x$ 基 SCR 脱硝催化剂在低温下展现出良好的脱硝活性，是目前低温 SCR 脱硝催化剂研究领域的重点和热点[4]。

将 MnO$_x$ 负载于特定的多孔材料的载体上制成负载型催化剂，这是实现工业化生产的要求。载体可以为催化剂提供高比表面积、高孔容、高热稳定性及高机械强度，保证催化剂的活性和使用寿命。此外，负载型 MnO$_x$ 往往可以提高催化剂的活性或者抗 H$_2$O 抗 SO$_2$ 性。很多研究表明：MnO$_x$/Al$_2$O$_3$[62, 64]、MnO$_x$/TiO$_2$[63, 129] 和 MnO$_x$/AC[124]等催化剂均表现出良好的低温 SCR 脱硝活性。

载体的性质是催化剂脱硝活性的重要影响因素。载体主要集中在炭基材料、Al$_2$O$_3$、TiO$_2$、SiO$_2$ 及其混合氧化物和沸石分子筛类等。其中，AC 抗 H$_2$O 性较差并且容易烧结损失；Al$_2$O$_3$ 抗 SO$_2$ 性较差；沸石分子筛类表面的 L 酸位不够丰富，对 NH$_3$ 的吸附能力一般，SCR 脱硝反应在较高温度下才可发生[16]。作为 SCR 脱硝催化剂的载体，锐钛矿型 TiO$_2$ 与烟气中存在的由 SO$_2$ 氧化生成的 SO$_3$ 的反应性较差；同时，相比于 Al$_2$O$_3$ 和 ZrO$_2$，经 NH$_3$ 反应生成的铵盐在 TiO$_2$ 表面的稳定性较差[49, 50]；TiO$_2$ 表面提供大量利于 NH$_3$ 吸附以及活化的 L 酸位，因此成为 MnO$_x$ 基低温 SCR 脱硝催化剂载体的主要选择。不过，需要指出的是，TiO$_2$ 比表面积和孔容在上述几类载体中较小，并且相对成本较高。

Ti 柱撑黏土（Ti-PILC）是一种类似分子筛的大比表面积新型催化材料。它具有较高的热稳定性和水热稳定性、独特的可调孔结构[179, 180]，有利于反应物发生晶体内部催化和选择性催化[181]。此外，还有研究指出其二维孔道可以避免层间金属氧化物的 As 中毒及碳（C）沉积失活，有利于延长催化剂寿命[182, 183]。Ti-PILC 具有约 0.52nm×0.52nm×1.60nm 的柱状孔道，可有效地根据催化反应以及需求产物进行选择性催化，因此 Ti-PILC 在一定程度上弥补了 TiO$_2$ 比表面积较小、成本高的问题，同时丰富了其表面酸量[184, 185]。

前期研究表明，Ti-PILC 用于 SCR 可有效去除 NO$_x$，同时抗 H$_2$O 抗 SO$_2$ 性较好。其负载 Cu、Fe、V、Co、Ce 等[174, 186, 187]制得的催化剂在中温 SCR 脱除 NO$_x$ 中性能理想。其中，V$_2$O$_5$/Ti-PILC 在 400℃、存在 SO$_2$ 和 H$_2$O 的条件下，对 NO 的转化率高达 99.5%，N$_2$ 选择性为 99.8%[175]。然而，未见其应用于低温 SCR 脱

硝催化剂中的相关报道。本章将 Ti-PILC 作为 MnO$_x$ 载体,用于低温(80～280℃)SCR 脱硝,系统评价其低温 SCR 脱硝活性。

PILC 的孔结构和表面酸量等重要物理化学性质与制备参数密切相关,这些制备参数包括金属离子的浓度、交联温度、黏土的性质种类等。因此,本章以 MnO$_x$/Ti-PILC 的低温 SCR 脱硝活性为评价标准,探讨载体 Ti-PILC 的制备条件;在此基础上,继续研究负载型催化剂 MnO$_x$ 负载量和煅烧温度等对催化剂脱硝活性的影响,并通过一系列基本表征详细了解 MnO$_x$/Ti-PILC 的理化性质。

3.1 改性黏土负载型 MnO$_x$ 催化剂低温 SCR 脱硝

3.1.1 催化剂的制备

1. 改性黏土的制备

本节用黏土为膨润土,购自天津市光复科技发展有限公司。

所制改性黏土包括 Ti 柱撑改性黏土、酸改性黏土、有机化改性黏土,分别标记为 Ti-PILC、H-clay、O-clay。

(1)Ti-PILC。在剧烈搅拌下,将一定量的 Ti(OC$_4$H$_9$)$_4$ 缓慢滴加到 5mol/L 的盐酸溶液中,使得 Ti 和 HCl 的浓度分别为 0.82mol/L 和 1.0mol/L,搅拌 30min 并静置老化 3h 后,得到钛溶胶,作为交联剂。将交联剂逐滴缓慢加入已预搅拌 24h、充分分散的、质量分数为 1% 的黏土悬浮液中,交联剂的量按柱添加量 Ti/clay 为 15mmol/g 来确定。同样室温剧烈搅拌下交联反应 24h 后,将混合液离心得到的沉淀物用去离子水反复洗涤并抽滤至无 Cl$^-$(AgNO$_3$ 溶液检测滤液),经过干燥及煅烧(温度为 500℃,时间为 3h)处理后得到 Ti-PILC。

(2)H-clay。将黏土浸于 20% 盐酸溶液中,在 90℃ 下处理 4h,盐酸/clay 的用量为 10mL/g。处理完成后,离心分离出黏土,用二次去离子水反复洗涤,直至无 Cl$^-$,于 85℃ 干燥 12h,并在 500℃ 进行 3h 煅烧处理后即得到 H-clay。

(3)O-clay。将 1mol/L 的表面活性剂[十六烷基三甲基溴化铵(CTAB)]加入黏土悬浮液中,将此混合液体在 80℃ 下搅拌 2h 后,超声处理 0.5h 并用去离子水反复洗涤去除过量的表面活性剂。离心处理后洗涤并干燥沉淀物,在 500℃ 煅烧 3h 后最终得到 O-clay。

2. 负载型 MnO$_x$ 催化剂的制备

活性成分的负载采用等体积浸渍法制备。室温条件下,将改性黏土(Ti-PILC、H-clay、O-clay)浸入 Mn(NO$_3$)$_2$ 溶液中,经浸渍处理 1h、85℃ 下干燥 6h 及 500℃

煅烧处理 5h 后得到 Ti-PILC、H-clay、O-clay 为载体的 MnO_x 催化剂（MnO_x/Ti-PILC、MnO_x/H-clay、MnO_x/O-clay）。

为满足对比需要，本节同样给出未经过任何改性处理的黏土为载体的 MnO_x 催化剂，记为 MnO_x/clay。

3.1.2　改性黏土负载型 MnO_x 催化剂的低温脱硝活性

1. 改性黏土负载型 MnO_x 催化剂低温 SCR 脱硝活性

低温（80～260℃）条件下，改性黏土负载型 MnO_x 催化剂的低温 SCR 脱硝活性结果见图 3.1。由图可见，MnO_x/clay 显示出一定的脱硝活性，但是并不高，NO 最高转化率不超过 50%。改性黏土负载型 MnO_x 催化剂的脱硝活性得到一定改善，尤其是黏土经过 Ti 交联柱撑后制备的 MnO_x/Ti-PILC，其 NO 转化率随着温度的上升而逐渐增加，160℃下 NO 转化率即超过 60%，远高于其他样品的最高值。经过 Ti 交联柱撑后，黏土比表面积和孔容增大，孔结构分布更为合理，同时表面酸量明显增强，所以更利于活性成分的负载[171, 175]。由此可见，对黏土经过 Ti 柱撑处理制得的 Ti-PILC 有利于制备高脱硝活性的 MnO_x 催化剂，换句话说，Ti 交联柱撑对 MnO_x/Ti-PILC 低温 SCR 脱硝起到重要作用。

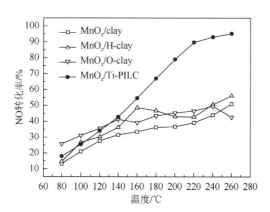

图 3.1　改性黏土负载型 MnO_x 催化剂的低温 SCR 脱硝活性

测试条件：气体总流量为 300mL/min；气体组成为 600ppm NO、650ppm NH_3、3.0% O_2、高纯 N_2 平衡；催化剂质量为 0.5g

2. 改性黏土负载型 MnO_x 催化剂表征分析

1）比表面积分析

改性黏土负载型 MnO_x 催化剂的比表面积列于表 3.1。其中，MnO_x/Ti-PILC

的比表面积最高，接近于 MnO$_x$/clay 的 3 倍。对比而言，MnO$_x$/H-clay 的比表面积非常小（23.1m^2/g），这可能是由于酸处理破坏了黏土层结构，进而影响其原本规整的平行层；此外，经过酸处理的黏土热稳定性较差，在热处理过程中（500℃煅烧）发生坍塌，这也是可能的原因。MnO$_x$/O-clay 的比表面积虽然比 MnO$_x$/clay 略高，但是也仅为 61.5m^2/g，是由于有机处理过程在黏土层间引入长链有机分子，经过热处理分解后在一定程度上也可提高黏土层间距并增大其比表面积[179]。最终，经过柱撑处理的 Ti-PILC 热稳定性较高，在负载活性成分 MnO$_x$ 之后比表面积最大，这与其活性最优的实验结果一致。

表 3.1　改性黏土负载型 MnO$_x$ 催化剂的比表面积

样品	比表面积 S_{BET}/(m^2/g)
MnO$_x$/clay	43.2
MnO$_x$/Ti-PILC	130.8
MnO$_x$/H-clay	23.1
MnO$_x$/O-clay	61.5

2）H$_2$-TPR 分析

图 3.2 给出了改性黏土负载型 MnO$_x$ 催化剂的 H$_2$-TPR 曲线。所有样品的还原过程发生在 200～600℃，MnO$_x$/clay 呈现两个还原峰，并且低温峰强度明显高于高温峰，两个还原峰温度分别为 346℃和 448℃。对比而言，改性黏土为载体的三种催化剂的 H$_2$-TPR 曲线发生明显变化，346℃处的还原峰强度明显减弱，MnO$_x$/H-clay 和 MnO$_x$/O-clay 的高温还原峰（460℃）强度也明显弱于 MnO$_x$/clay。此外，就还原峰而言，四种催化剂的低温还原峰温度差别不大，高温还原峰温度（440～460℃）出现偏差，由低及高顺序为 MnO$_x$/Ti-PILC ＜ MnO$_x$/clay ＜ MnO$_x$/H-clay 和 MnO$_x$/O-clay。需要指出的是，在三种改性黏土负载型催化剂中，MnO$_x$/Ti-PILC 总 H$_2$ 还原峰面积代表的耗 H$_2$ 量最大，高耗 H$_2$ 量在一定程度上可能与 Mn 和 O 元素浓度比相对较高有关，而较高价态的 MnO$_x$ 低温 SCR 脱硝活性往往更高[134]。

综合以上分析，对比酸改性和有机改性两种方法，Ti 柱撑改性可以明显提高 MnO$_x$ 催化剂的比表面积，同时改善负载 MnO$_x$ 的氧化还原性质，最终 MnO$_x$/Ti-PILC 展现出的脱硝活性显著高于 MnO$_x$/clay，从而证实对黏土进行柱撑改性，以获得黏土类低温催化剂是很有必要的。

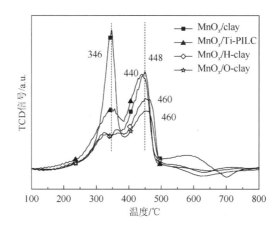

图 3.2　改性黏土负载型 MnO_x 催化剂的 H_2-TPR 曲线

3.1.3　MnO_x/Ti-PILC 表征分析

1. 孔结构分析

由表 3.2 可以看出，交联柱撑有效地增大了黏土的比表面积和孔容，同时减小了孔径。具体而言，经过柱撑后，黏土比表面积由 70.5m²/g 增加到 167.3m²/g，孔容由 0.1128cm³/g 增加到 0.1680cm³/g，孔容的增加与微孔和介孔二者均有关；平均孔径由 6.402nm 减小为 4.017nm。由于活性成分堵塞孔道（以介孔为主），催化剂 MnO_x/Ti-PILC 比表面积较 Ti-PILC 略下降，但仍有 130.5m²/g。

图 3.3（a）和（b）分别为材料的 N_2 吸附-脱附等温线和 BJH 孔径分布图。

表 3.2　MnO_x/Ti-PILC 及相关载体的物理特性分析

样品	比表面积 S_{BET}/(m²/g)	孔容 V_t/(cm³/g)	微孔孔容 V_{mic}/(cm³/g)	介孔孔容 V_{mes}/(cm³/g)	平均孔径 d/nm
clay	70.5	0.1128	—	0.1128	6.402
Ti-PILC	167.3	0.1680	0.0190	0.1489	4.017
MnO_x/Ti-PILC	130.5	0.1233	0.0178	0.1055	3.905

黏土的吸附等温线类型比较复杂，并不规则，接近于 II 型，滞后环属于 C 型，这代表了常见的平板狭缝孔结构黏土；而 Ti-PILC、MnO_x/Ti-PILC 的吸附等温线与滞后环形状类似，吸附等温线介于 II 型和 IV 型，滞后环接近 B 型。吸附等温线以及滞后环的变化说明黏土经过 Ti 基柱撑以及负载活性成分后，孔结构已经发生变化[188]。同时，在 0.4~0.45P/P_0 内，Ti-PILC 以及 MnO_x/Ti-PILC 的脱附等温线出现一个明显拐点，在 N_2 做吸附气时，这种现象对于层状材料极为常见；此处吸附

等温线和脱附等温线接近完全闭合，是由于被堵塞的孔结构内发生的复杂的毛细管收缩现象所致。

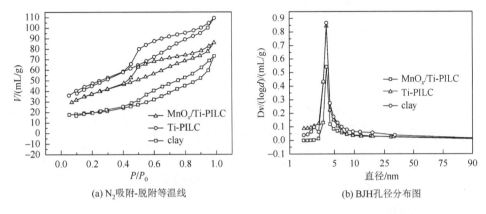

(a) N$_2$吸附-脱附等温线　　　　　　　　　(b) BJH孔径分布图

图 3.3　孔结构分析

从 BJH 孔径分布图可看到，黏土经交联柱撑之后，介孔比例增加。结合表 3.2 可知微孔孔容也增加，由此说明经交联柱撑之后，黏土的微孔和介孔同时增加。而进一步负载活性成分后 MnO$_x$/Ti-PILC 孔径分布呈更狭窄单峰形，主要表现为集中在 3～5nm 的介孔，催化剂孔径分布总体较均匀。

2. XRD 分析

黏土的 XRD 分析中，一般只显示出特征（001）晶面和 *hk* 两个方向的衍射峰，其余的 *hkl* 衍射峰则观察不到。在本实验中，7.1°（d = 12.4nm）为黏土的（001）晶面衍射峰，在小角范围内出现尖锐的衍射峰，这说明黏土具有规则有序的层状介孔结构。19.7°（d = 0.45nm）为 *hk*（02）和（01）耦合峰，26.5°（d = 0.34nm）是石英杂质（101）晶面衍射峰，28.0°处归属白硅石杂质的衍射峰，35.0°（d = 0.26nm）为 *hk*（13）和（20）耦合峰。

由 XRD 结果（图 3.4）可以看出，交联处理之后黏土衍射峰向小角方向移动，相应地，d_{001} 增大到 17.2nm，这说明黏土规整的非刚性的片层结构被撑开，交联柱撑行之有效。分析认为 25°附近峰形的变化与 Ti 聚合阳离子交联进入黏土有关；煅烧（500℃）之后 7.1°衍射峰弥散消失，黏土发生错层现象，原规整的层状结构遭破坏，层间不再呈平行排列，最终生成多孔状的错层柱撑黏土 Ti-PILC，文献中常称为"房卡式"结构[170, 189]。MnO$_x$/Ti-PILC 的 XRD 结果中保留了 Ti-PILC 的基本衍射峰，同样无黏土（001）晶面衍射峰，说明催化剂也是错层的多孔性材料，但是衍射峰强度有所降低。

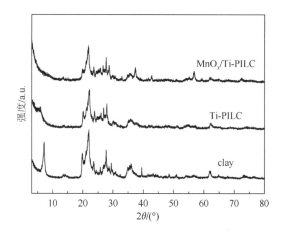

图 3.4　MnO$_x$/Ti-PILC 的 XRD 图谱

MnO$_x$/Ti-PILC XRD 图谱中，28.8°、37.3°、41.2°、43.1°、57.1°和 59.7°的衍射峰对应 MnO$_2$，同时 33.0°和 55.2°出现 Mn$_2$O$_3$ 衍射峰。由此可见，MnO$_2$ 和 Mn$_2$O$_3$ 共存于 MnO$_x$/Ti-PILC 中，并且以 MnO$_2$ 为主。

3. FTIR 分析

黏土的 FTIR 图谱（图 3.5）中，3440cm^{-1} 为层间水分子 H—O—H 键伸缩振动峰，3614cm^{-1} 为黏土层间结构羟基伸缩振动峰，1633cm^{-1} 为层间水分子 H—O—H 键弯曲振动峰，以上都归属为羟基特征峰。914cm^{-1} 归属为 Al—O（OH）—Al 的平移振动峰，514cm^{-1} 为 Si—O—Al 键上的 Al—O 伸缩振动峰[189, 190]。经交联柱撑以后，黏土 3614cm^{-1} 和 3440cm^{-1} 的结构羟基伸缩振动峰明显宽化，1409cm^{-1} 附近的特征峰都减弱甚至趋于消失，这代表黏土与 Ti 交联剂发生有效交联，层间可交换离子被聚合羟基阳离子取代。经柱撑后，914cm^{-1}、519cm^{-1} 和 624cm^{-1} 三个峰消失，796cm^{-1} 和 460cm^{-1} 峰形发生变化，说明 Ti 聚合阳离子取代可交换金属阳离子。同时，黏土层上 Si—O—Al 和 Al—OH—Al 键可能发生断裂，Ti 交联剂与黏土结构羟基发生键合作用，错层和脱铝作用发生[159, 169]。文献[190]和文献[191]进一步指出：聚合阳离子的—OH 和黏土中的硅氧四面体层间发生了化学键合作用，形成稳定的[Si—O]···[H（O）—Ti]氢键（[ ]内的键是离子键或共价键，其外为氢键）。

Ti-PILC 负载活性成分 MnO$_x$ 之后，3614cm^{-1}、3440cm^{-1} 和 1633cm^{-1} 峰强减弱，这是由于煅烧制备过程中失水致使结构羟基和 H$_2$O 的伸缩弯曲振动减弱。黏土、Ti-PILC 以及 MnO$_x$/Ti-PILC 的基本峰形以及频率变化不大，从而说明 Ti-PILC 以及 MnO$_x$/Ti-PILC 未改变黏土的基本结构骨架，只是层间发生变化。

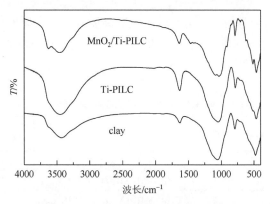

图 3.5   MnO$_x$/Ti-PILC 的 FTIR 图谱

4. NH$_3$-TPD 分析

PILC 的酸量增强表现在 L 酸和 B 酸两个方面，这与黏土层结构的暴露以及柱撑金属氧化物以及八面体 Al 向层间四面体渗透和离子交换反应等有关[190-192]。TiO$_2$ 柱对 Ti-PILC 的酸量有较大影响，是 Ti-PILC 中 L 酸的主要来源，黏土层的结构羟基和阳离子聚合物在煅烧过程中分解生成氧化物释放质子提供弱 B 酸[189]。如图 3.6 所示，MnO$_x$/Ti-PILC 较 Ti-PILC 吸附 NH$_3$ 明显下降，表面酸量降低，这与活性成分 MnO$_x$ 覆盖催化剂的表面酸位及进一步煅烧处理有关。

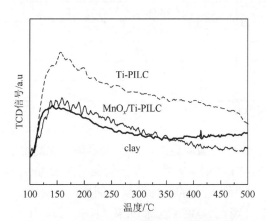

图 3.6   MnO$_x$/Ti-PILC 的 NH$_3$-TPD 表征结果

3.2   MnO$_x$/Ti-PILC 催化剂制备条件

3.2.1   催化剂的制备

3.1 节对 Ti-PILC 制备方法已有描述，此节研究载体制备参数（柱添加量

Ti/clay、酸量 H/Ti、溶剂、煅烧温度、交联温度等）。在研究载体制备条件时，选用浸渍法，MnO_x 负载量一致设为 10%，催化剂煅烧温度均为 500℃。各催化剂载体制备条件列于表 3.3。

表 3.3　系列 Ti-PILC 制备条件

样品	Ti/clay/(mmol/g)	H/Ti	溶剂	交联温度/℃	黏土浓度（质量分数）/%	煅烧温度/℃
1	5	1.2	$CH_3COCH_3 + H_2O$	25	1	500
2	15	1.2	$CH_3COCH_3 + H_2O$	25	1	500
3	25	1.2	$CH_3COCH_3 + H_2O$	25	1	500
4	40	1.2	$CH_3COCH_3 + H_2O$	25	1	500
5	15	0.6	$CH_3COCH_3 + H_2O$	25	1	500
6	15	2.4	$CH_3COCH_3 + H_2O$	25	1	500
7	15	3.6	$CH_3COCH_3 + H_2O$	25	1	500
8	15	1.2	$CH_3COCH_3 + H_2O$	10	1	500
9	15	1.2	$CH_3COCH_3 + H_2O$	50	1	500
10	15	1.2	CH_3COCH_3	25	1	500
11	15	1.2	H_2O	25	1	500
12	15	1.2	$CH_3COCH_3 + H_2O$	25	2	500
13	15	1.2	$CH_3COCH_3 + H_2O$	25	5	500
14	15	1.2	$CH_3COCH_3 + H_2O$	25	20	500
15	15	1.2	$CH_3COCH_3 + H_2O$	25	1	100
16	15	1.2	$CH_3COCH_3 + H_2O$	25	1	300
17	15	1.2	$CH_3COCH_3 + H_2O$	25	1	700

注：CH_3COCH_3 为丙酮，CH_3COCH_3 与 H_2O 体积比为 1∶1

在研究负载量、催化剂煅烧温度对催化剂脱硝活性的影响时，载体制备选用表 3.3 中样品 1 的 Ti-PILC 制备参数。催化剂表示为 αMnO_x/Ti-PILC（β），其中 α 为 MnO_x 负载量，β 为催化剂的煅烧温度。例如，$10MnO_x$/Ti-PILC（500）代表 MnO_x 负载量为 10%并经过 500℃煅烧的催化剂。

3.2.2　MnO_x/Ti-PILC 的低温 SCR 脱硝活性

1.柱添加量 Ti/clay 对 MnO_x/Ti-PILC 脱硝活性的影响

实验制备了不同 Ti/clay 的 Ti-PILC（样品 1～4），并研究了 Ti/clay 对

MnO$_x$/Ti-PILC 脱硝活性的影响，结果如图 3.7 所示。对于不同 Ti/clay 的四个催化剂样品，NO 转化率均随着温度的上升而上升，直至 240℃出现轻微下降。催化剂表现出较好的脱硝活性，NO 最高转化率均超过 90%。随着 Ti/clay 的增加，相应催化剂的 NO 转化率增高（相同的测试温度），这个规律几乎在整个测试温度（80～260℃）内均成立。以 160℃为例，对应于不同 Ti/clay 的催化剂的 NO 转化率分别为 35.2%、54.1%、62.8%、64.8%。可见提高 Ti/clay 有助于获得较高脱硝活性的 MnO$_x$/Ti-PILC。另外，Ti/clay 由 5mmol/g 增加至 15mmol/g 时，MnO$_x$/Ti-PILC 脱硝活性显著提高，而 Ti/clay 超过 15mmol/g 后，提高 Ti/clay 对催化剂脱硝活性的影响不再如此明显，三个催化剂样品脱硝活性相对较为接近，不再明显提高。综上分析，在 Ti/clay 为 15mmol/g 的条件下，即可得到脱硝活性较好的 MnO$_x$/Ti-PILC。

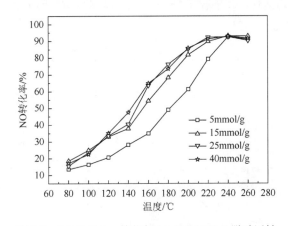

图 3.7　不同 Ti/clay 催化剂 MnO$_x$/Ti-PILC 脱硝活性

测试条件：气体总流量为 300mL/min；气体组成为 600ppm NO、650ppm NH$_3$、
3.0% O$_2$、高纯 N$_2$ 平衡；催化剂质量为 0.5g

Li 等[193]在研究改性柱撑黏土 HC-SCR（HC 表示碳氢化合物）脱硝时，也发现 Ti/clay 对 Cu-Ti-PILC 脱硝活性有明显影响，并提出 Ti/clay 存在一个最佳值（10mmol/g），Ti/clay 过高反而会导致催化剂脱硝活性下降。一般认为加入 Ti 柱撑剂利于增大 Ti-PILC 层间距、比表面积，并可改善表面酸量。然而，Ti/clay 过高则会造成 TiO$_2$ 柱密度过大甚至堵塞孔结构，Ti-PILC 比表面积下降；部分 Ti 可能不再进入插层而附着于黏土层面，形成锐钛矿型 TiO$_2$[194]，最终影响活性成分存在形态。例如，Li 等[193]指出黏土表层锐钛矿型 TiO$_2$ 有利于无定形 CuO 形成，而 TiO$_2$ 柱则倾向于形成孤立的 Cu^{2+}。对于 MnO$_x$/Ti-PILC 而言，TiO$_2$ 柱与黏土层面的 TiO$_2$ 可能均有利于形成高脱硝活性的 MnO$_x$ 物态，所以从总体看，增加 Ti/clay 有利于提高催化剂脱硝活性。

2. 酸量对 MnOₓ/Ti-PILC 脱硝活性的影响

PILC 材料孔结构与交联剂性质有关[194]，Maes 等[195]进一步指出，Ti 交联剂的性质直接影响 Ti-PILC 孔径。酸量（H/Ti）是影响交联剂性质的重要因素，HCl 有利于 $Ti(OC_4H_9)_4$ 水解成适合的聚合羟基阳离子，进而交换出黏土层间的可交换阳离子，并将黏土层间距撑大。图 3.8 给出了不同 H/Ti 催化剂 MnOₓ/Ti-PILC（样品 1、5～7）的脱硝活性结果。温度不高于 220℃时，催化剂脱硝活性差别明显，超过 220℃之后，脱硝活性变得接近。由图可见，H/Ti 不高于 1.2 时，较高的 H/Ti 有利于制备高脱硝活性的催化剂 MnOₓ/Ti-PILC，而超过此值之后，催化剂脱硝活性反而下降。因此，MnOₓ/Ti-PILC 的最佳 H/Ti 为 2.4，此时制备的 MnOₓ/Ti-PILC 表现出较高的脱硝活性，此催化剂作用下，NO 转化率在反应温度为 160℃时就可达 62%，200℃即超过 85%。

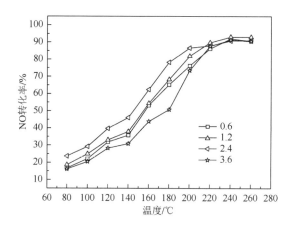

图 3.8　不同 H/Ti 催化剂 MnOₓ/Ti-PILC 脱硝活性

测试条件：气体总流量为 300mL/min；气体组成为 600ppm NO、650ppm NH₃、
3.0% O₂、高纯 N₂ 平衡；催化剂质量为 0.5g

HCl 浓度较低利于提高 Ti 的水解程度。此水解过程明显放热，可使大颗粒的聚合羟基阳离子难以形成。其中，高于 1.0 的 pH 可促进 Ti 聚合羟基阳离子与黏土的离子交换反应[196]。不过 pH 过高（＞1.8）则会导致 TiO₂ 的沉淀，给交联过程带来负面影响，主要是容易堵塞 Ti-PILC 孔结构，造成比表面积明显降低[193]，刘涛[197]在制备 Ti-PILC 的过程中发现，H/Ti 从 2.5 增加到 3.0 的过程中，Ti-PILC 层间距明显降低，比表面积同时骤降。普遍认可的是，Ti-PILC 的物理结构特性对活性成分 MnOₓ 的分散性和存在形态均有直接影响。本实验中适宜的 H/Ti 为 1.2，此时可以得到催化剂所需较理想的载体。

3. 交联温度对 MnO$_x$/Ti-PILC 脱硝活性的影响

交联温度也是一个重要的制备参数，对 Ti-PILC 的物理结构有直接影响。温度主要通过影响 Ti 聚合羟基阳离子的生成以及离子交换反应起作用，Ti 交联过程在很低温度（低于室温）下也可以有效进行；而温度较高时，会导致 TiO$_2$ 柱分布不均，出现部分未交联的原始黏土，并且其 Ti 含量和比表面积要低于室温下制备的 Ti-PILC[196]。实验分别在 10℃、25℃ 和 50℃ 下制备 Ti-PILC，并最终得到对应的负载型 MnO$_x$ 催化剂（样品 1、8、9），其脱硝活性如图 3.9 所示。三个 MnO$_x$/Ti-PILC 催化剂样品活性相差不大，均表现出较好的脱硝活性，180℃ 下，NO 转化率均在 65% 左右。可见本实验中交联温度影响不显著。这可能是由于本实验中 Ti-PILC 的制备方法有效可行，不同交联温度交联柱撑效果均较好。

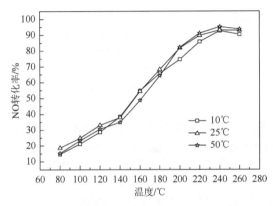

图 3.9 不同交联温度催化剂 MnO$_x$/Ti-PILC 脱硝活性

测试条件：气体总流量为 300mL/min；气体组成为 600ppm NO、650ppm NH$_3$、3.0% O$_2$、高纯 N$_2$ 平衡；催化剂质量为 0.5g

4. 溶剂对 MnO$_x$/Ti-PILC 脱硝活性的影响

由图 3.10 可以看出，与单纯以 H$_2$O（样品 11）或者 CH$_3$COCH$_3$（样品 10）为溶剂相比，以 H$_2$O + CH$_3$COCH$_3$（样品 12）作为溶剂得到的 MnO$_x$/Ti-PILC 脱硝活性略高。在整个交联作用过程中，CH$_3$COCH$_3$ 这种非质子类极性溶剂起着互溶的作用，可有效促进黏土更好地分散以使 Ti 聚合离子的活性升高，以最大可能地进入黏土层间。庹必阳和张一敏[198]研究 CH$_3$COCH$_3$ 对 Ti-PILC 结构及煅烧性能的影响时提出，黏土悬浮液溶剂中的 CH$_3$COCH$_3$ 可以促进交联作用的进行，显著影响 Ti-PILC 的 XRD 谱峰，利于提高层间距和 PILC 的产率。但是当 CH$_3$COCH$_3$ 比例过高时，反而会影响交联反应正常进行。当 CH$_3$COCH$_3$ 与 H$_2$O 体积比为 2：1 时，d_{001} 值最大（3.49nm）、峰形较好且产率高达 1.32g/g（黏土），总之对制备 Ti-PILC 比较有利。刘涛[197]也指出 CH₃COCH₃ 有助于提高 Ti-PILC 的比表面积。本实验中，CH₃COCH₃ 对交联过程的促进可能使 H₂O + CH₃COCH₃ 溶剂样品中 Ti 含量适合，Ti-PILC 层间距较大、孔径分布合理，因此其比表面积和孔结构更理想，利于 MnO$_x$ 的均匀分散或形成适合的物相，因此最终 MnO$_x$/Ti-PILC 具备更高的脱硝活性。单纯 CH₃COCH₃ 溶剂样品上 NO 转化率相对较低，这可能与单纯 CH₃COCH₃ 中难以形成合适的 Ti 聚合态有关。

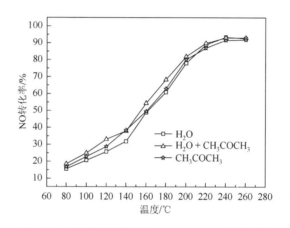

图 3.10　不同溶剂催化剂 MnO$_x$/Ti-PILC 脱硝活性

测试条件：气体总流量为 300mL/min；气体组成为 600ppm NO、650ppm NH₃、
3.0% O₂、高纯 N₂ 平衡；催化剂质量为 0.5g

5. 黏土浓度对 MnO$_x$/Ti-PILC 脱硝活性的影响

实验研究黏土浓度对最终催化剂 MnO$_x$/Ti-PILC 脱硝活性的影响（样品 1、12～14）。从图 3.11 中可以看出，黏土浓度为 2%与 1%得到的 MnO$_x$/Ti-PILC 脱硝活性接近，NO 转化率在 200℃下均超过 80%。当黏土浓度继续增高时，催化剂脱硝活性明显下降，黏土浓度为 5%时催化剂脱硝活性已明显低于前两者，尤其是在相对低温段（＜180℃）内；而当黏土浓度达到 20%时，催化剂脱硝活性明显偏低，NO 转化率仅仅 45%左右（200℃），最高转化率也不超过 80%。文献中制备 Ti-PILC 时常用的黏土浓度常不高于 1%，这样可以保证交联反应高效进行。出于实际生产以及工业化考虑，必须减少溶剂的使用量，而采用高浓度黏土时往往需要超声分散辅助交联反应[199]；使用微波老化交联剂或者微波红外等干燥方法，在高浓度黏土或者交联剂条件下也可获得相对结构性能较好的 PILC[200, 201]。Olaya 等[202]采用微波以及超声处理的方式，以 50%高浓度的黏土成功制备了 Al-Fe-PILC 和 Al-Fe-Ce-PILC，这些材料在催化氧化苯酚（C₆H₅OH）的反应中表现出相当优越的脱硝活性。

6. 煅烧温度对 MnOx/Ti-PILC 脱硝活性的影响

煅烧是 PILC 制备关键步骤之一，直接关系其孔径是否一致、分布是否均匀稳定等结构性能。经过一定温度的煅烧，离子交换进入黏土层间的 Ti 方可形成 TiO$_2$ 柱，并随后将黏土层间撑起。Ti-PILC 煅烧温度过高则容易发生结构坍塌，造成比表面积和酸量明显下降[183, 195]。

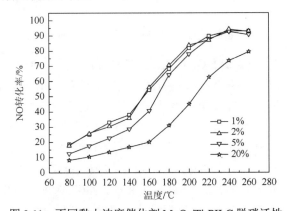

图 3.11　不同黏土浓度催化剂 MnOx/Ti-PILC 脱硝活性

测试条件：气体总流量为 300mL/min，气体组成为 600ppm NO、650ppm NH$_3$、3.0% O$_2$、高纯 N$_2$ 平衡；催化剂质量为 0.5g

图 3.12 为不同煅烧温度下催化剂 MnOx/Ti-PILC（样品 1、15～17）的脱硝活性结果。煅烧温度为 100℃、300℃、500℃时，对应的三个催化剂样品脱硝活性相差不大。不过，在 700℃下煅烧的 Ti-PILC 为载体的催化剂脱硝活性明显偏低，240℃测试温度条件下，NO 最高转化率仅 76%，而 500℃下煅烧的 Ti-PILC 为载

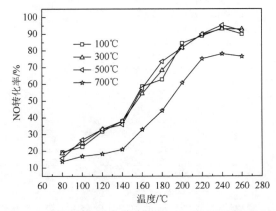

图 3.12　不同煅烧温度催化剂 MnOx/Ti-PILC 脱硝活性

测试条件：气体总流量 300mL/min；气体组成为 600ppm NO、650ppm NH$_3$、3.0% O$_2$、高纯 N$_2$ 平衡；催化剂质量为 0.5g

体的催化剂在 180℃下即可达到此转化率。700℃的高温煅烧造成 Ti-PILC 比表面积、孔容及 TiO$_2$ 柱吸附的羟基量显著降低，不利于 MnO$_x$ 的分散，所以催化剂脱硝活性较低；而 Ti-PILC 煅烧温度不高于 500℃时，其稳定性均较好，因此得到的 MnO$_x$/Ti-PILC 脱硝活性均相对较好，这可以很好地解释图 3.12 结果。

3.2.3　MnO$_x$ 负载量对 aMnO$_x$/Ti-PILC（500）的影响

1. MnO$_x$ 负载量对催化剂低温 SCR 脱硝活性的影响

图 3.13 为不同负载量 aMnO$_x$/Ti-PILC（500）的脱硝活性结果。由图可知，Ti-PILC 具备一定的脱硝活性，但是 NO 转化率低于 20%。负载 MnO$_x$ 后 NO 转化率明显提高。负载量低于 10%时，在整个实验温度范围内，负载量高的催化剂其 NO 转化率也高。当负载量超过 10%后，继续提高 MnO$_x$ 负载量则会降低催化剂脱硝活性，16MnO$_x$/Ti-PILC（500）脱硝活性低于 10MnO$_x$/Ti-PILC（500）脱硝活性，在低温段（80～180℃）内，此现象更为显著。本节 10MnO$_x$/Ti-PILC（500）表现出最佳的脱硝活性，NO 转化率在 200℃下即超过 80%，240℃时即显示出 NO 最高转化率（93%），260℃下虽然 NO 转化率略有降低，但是仍高于 90%。由此可见 Ti-PILC 的最佳负载量为 10%。

对于负载型 MnO$_x$ 催化剂而言，最佳负载量与载体的比表面积、表面酸量以及物理形貌等多种因素有关。载体的比表面积显著影响 MnO$_x$ 的最大单层负载量，以 Mn$_2$O$_3$ 的 M—O 键长计算每 1m^2 载体的 MnO$_x$ 的最大单层负载量为 0.0532%（以 Mn 计）[203]；此外，载体表面的活性羟基浓度也直接影响最大单层负载量[204]。

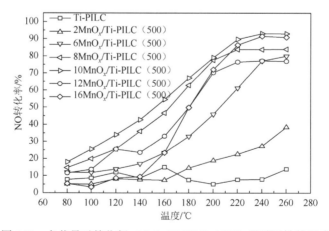

图 3.13　负载量对催化剂 aMnO$_x$/Ti-PILC（500）脱硝活性的影响

测试条件：气体总流量为 300mL/min；气体组成为 600ppm NO、650ppm NH$_3$、
3.0% O$_2$、高纯 N$_2$ 平衡；催化剂质量为 0.5g

2. αMnO$_x$/Ti-PILC（500）的比表面积和表面相对酸量

表 3.4 列出了 αMnO$_x$/Ti-PILC（500）的比表面积和表面相对酸量。表面相对酸量是根据 NH$_3$-TPD 脱附 NH$_3$ 的面积（脱附温度为 100～500℃）计算求得的，将载体 Ti-PILC 的表面酸量定义为 1，通过催化剂样品的 NH$_3$ 脱附峰与 Ti-PILC 脱附峰面积相比定量给出其余样品的表面酸量（故称为表面相对酸量）。由表 3.4 可见，引入的活性成分 MnO$_x$ 堵塞 Ti-PILC 孔结构、覆盖 Ti-PILC 表面酸位，使 MnO$_x$/Ti-PILC 较 Ti-PILC 比表面积下降、表面吸附 NH$_3$ 量减小。αMnO$_x$/Ti-PILC（500）比表面积为 110～170m^2/g，表面相对酸量为 0.69～1。负载量增高，MnO$_x$/Ti-PILC 比表面积和表面相对酸量同时减小，负载量最高的 16MnO$_x$/Ti-PILC（500）的比表面积仅为 110.8m^2/g，而载体 Ti-PILC 的比表面积却高达 167.3m^2/g；16MnO$_x$/Ti-PILC（500）的表面相对酸量仅为 0.6917，表面相对酸量的降低会抑制 NH$_3$ 的吸附与活化[155]，不利于 SCR 脱硝反应，所以其低温 SCR 脱硝活性下降。李金虎等[104]研究凹凸棒土负载型 MnO$_x$ 催化剂时发现，MnO$_x$ 的负载对载体的表面吸附 NH$_3$ 量无帮助，但是可以提高催化剂对 NH$_3$ 的活化能力。对于本实验中 16MnO$_x$/Ti-PILC（500）而言，可能负载量过高导致的表面酸位点的降低超过了 MnO$_x$ 对 NH$_3$ 活化的有利影响。

表 3.4　αMnO$_x$/Ti-PILC（500）的比表面积和表面相对酸量

样品	比表面积/(m^2/g)	表面相对酸量	T_p/℃	
			T_1	T_2
Ti-PILC	167.3	1.000	—	—
2MnO$_x$/Ti-PILC（500）	162.3	0.9573	350	450
6MnO$_x$/Ti-PILC（500）	139.2	0.8872	350	482
10MnO$_x$/Ti-PILC（500）	130.5	0.8424	350	443
16MnO$_x$/Ti-PILC（500）	110.8	0.6917	375	458

3. αMnO$_x$/Ti-PILC（500）的 XRD 分析

图 3.14 为不同负载量 αMnO$_x$/Ti-PILC（500）的 XRD 图谱。所有催化剂均保留了 Ti-PILC 的基本衍射峰，但是随着 MnO$_x$ 负载量的升高，Ti-PILC 基本衍射峰强逐渐减弱，αMnO$_x$/Ti-PILC（500）系列催化剂同样无（001）晶面黏土衍射峰，表明其亦为"房卡式"无序结构[189, 205]，此结构便于反应物的扩散，有利于 SCR 脱硝反应[170]。Ti-PILC 以及 αMnO$_x$/Ti-PILC（500）的 XRD 图谱中均未见 TiO$_2$ 相关衍射峰，这与 TiO$_2$ 分散较均匀有关。

2MnO$_x$/Ti-PILC（500）的 XRD 曲线中未见 MnO$_x$ 相关衍射峰，6MnO$_x$/Ti-PILC（500）的 XRD 曲线在 28.8°、37.3°、41.2°、43.1°、57.1°和 59.7°出现的衍射峰对应于 MnO$_2$，其峰强较弱说明 MnO$_2$ 分散性较好。10MnO$_x$/Ti-PILC（500）的 XRD 曲线中 MnO$_2$ 衍射峰增强，同时 33.0°和 55.2°出现 Mn$_2$O$_3$ 衍射峰。MnO$_2$ 和 Mn$_2$O$_3$ 对 SCR 脱硝反应均有重要影响，两者的相互转化使得催化氧化还原反应正常进行，共存的负载型 MnO$_x$ 催化剂展现较高的脱硝活性。16MnO$_x$/Ti-PILC（500）的 XRD 曲线，MnO$_2$ 峰强变化不大，而 Mn$_2$O$_3$ 衍射峰显著增强，说明其分散性急剧下降。分散性较差、晶粒较大的催化剂其低温 SCR 脱硝活性较差，这与高负载量的 16MnO$_x$/ Ti-PILC（500）脱硝活性下降的活性测试结果一致。

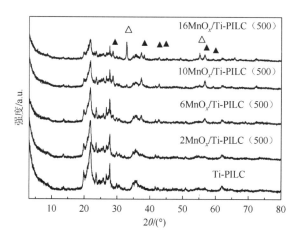

图 3.14　aMnO$_x$/Ti-PILC（500）的 XRD 图谱（▲MnO$_2$；△Mn$_2$O$_3$）

4. aMnO$_x$/Ti-PILC（500）的氧化还原性质

通过 H$_2$-TPR 实验研究 aMnO$_x$/Ti-PILC（500）的氧化还原性质，H$_2$-TPR 曲线见图 3.15。aMnO$_x$/Ti-PILC（500）在 200～600℃内出现明显的还原峰，包含两个未完全分开的还原峰，峰顶温度出现在 350℃和 443℃左右。MnO$_x$ 存在形态繁多，还原过程复杂，很多文献曾对 MnO$_x$ 催化剂的还原过程进行研究，Kapteijn 等[206] 和 Boot 等[207]认为硝酸盐制备的 MnO$_x$ 催化剂中 MnO$_2$ 和 Mn$_2$O$_3$ 均被还原，不发生中间还原过程，第一步二者被还原为 Mn$_3$O$_4$，第二步 Mn$_3$O$_4$ 被进一步还原为 MnO。aMnO$_x$/Ti-PILC（500）的 H$_2$-TPR 图谱中两个还原峰与此一致，350℃处还原峰对应 MnO$_2$ 和 Mn$_2$O$_3$ 共同还原至 Mn$_3$O$_4$，相对高温（445℃）下还原峰归属为 Mn$_3$O$_4$ 至 MnO 的还原过程。

各还原峰温度列于表 3.4 中，10MnO$_x$/Ti-PILC（500）的两个还原峰分别位于 350℃和 443℃，在几个催化剂样品中，其还原峰温度最低，说明其氧化还原性质最强。更高负载量的 16MnOₓ/Ti-PILC（500）还原峰温度向高温方向偏移，分别落在 375℃和 458℃处，反映出其氧化还原性质减弱，其脱硝活性也相应地明显下降。

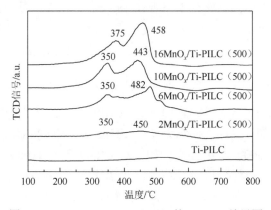

图 3.15　αMnOₓ/Ti-PILC（500）的 H_2-TPR 结果图

3.2.4　煅烧温度对 10MnOₓ/Ti-PILC（β）的影响

实验制备了不同煅烧温度的系列催化剂 10MnOₓ/Ti-PILC（β），其脱硝活性如图 3.16 所示。由图可见，煅烧温度对催化剂脱硝活性影响显著。总体来看，煅烧温度越高，催化剂脱硝活性越低。在整个实验温度窗口内，催化剂脱硝活性为 10MnOₓ/Ti-PILC（300）>10MnOₓ/Ti-PILC（400）、10MnOₓ/Ti-PILC（500）>10MnOₓ/Ti-PILC（600）>10MnOₓ/Ti-PILC（700）。10MnOₓ/Ti-PILC（300）脱硝活性始终最高，140℃下 NO 转化率即超过 80%，180℃及更高温度下 NO 转化率均

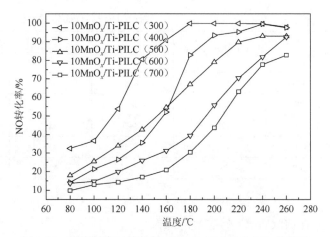

图 3.16　煅烧温度对催化剂 10MnOₓ/Ti-PILC（β）的影响

测试条件：气体总流量为 300mL/min；气体组成为 600ppm NO、650ppm NH_3、
3.0% O_2、高纯 N_2 平衡；催化剂质量为 0.5g

接近100%，其脱硝活性明显优于其余催化剂。比较而言，10MnO$_x$/Ti-PILC（700）的 NO 转化率在 140℃下低于 20%，180℃时也只有 27%左右。此外，10MnO$_x$/Ti-PILC（300）的 NO 最高转化率出现在 180℃，在所有样品中温度是最低的；较高温度（600℃和 700℃）下煅烧的催化剂在实验最高温度下依旧未达到 NO 最高转化率，这进一步说明低温下煅烧的催化剂具备较好的低温 SCR 脱硝活性。

1. 10MnO$_x$/Ti-PILC（β）的比表面积和表面相对酸量

不同煅烧温度下催化剂样品 10MnO$_x$/Ti-PILC（β）的比表面积和表面相对酸量见表 3.5。催化剂样品比表面积为 74～133m^2/g，表面相对酸量为 0.23～0.85。10MnO$_x$/Ti-PILC（300）、10MnO$_x$/Ti-PILC（400）和 10MnO$_x$/Ti-PILC（500）比表面积和表面相对酸量接近，然而，煅烧温度提高到 600℃时，比表面积和表面相对酸量均显著降低，分别下降至 100.2m^2/g 和 0.5248，二者均不足 10MnO$_x$/Ti-PILC（300）比表面积和表面相对酸量的 80%。煅烧温度继续升高至 700℃时，催化剂比表面积和表面相对酸量进一步急剧下降，10MnO$_x$/Ti-PILC（700）比表面积仅 74.4m^2/g，表面相对酸量仅仅 0.2361，其中，表面相对酸量仅约为 10MnO$_x$/Ti-PILC（300）的 30%，这可能与 700℃的高温煅烧造成 Ti-PILC 层状结构坍塌有关。联系 Ti-PILC 煅烧温度为 700℃时（图 3.16）得到的催化剂脱硝活性也较低，说明 Ti-PILC 本身煅烧以及催化剂的煅烧温度过高均会造成最终催化剂脱硝活性下降，因此可以认为 Ti-PILC 以及 MnO$_x$/Ti-PILC 热稳定性温度低于 700℃。综合表 3.5 结果可见，10MnO$_x$/Ti-PILC（300）具备较大的比表面积以及最高的表面相对酸量，这与其优越的脱硝活性完全一致。

表 3.5　10MnO$_x$/Ti-PILC（β）的比表面积和表面相对酸量

样品	比表面积/(m^2/g)	表面相对酸量	T_p/℃	
			T_1	T_2
10MnO$_x$/Ti-PILC（300）	128.0	0.8257	304	397
10MnO$_x$/Ti-PILC（400）	132.4	0.8204	342	415
10MnO$_x$/Ti-PILC（500）	130.5	0.8424	350	443
10MnO$_x$/Ti-PILC（600）	100.2	0.5248	376	465
10MnO$_x$/Ti-PILC（700）	74.4	0.2361	415	490

2. 10MnO$_x$/Ti-PILC（β）的 XRD 分析

MnO$_x$ 基催化剂的低温 SCR 脱硝活性与 MnO$_x$ 的分散性以及价态直接相关。煅烧温度可以显著影响 MnO$_x$ 的氧化态。10MnO$_x$/Ti-PILC（300）的 XRD 图谱中

只存在强度较弱的 MnO_2 衍射峰，并且分散性较好。$10MnO_x$/Ti-PILC（400）的 XRD 图谱与 $10MnO_x$/Ti-PILC（300）变化不大。而 $10MnO_x$/Ti-PILC（500）的 XRD 图谱中 MnO_2 和 Mn_2O_3 共存。MnO_2 衍射峰较 $10MnO_x$/Ti-PILC（300）和 $10MnO_x$/Ti-PILC（400）变强，说明 MnO_2 晶粒变大，分散性变差。$10MnO_x$/Ti-PILC（600）的 XRD 图谱中 MnO_2 衍射峰明显变弱，取而代之的是，Mn_2O_3 衍射峰显著增强。当煅烧温度进一步高达 700℃时，MnO_2 衍射峰几乎消失不见，而 Mn_2O_3 成为主导相，其分散性很差，可能 MnO_2 在此温度下已经转化为 Mn_2O_3。

　　结合图 3.17 中的 XRD 表征结果，对于 $10MnO_x$/Ti-PILC（300）而言，MnO_x 以分散性较好的高氧化态 MnO_2 形式存在，高氧化态的 MnO_x 更有利于 SCR 脱硝反应[54]。随着煅烧温度的提高，出现 Mn_2O_3，MnO_x 氧化态降低，温度越高，其比例越高并且分散性越差，而 NO 转化率随着 Mn 氧化态的降低而减小，因此高煅烧温度下催化剂脱硝活性降低。$10MnO_x$/Ti-PILC（700）的脱硝活性最低亦与其 Ti-PILC 结构坍塌有关，这与表 3.5 中其比表面积和表面相对酸量的丧失一致。

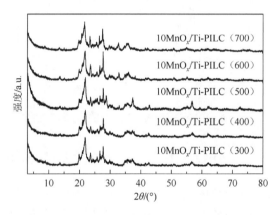

图 3.17　$10MnO_x$/Ti-PILC（β）的 XRD 图

3. $10MnO_x$/Ti-PILC（β）的氧化还原性质分析

　　同样使用 H_2-TPR 方法研究不同煅烧温度下 $10MnO_x$/Ti-PILC（β）的氧化还原性质（图 3.18）。各样品的还原峰对应温度列于表 3.5 中。$10MnO_x$/Ti-PILC（300）的 H_2-TPR 曲线呈现两个尖锐的独立的还原峰，分别位于 304℃和 397℃，并且前者的强度明显高于后者。随着煅烧温度的提高，催化剂 $10MnO_x$/Ti-PILC（β）的两个还原峰温度均逐渐向高温偏移。在 H_2-TPR 分析中，第一个还原峰的温度往往能表明催化剂氧化还原性能，随着煅烧温度的升高，对应催化剂的低温还原峰分别出现在 342℃、350℃、376℃和 415℃处。这反映出煅烧温度的升高会减弱催化剂氧化还原性能，因此催化剂脱硝活性下降。另一方面，煅烧温度越高，

10MnO$_x$/Ti-PILC（β）的低温还原峰（304～415℃）与高温还原峰（397～490℃）的强度之比越小，对于相同负载量的 MnO$_x$ 催化剂来讲，两个还原峰强度之比可能与 MnO$_2$/Mn$_2$O$_3$ 比例有一定关系[208]，因此，可推测煅烧温度的升高导致 MnO$_2$/Mn$_2$O$_3$ 比例下降，这不利于 MnO$_x$/Ti-PILC 的低温脱硝，故煅烧温度越高，所得催化剂脱硝活性越低。其次，煅烧温度的升高同时导致 10MnO$_x$/Ti-PILC（β）的 H$_2$-TPR 曲线中两个还原峰难以分开，这未见相关报道与解释。这可能与煅烧温度升高使 MnO$_2$/Mn$_2$O$_3$ 比例下降，MnO$_x$ 价态变得相对集中并几乎完全转化为 Mn$_2$O$_3$ 有关，以上推测也可以由 XRD 表征结果得到证实。

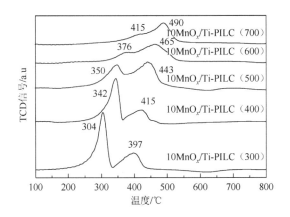

图 3.18　10MnO$_x$/Ti-PILC（β）的 H$_2$-TPR 结果

3.3　MnO$_x$/Ti-PILC 低温 SCR 脱硝

综合负载量与煅烧温度的研究结果可以看出，MnO$_x$ 最佳负载量为 10%，300℃为 MnO$_x$/Ti-PILC 的最优煅烧温度。下面选取此条件下制备的催化剂进行进一步研究。

为满足对比需要，同时选用 γ-Al$_2$O$_3$ 和 P25 制备 MnO$_x$/Al$_2$O$_3$、MnO$_x$/TiO$_2$ 两种催化剂。这两种载体负载活性成分之前，均经过 500℃下煅烧处理 3h，MnO$_x$ 的负载同样采用浸渍法，制备步骤同 MnO$_x$/Ti-PILC。

3.3.1　MnO$_x$/Ti-PILC 的低温 SCR 脱硝活性

将制备的 MnO$_x$/Ti-PILC 与 MnO$_x$/Al$_2$O$_3$、MnO$_x$/TiO$_2$ 进行对比，结果如图 3.19 所示。由图 3.19 可以看出，MnO$_x$/Ti-PILC 脱硝活性与 MnO$_x$/Al$_2$O$_3$ 接近，NO 转化率高于 70%（140℃），温度高于 180℃后几乎达到 100%；其脱硝活性高于 MnO$_x$/TiO$_2$，尤其是在相对较高温度范围内（140～260℃）。由此可见，以 Ti-PILC 为载体制备的 MnO$_x$/Ti-PILC 是一种新型的具备较高低温 SCR 脱硝活性的催化剂。

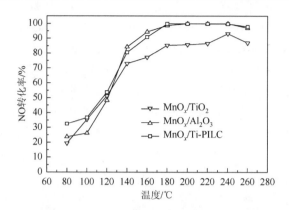

图 3.19　MnO$_x$/Ti-PILC 与 MnO$_x$/Al$_2$O$_3$、MnO$_x$/TiO$_2$ 脱硝活性对比

测试条件：气体总流量为 300mL/min；气体组成为 600ppm NO、650ppm NH$_3$、
3.0% O$_2$、高纯 N$_2$ 平衡；催化剂质量为 0.5g

3.3.2　O$_2$ 浓度、空速对 MnO$_x$/Ti-PILC 脱硝活性的影响

研究表明，O$_2$ 在 SCR 去除 NO 催化过程中有很重要的作用[118]，实验研究不同 O$_2$ 浓度（0、1%、3%、10%）下 MnO$_x$/Ti-PILC 的 NO 转化率（图 3.20）。当 O$_2$ 浓度不超过 3% 时，O$_2$ 浓度越高 NO 转化率越大，这个规律几乎在整个实验研究温度范围内均成立；同时，在固定的 O$_2$ 浓度下，NO 转化率随着温度的升高而升高，达到最大值后，NO 转化率后维持不变或者略有降低。O$_2$ 浓度超过 3% 达到 10% 后，催化剂整体脱硝活性低于 3%O$_2$ 浓度下的脱硝活性。这可能与 NH$_3$ 发生逐步氧化生成 NO 或过度解离成—N 再与 NO 反应导致副产物的生成有关。此外，O$_2$ 浓度超过 3% 达到 10% 后，NO 转化率随着温度的上升先升高，180℃ 下达到最大值之后明显降低。

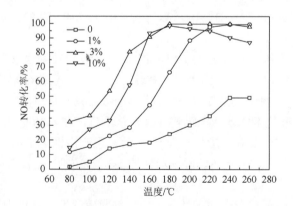

图 3.20　O$_2$ 浓度对催化剂 MnO$_x$/Ti-PILC 脱硝活性的影响

测试条件：气体总流量为 300mL/min；气体组成为 600ppm NO、650ppm NH$_3$、
3.0% O$_2$、高纯 N$_2$ 平衡；催化剂质量为 0.5g

图 3.21 给出了 10000h^{-1}、40000h^{-1}、65000h^{-1} 空速下催化剂 MnO$_x$/Ti-PILC 的脱硝活性测试结果。由图可见，测试温度在 200℃前时，空速越高，NO 转化率越低。测试温度超过 200℃后，催化剂脱硝活性受空速影响可以忽略。不过从图 3.21 中可以看出，在 65000h^{-1} 的高空速条件下，MnO$_x$/Ti-PILC 依然显示出较高的脱硝活性，NO 转化率在 160℃下仍高于 85%，180～240℃内活性与低空速下几乎一致，NO 转化率接近 100%。综上，MnO$_x$/Ti-PILC 具备较高的低温 SCR 脱硝活性。

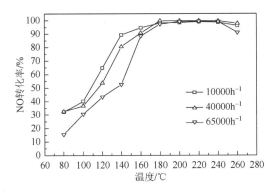

图 3.21　空速对催化剂 MnO$_x$/Ti-PILC 脱硝活性的影响

测试条件：气体总流量为 300mL/min；气体组成为 600ppm NO、650ppm NH$_3$、
3.0% O$_2$、高纯 N$_2$ 平衡；催化剂质量为 0.5g

3.3.3　H$_2$O 和 SO$_2$ 对 MnO$_x$/Ti-PILC 脱硝活性的影响

低温 SCR 脱硝过程中，烟气中不可避免地存在的 SO$_2$ 和 H$_2$O 可能会影响催化剂脱硝活性。在 200℃下，以 10MnO$_x$/Ti-PILC（300）为代表催化剂研究 3% H$_2$O 和（或）100ppm SO$_2$ 的影响，以评价 MnO$_x$/Ti-PILC 的抗 H$_2$O 抗 SO$_2$ 性，结果如图 3.22 所示。

在单独 H$_2$O 作用下，5h 内 MnO$_x$/Ti-PILC 的 NO 转化率仅仅降低 3%左右，断开 H$_2$O 后，其活性恢复至初始水平（98%左右），上述结果证实 MnO$_x$/Ti-PILC 具备较好的抗 H$_2$O 性，因此 H$_2$O 的可逆影响效应几乎可以忽略。然而，在 SO$_2$ 存在的条件下，催化剂脱硝活性迅速并且显著下降，通入 SO$_2$ 2h 内，NO 转化率即由 98%下降至 65%以下；在通入 SO$_2$ 4h 后，脱硝活性更是迅速降至最低，NO 转化率仅有 32%左右，不足初始脱硝活性的 1/3，这说明 MnO$_x$/Ti-PILC 发生严重失活。

在 SO$_2$ 和 H$_2$O 同时存在的条件下，催化剂脱硝活性下降更为迅速，2h 内 NO 转化率即下降至不足 40%，随着 SO$_2$ 和 H$_2$O 继续通入，催化剂脱硝活性下降速度放缓，最低 NO 转化率与单独 SO$_2$ 通入时接近。分别切断 SO$_2$、SO$_2$ + H$_2$O 后，催化剂脱硝活性均未见明显上升。其中，切断 SO$_2$ 时，NO 转化率反而轻微降低；可见无论在有/无 H$_2$O 的情况下，SO$_2$ 均使 MnO$_x$/Ti-PILC 不可逆失活。对 SO$_2$、SO$_2$ + H$_2$O 作用后的失活催化剂进行 300℃热处理 2h 后，NO 转化率约提高 10%，并最终稳定在 40%上下，这可能与加热使沉积于催化剂 MnO$_x$/Ti-PILC 表面覆盖活性位的硫酸铵盐分解有关。综上可见，300℃下煅烧得到的催化剂 MnO$_x$/Ti-PILC 抗 SO$_2$ 性欠佳。

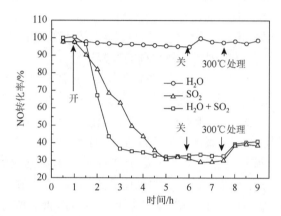

图 3.22　H$_2$O、SO$_2$ 对催化剂 10MnO$_x$/Ti-PILC（300）脱硝活性的影响

测试条件：气体总流量为 300mL/min；气体组成为 600ppm NO、650ppm NH$_3$、3% O$_2$、3% H$_2$O（使用时）、100ppm SO$_2$（使用时）、高纯 N$_2$ 平衡；反应温度为 200℃

　　综合 3.3 节的研究结果可以看出，MnO$_x$ 最佳负载量为 10%，300℃为最优煅烧温度。但是此条件下制备得到的 MnO$_x$/Ti-PILC 极容易遇 SO$_2$ 失活。根据实验结果，500℃下煅烧同样负载量的 10MnO$_x$/Ti-PILC（500）催化剂在 3% H$_2$O 和 100ppm SO$_2$ 条件下失活速度相对略慢（为保持系统性，此处未给出，在 4.2 节给出结果），反映出 MnO$_x$/Ti-PILC（500）的抗 SO$_2$ 抗 H$_2$O 性略优。故选用煅烧温度为 500℃下的催化剂进行后续研究。

第 4 章　Mn-MO$_x$/Ti-PILC 低温 SCR 脱硝

作为催化剂关键组成部分，活性成分在很大程度上决定了催化剂的 SCR 脱硝活性以及抗 H$_2$O 抗 SO$_2$ 性。对比单活性组分催化剂，二元甚至三元组分的催化剂可以有效地减少烧结现象、提高催化剂的热稳定性和延长催化剂寿命。添加元素、构建多元催化剂是获得高脱硝活性催化剂的有效途径。

一般来讲，Fe、Ce、V、Ni、Cu、Ni 等一系列过渡金属元素都可以改善负载型以及非负载型 MnO$_x$ 的理化性质，有利于提高催化剂的低温 SCR 脱硝活性。Wu 等[131]发现 Mn-CeO$_x$/TiO$_2$ 和 Mn-VO$_x$/TiO$_2$ 脱硝活性与 MnO$_x$/TiO$_2$ 相比明显提高，并细致探讨了 Ce 和 V 添加对催化剂性质的具体影响，最终得出如下结论：Ce 和 V 的添加均可抑制锐钛矿型 TiO$_2$ 向金红石型 TiO$_2$ 不利载体转变；V 虽然容易使 Mn$_2$O$_3$ 团聚，但是可以缓解 NH$_3$ 的氧化现象，同时增强 B 酸量进而提升吸附 NH$_3$ 的能力；Ce 的添加提高了 Mn^{4+}/Mn^{3+} 比例，并且改善 L 酸量，有利于最终催化剂脱硝活性的提升。Wu 等[123]也证实 Ce 具有提高酸量以及化学吸附氧的作用，从而使 MnO$_x$/TiO$_2$ 催化剂脱硝活性明显改善，其实验发现添加 Ce 后，80℃（空速为 40000h^{-1}）下 NO 转化率由 38%升高至 85%，同时抗 H$_2$O 抗 SO$_2$ 性明显提升，实验中 MnO$_x$/TiO$_2$ 在通入 SO$_2$ 不足 7h 内脱硝活性即下降至 30%左右，而 Mn-CeO$_x$/TiO$_2$ 脱硝活性下降相对较小，脱硝活性维持在 80%以上。对 Ce 的作用机理进行分析后提出，Ce 增强催化剂抗 SO$_2$ 性的原因有两个：一是 Ce 抑制了 Ti(SO$_4$)$_2$ 以及 MnSO$_4$ 形成；二是 Ce 促进了(NH$_4$)$_2$SO$_4$ 以及 NH$_4$HSO$_4$ 分解。

关于 Fe 提高 MnO$_x$ 基催化剂脱硝活性以及抗 SO$_2$ 性的报道很多。Fe 的添加能明显增加 MnO$_x$ 基催化剂的比表面积和孔容，降低平均孔径；提高对 NH$_3$ 以及 NO 的吸附能力；提高活性成分的分散性，同时促进 MnO$_x$ 以更高氧化态形式存在；增加催化剂表面化学吸附氧浓度，因此会显著提高催化剂的低温 SCR 脱硝活性[132]。Wu 等[209]发现 Fe、W、Mo 和 Cr 元素中，添加 Fe 后的 Mn-FeO$_x$/TiO$_2$ 脱硝活性更高，抗 H$_2$O 抗 SO$_2$ 性也较好。Qi 和 Yang[133]和 Tang 等[125]指出 Fe 能显著降低(NH$_4$)$_2$SO$_4$ 以及 NH$_4$HSO$_4$ 的生成速率，从而抑制 MnO$_x$ 基催化剂的失活。Shen 等[132]通过实验发现 Fe 对 MnO$_x$ 基催化剂脱硝活性和抗 H$_2$O 抗 SO$_2$ 性的影响与其添加量有关，Fe/Ti 为 0.1 时，Fe 对催化剂脱硝活性的促进效应最明显；此时，Fe 物质主要以 Fe^{3+} 形式存在；而添加量略高的 Fe（0.15）-MnO$_x$- CeO$_2$/TiO$_2$ 抗 H$_2$O 抗 SO$_2$ 性更好。在 H$_2$O 和 SO$_2$ 存在下的 5h

反应时间内，其脱硝活性仍超过 80%，而无 Fe 添加的 MnO$_x$-CeO$_2$/TiO$_2$ 在 5h 内，其 NO 转化率则由初始的 91.8%降至 49.5%。而 Casapu 等[210]关于在非负载型 Mn-CeO$_x$ 催化剂中添加 Fe 的研究结果却不一致，发现 Fe 的添加降低了催化剂脱硝活性；在比较了 Nb、Fe、Zr、W 添加的具体影响时，发现仅 Nb 对催化剂低温脱硝有利，添加 Nb 后的催化剂在 200℃下可实现 90%以上的脱硝活性，Fe、W、Zr 均会降低催化剂脱硝活性。

由上可见，金属元素添加对 MnO$_x$ 基催化剂的影响与很多因素有关，包括添加金属种类、催化剂体系、金属元素添加量等。前期文献中 Ti-PILC 用作 MnO$_x$ 基催化剂载体的相关研究极少，也未见 Ti-PILC 负载的双元组分 MnO$_x$ 基催化剂用于低温 SCR 脱硝，因此有必要在这方面进行系统研究。

4.1　添加元素对 MnO$_x$/Ti-PILC 低温脱硝活性的影响

4.1.1　催化剂的制备

双元组分负载型 MnO$_x$ 基催化剂采用等体积浸渍法制备。将载体 Ti-PILC 浸入 Mn(NO$_3$)$_2$ 与 M（M = Bi、Sn、W、La、Fe、V、Co）前驱物混合溶液中，室温浸渍处理之后，85℃水浴干燥 12h，再经过 500℃煅烧处理 5h 便制得 Mn-MO$_x$/Ti-PILC。单组分催化剂制备方法类似。

比较单组分催化剂脱硝活性时，用到的催化剂负载量为 6%；研究添加元素对 MnO$_x$/Ti-PILC 脱硝活性的影响时，三个系列催化剂 Mn 的负载量分别为 2%、6%、16%。

4.1.2　不同活性成分催化剂的低温 SCR 脱硝活性

实验比较不同活性成分的单组分催化剂 MO$_x$/Ti-PILC 的低温 SCR 脱硝活性。图 4.1 给出了 180℃下单组分催化剂脱硝活性测试结果。可以看出各催化剂均显示出一定的脱硝活性，活性由高到低次序为 MnO$_x$/Ti-PILC、FeO$_x$/Ti-PILC、CeO$_x$/Ti-PILC、VO$_x$/Ti-PILC、LaO$_x$/Ti-PILC、WO$_x$/Ti-PILC、SnO$_x$/Ti-PILC、BiO$_x$/Ti-PILC。其中，脱硝活性最高的 MnO$_x$/Ti-PILC 的 NO 转化率也仅为 33%，其余样品的 NO 转化率更低（<30%），SnO$_x$/Ti-PILC 和 BiO$_x$/Ti-PILC 的 NO 转化率甚至低于 10%。可见单组分负载型 Ti-PILC 催化剂（包括 MnO$_x$/Ti-PILC）低温 SCR 脱硝活性均较低，因此有必要对单组分 MnO$_x$/Ti-PILC 催化剂进行改性以提高其脱硝活性。

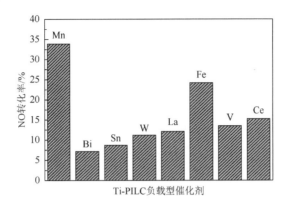

图 4.1　Ti-PILC 负载不同组分催化剂的低温 SCR 脱硝活性

测试条件：气体总流量为 300mL/min；600ppm NO、650ppm NH_3、
3.0% O_2、高纯 N_2 作平衡气；催化剂质量为 0.5g

在此基础上研究添加不同金属元素 M（M = Bi、Sn、W、La、Fe、V、Co）对 MnO_x/Ti-PILC 低温 SCR 脱硝活性的影响。实验设置三个 Mn 负载量的催化剂，MnO_x 的负载量分别为 2%、6% 和 16%，Mn 与 M 物质的量比固定。通过催化剂的低温段（80~260℃）下的 NO 转化率、180℃下的脱硝活性增强百分比（E）两个指标来评价不同种类 M 元素添加的影响。

4.1.3　添加元素对 MnO_x/Ti-PILC 低温 SCR 脱硝活性的影响

图 4.2 给出了催化剂 Mn（2%）-MO_x/Ti-PILC 的脱硝活性。图 4.2（a）中各催化剂脱硝活性随温度变化呈现出相似的规律，NO 转化率均随着温度的升高而上升。从图中可见，不同金属元素的添加对 MnO_x/Ti-PILC 脱硝活性影响并不一致。与单组分 MnO_x/Ti-PILC 催化剂相比，La、Ce、Bi 和 Fe 四种金属元素添加后，催化剂脱硝活性在实验温度窗口内得到提升；而 V 添加后，在 220~260℃相对高温段内催化剂的脱硝活性得到提高，在低温段（80~200℃）脱硝活性则较添加之前降低；W 的添加对 MnO_x/Ti-PILC 脱硝活性提高影响不明显；对于 Sn 来讲，Mn-SnO_x/Ti-PILC 的脱硝活性低于 MnO_x/Ti-PILC，证明其添加产生负面影响。

以脱硝活性增强百分比（E）进一步评价添加金属 M 对 MnO_x/Ti-PILC 脱硝活性的影响[图 4.2（b）]时，可以看出添加 M 金属元素对催化剂活性的增强顺序为 Fe＞Bi＞La＞Ce＞Sn＞W＞V。其中添加 Fe 使催化剂 MnO_x/Ti-PILC 的 NO 转化率增强 40% 以上。可见在 180℃下，Fe 的添加对低负载量 MnO_x/Ti-PILC 的低温 SCR 脱硝活性的促进效应明显。

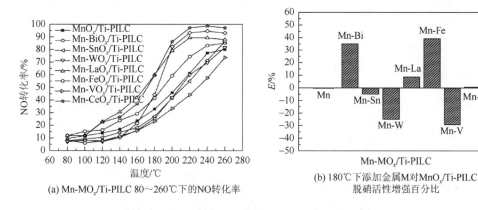

(a) Mn-MO$_x$/Ti-PILC 80~260℃下的NO转化率

(b) 180℃下添加金属M对MnO$_x$/Ti-PILC
脱硝活性增强百分比

图 4.2　Mn（2%）-MO$_x$/Ti-PILC 低温 SCR 脱硝活性

测试条件：气体总流量为 300mL/min；600ppm NO、650ppm NH$_3$、
3.0% O$_2$、高纯 N$_2$ 作平衡气；催化剂质量为 0.5g

图 4.3（a）为催化剂 Mn（6%）-MO$_x$/Ti-PILC 在 80~260℃的脱硝活性结果。从图 4.3（a）中可以看出，掺杂各种元素后，催化剂脱硝活性变化存在明显差异。与 MnO$_x$/Ti-PILC 相比，掺杂 Ce、La 和 Bi 后的 Mn-MO$_x$/Ti-PILC 的 NO 转化率在整个温度窗口内均明显更高。其中 Ce 和 La 的促进效应更为显著，以 Ce 为例，120℃下 MnO$_x$/Ti-PILC 和 Mn-CeO$_x$/Ti-PILC 的 NO 转化率分别为 14.1%和 22.7%；温度升高至 180℃后二者的 NO 转化率分别为 33.2%和 58.7%，脱硝活性差距明显变大；此外，Mn-CeO$_x$/Ti-PILC 在 200℃时的 NO 转化率即接近 90%，已经明显高于 MnO$_x$/Ti-PILC 的 NO 最高转化率。以上结果均说明添加 Ce 对 MnO$_x$/Ti-PILC 脱硝活性促进效应显著。在 80~160℃低温段，Mn-FeO$_x$/Ti-PILC 的脱硝活性略低于 MnO$_x$/Ti-PILC，温度高于 160℃之后，其 NO 转化率却明显高于 MnO$_x$/Ti-PILC，可见在此 MnO$_x$ 负载量的催化剂中添加 Fe 可以显著提高其相对高温段的脱硝活性；在低温段却无明显促进影响。添加 V、W 和 Sn 后，催化剂的脱硝活性反而下降，尤其是添加 V 时。在整个研究温度区间（80~260℃）内，Mn-VO$_x$/Ti-PILC 的 NO 转化率明显低于 MnO$_x$/Ti-PILC；其中，180℃下，MnO$_x$/Ti-PILC 和 Mn-VO$_x$/Ti-PILC 的 NO 转化率分别为 33.2%和 23.1%，并且 V 对催化剂脱硝活性的降低随着温度的升高更为明显，可见 V 的添加不利于 MnO$_x$/Ti-PILC 低温 SCR 脱硝。

图 4.3（b）中，各种添加金属元素对 MnO$_x$/Ti-PILC 180℃下脱硝活性的促进程度顺序为 La>Ce>Fe>Bi，其中 La 和 Ce 的加入可以使 MnO$_x$/Ti-PILC 的 NO 转化率增强 80%以上。Sn、W、V 则降低了催化剂脱硝活性，其中 V 的不利影响最为显著。

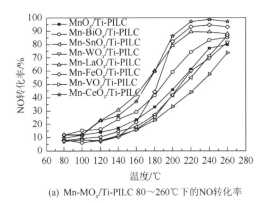

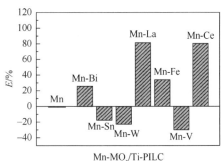

(a) Mn-MO$_x$/Ti-PILC 80～260℃下的NO转化率

(b) 180℃下添加金属M对MnO$_x$/Ti-PILC 脱硝活性增强百分比

图 4.3　Mn（6%）-MO$_x$/Ti-PILC 低温 SCR 脱硝活性

测试条件：气体总流量为 300mL/min；600ppm NO、650ppm NH$_3$、
3.0% O$_2$、高纯 N$_2$ 作平衡气；催化剂质量为 0.5g

催化剂 Mn（16%）-MO$_x$/Ti-PILC 的脱硝活性测试结果见图 4.4（a）。图 4.4
（a）中，在整个实验温度窗口内，Mn-CeO$_x$/Ti-PILC 和 Mn-LaO$_x$/Ti-PILC 活性始
终高于 MnO$_x$/Ti-PILC。其中，180℃下，Mn-CeO$_x$/Ti-PILC 和 Mn-LaO$_x$/Ti-PILC 的
NO 转化率分别为 60.7% 和 54.9%，对比之下，MnO$_x$/Ti-PILC 的 NO 转化率仅仅
48.9% 左右。Mn-VO$_x$/Ti-PILC 和 Mn-WO$_x$/Ti-PILC 的脱硝活性均低于
MnO$_x$/Ti-PILC，这个规律几乎在整个测试温度范围内成立。Mn-SnO$_x$/Ti-PILC 在
140℃后脱硝活性低于 MnO$_x$/Ti-PILC；140℃之前二者活性接近。Mn-FeO$_x$/Ti-PILC
脱硝活性和未添加 Fe 的 MnO$_x$/Ti-PILC 无明显差别。可见各元素的添加对催化剂
脱硝活性影响复杂，但是总体来讲，各种催化剂的脱硝活性相对于图 4.3 中差异
较小。在所有添加元素中，稀土元素 La 和 Ce 的添加对 MnO$_x$/Ti-PILC 明显有利，
尤其对于 Ce 而言，其加入可以使 MnO$_x$/Ti-PILC 180℃下的 NO 转化率提高 20%
以上；而 V、W 和 Bi 则明显反之，致使 NO 转化率下降[图 4.4（b）]。

综上所述脱硝活性测试结果，可以看出稀土元素 Ce 和 La 的添加均相对有利
于提高催化剂 MnO$_x$/Ti-PILC 的低温 SCR 脱硝活性，尤其是在 MnO$_x$ 负载量高于
2% 以后。鉴于 6% 的 MnO$_x$ 负载量下各催化剂脱硝活性差异相对较明显，故选取
此系列催化剂进行表征研究。

4.1.4　Mn-MO$_x$/Ti-PILC 的氧化还原性质和表面酸量

1. Mn-MO$_x$/Ti-PILC 的氧化还原性质

Mn-MO$_x$/Ti-PILC 的 H$_2$-TPR 曲线如图 4.5 所示。各催化剂均存在自 200℃起
的宽泛还原峰，除 Mn-BiO$_x$/Ti-PILC 以外，所有样品的 H$_2$-TPR 曲线均包含 2～3

个连续的还原峰，其中 Mn-SnO$_x$/Ti-PILC 在实验结束温度（800℃）下仍未完全还原。

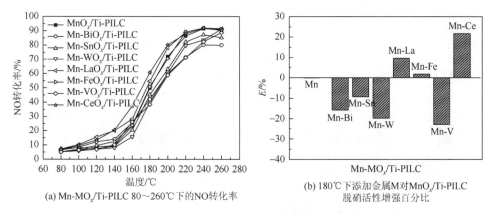

(a) Mn-MO$_x$/Ti-PILC 80～260℃ 下的NO转化率

(b) 180℃下添加金属M对MnO$_x$/Ti-PILC
脱硝活性增强百分比

图 4.4   Mn（16%）-MO$_x$/Ti-PILC 低温 SCR 脱硝活性

测试条件：气体总流量为 300mL/min；600ppm NO、650ppm NH$_3$、
3.0% O$_2$、高纯 N$_2$ 作平衡气；催化剂质量为 0.5g

就还原峰对应温度而言，单组分 MnO$_x$/Ti-PILC 的两个还原峰出现在 346℃和481℃处，添加另一组分后还原峰温度发生偏移。添加 Ce、Fe、La 后的 Mn-MO$_x$/Ti-PILC 的还原峰温度明显降低，表明 Ce、Fe 和 La 的加入提高了催化剂的氧化还原性质；其中又以 Mn-CeO$_x$/Ti-PILC 还原峰温度最低，其两个还原峰温度分别位于 330℃和440℃，在所有催化剂中还原峰温度最低，反映出其最强的氧化还原性质。这与 Mn 和具有较高储氧性能的 Ce 存在强烈的相互作用有关，二者甚至可以形成共溶体以促进 MnO$_x$ 的还原[92]，较强的氧化还原性质通常有利于NO 向 NO$_2$ 氧化，通过快速 SCR 促进 SCR 脱硝反应将 NO 还原为 N$_2$，这与 Mn-CeO$_x$/Ti-PILC 较高的低温 SCR 脱硝活性结果一致。添加 W、Bi、V 三种组分后，催化剂还原峰温度向高温方向移动，Mn-VO$_x$/Ti-PILC 和 Mn-WO$_x$/Ti-PILC 的低温还原峰甚至移至 370℃以后，此现象代表弱氧化还原性质不利于催化剂低温SCR 脱硝，因此其脱硝活性较低。添加 Sn 后的催化剂还原峰温度变化难以界定，Mn-SnO$_x$/Ti-PILC 的第一个还原峰温度接近 MnO$_x$/Ti-PILC，581℃和 679℃的还原峰温度可能来自 SnO$_x$ 的还原。

对于还原峰形来说，MnO$_x$/Ti-PILC 的两个还原峰形尖锐，其中，还原峰温度较低的 Mn-CeO$_x$/Ti-PILC、Mn-FeO$_x$/Ti-PILC 和 Mn-LaO$_x$/Ti-PILC 峰形明显钝化，三者最终呈现相似峰形，这说明 Mn 与 La、Fe 以及 Ce 之间的相互作用较强，结合脱硝活性测试结果中三种对应的催化剂脱硝活性相对较高，可以认为 Mn 与添加组分 M 之间的强相互作用有利于 Mn-MO$_x$/Ti-PILC 高效低温 SCR 脱硝。

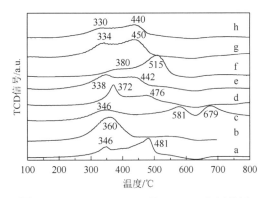

图 4.5　Mn-MO$_x$/Ti-PILC 的 H$_2$-TPR 表征结果

a-MnO$_x$/Ti-PILC；b-Mn-BiO$_x$/Ti-PILC；c-Mn-SnO$_x$/Ti-PILC；d-Mn-WO$_x$/Ti-PILC；e-Mn-LaO$_x$/Ti-PILC；
f-Mn-VO$_x$/Ti-PILC；g-Mn-FeO$_x$/Ti-PILC；h-Mn-CeO$_x$/Ti-PILC

2. Mn-MO$_x$/Ti-PILC 的表面酸量

Mn-MO$_x$/Ti-PILC 的 NH$_3$-TPD 结果如图 4.6 所示。

NH$_3$-TPD 曲线中，各催化剂均出现明显的 NH$_3$ 脱附峰。从脱附峰对应温度来看，添加 Ce、La 和 V 后，催化剂的脱附峰温度向低温移动，尤其是 Mn-CeO$_x$/Ti-PILC，其脱附峰出现在 139℃，明显低于 MnO$_x$/Ti-PILC，证明 Ce 的添加起到降低表面酸量的作用。结合脱硝活性测试结果，分析认为较低的表面酸量可能有利于催化剂表现出高脱硝活性，原因是吸附的 NH$_3$ 容易脱附从而参与 SCR 脱硝反应。Mn-SnO$_x$/Ti-PILC 的脱附峰明显滞后，其脱硝活性亦较低，与上述分析一致。实验样品的 NH$_3$ 脱附峰面积相差不大，说明添加不同元素对催化剂的表面酸量影响不大。

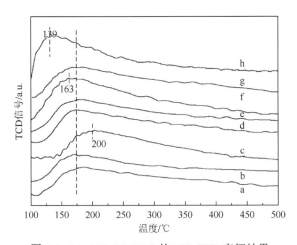

图 4.6　Mn-MO$_x$/Ti-PILC 的 NH$_3$-TPD 表征结果

a-MnO$_x$/Ti-PILC；b-Mn-BiO$_x$/Ti-PILC；c-Mn-SnO$_x$/Ti-PILC；d-Mn-WO$_x$/Ti-PILC；e-Mn-LaO$_x$/Ti-PILC；
f-Mn-VO$_x$/Ti-PILC；g-Mn-FeO$_x$/Ti-PILC；h-Mn-CeO$_x$/Ti-PILC

结合 H$_2$-TPR 和 NH$_3$-TPD 分析结果,可以看出增强氧化还原性和降低表面酸量可能是添加元素提高 MnO$_x$/Ti-PILC 催化剂低温 SCR 脱硝活性的有利原因。

4.2　M 添加量对 Mn-MO$_x$/Ti-PILC 低温 SCR 脱硝活性的影响

前面研究证实,通过添加某些金属元素可以明显提高 MnO$_x$/Ti-PILC 低温脱硝活性,其中 Ce 和 La 对催化剂低温脱硝活性的促进作用相对较显著,本节将以 Ce 和 La 这两种元素为研究对象,细致探讨其添加量对双元组分 MnO$_x$ 基催化剂脱硝活性的影响。

4.2.1　催化剂的制备

催化剂的制备同 4.1.1 节,同样采用等体积浸渍法,将载体 Ti-PILC 浸于一定比例的 Mn(NO$_3$)$_2$ 和 Ce(NO$_3$)$_4$(La(NO$_3$)$_5$)的混合溶液中,浸渍完成后,经过 85℃ 水浴干燥并在 500℃ 煅烧处理 5h 后得到 Mn-CeO$_x$(β)/Ti-PILC(Mn-LaO$_x$(β)/Ti-PILC),其中,β 为 Ce(La)的添加量(%)。例如,Mn-CeO$_x$(2)/Ti-PILC 表示 Ce 添加量为 2%。所有催化剂的 MnO$_x$ 负载量为 10%。

4.2.2　Ce 添加量对 Mn-CeO$_x$/Ti-PILC 的影响

1. Ce 添加量对 Mn-CeO$_x$/Ti-PILC 低温 SCR 脱硝活性的影响

对不同 Ce 添加量的 Mn-CeO$_x$(β)/Ti-PILC(β 分别为 0、1、2、4、6)的脱硝活性进行了探究,测试结果如图 4.7 所示。可以看出,低 Ce 添加量(β≤2)条件下,提高 Ce 添加量有利于 Mn-CeO$_x$(β)/Ti-PILC 脱硝活性的提高;添加量超

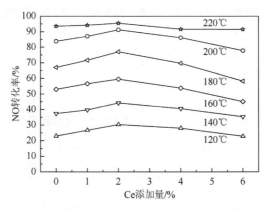

图 4.7　不同 Ce 添加量的 Mn-CeO$_x$(β)/Ti-PILC 的低温 SCR 脱硝活性

测试条件:气体总流量为 300mL/min;600ppm NO、650ppm NH$_3$、3.0% O$_2$、高纯 N$_2$ 作平衡气;催化剂质量为 0.5g

过 2%后，Mn-CeO$_x$（β）/Ti-PILC 的脱硝活性反而随着 Ce 添加量的增加而降低。因此 Ce 的最佳添加量为 2%。Mn-CeO$_x$（2）/Ti-PILC 显现出最高的脱硝活性，其对 NO 的转化率在 180℃时就已超过 75%，而 220℃时几乎可以完全脱除 NO。Mn-CeO$_x$（β）/Ti-PILC 的脱硝活性顺序为 Mn-CeO$_x$（2）/Ti-PILC＞Mn-CeO$_x$（1）/Ti-PILC＞Mn-CeO$_x$（4）/Ti-PILC≈MnO$_x$/Ti-PILC＞Mn-CeO$_x$（6）/Ti-PILC。

CeO$_x$ 可通过 Ce^{4+} 和 Ce^{3+} 之间的转变存储和释放氧，将其加入 MnO$_x$ 材料中能在低温条件下为 MnO$_x$ 提供 O，从而对 Mn 的氧化态产生影响，最终，Mn-CeO$_x$ 混合体系的脱硝活性明显高于单纯的 MnO$_x$[106]。关于 Ce 提高不同 MnO$_x$ 催化剂体系低温 SCR 脱硝活性的报道很多。

添加 Ce 后 MnO$_x$ 至少以三种形态存在：在 CeO$_2$ 表面的聚集态、与 CeO$_2$ 相互作用并具有很好分散性的分散态及参与 CeO$_2$ 晶格间的 Mn 原子[211]。一方面，Ce 的添加极大地改善了 MnO$_x$ 的分散度；另一方面，Mn 掺入 Ce 晶格中导致的 O 空穴可以及时吸附捕捉活性 O 进而形成活性基团，使混合体系的 O$_2$ 脱附量增加，晶格 O 实现良好循环，利于 NO 氧化为 NO$_2$[116, 118, 123]，因此高效促进 SCR 脱硝反应以更高速率进行[11]，从而大大提高了 MnO$_x$ 基催化剂的低温 SCR 脱硝活性。此外，有报道指出 Ce 可以促进有效反应中间体形成，而提高催化剂的低温 SCR 脱硝活性[212]。本实验中，Ce 添加量为 2%时，Mn 和 Ce 之间相互作用可能最强，因此催化剂 Mn-CeO$_x$（2）/Ti-PILC 脱硝活性最高。

2. Mn-CeO$_x$（β）/Ti-PILC 表征分析

1）比表面积及孔结构分析

表 4.1 给出了 Mn-CeO$_x$（β）/Ti-PILC（β = 0、2 和 6）的比表面积、孔容以及平均孔径等信息。Mn-CeO$_x$（β）/Ti-PILC 的比表面积为 117.3～133.7m^2/g。Mn-CeO$_x$（2）/Ti-PILC 与 MnO$_x$/Ti-PILC 相比，其比表面积下降为 125.6m^2/g，可以看出其比表面积依旧较大，意外的是其介孔孔容降低，微孔孔容却上升；Mn-CeO$_x$（6）/Ti-PILC 比表面积和孔容进一步下降，其中比表面积降低至 117.3m^2/g，这与 Ce 的添加堵塞孔结构有关。

表 4.1　Mn-CeO$_x$（β）/Ti-PILC 的孔结构信息

催化剂	比表面积 S_{BET}/(m^2/g)	孔容 V_t/(cm^3/g)		平均孔径 d/nm
		微孔孔容	介孔孔容	
MnO$_x$/Ti-PILC	133.7	0.0163	0.1156	3.943
Mn-CeO$_x$（2）/Ti-PILC	125.6	0.0193	0.1053	3.968
Mn-CeO$_x$（6）/Ti-PILC	117.3	0.0140	0.1031	3.992

2）H$_2$-TPR 分析

通过 H$_2$-TPR 手段研究 Mn-CeO$_x$(β)/Ti-PILC 的氧化还原性质，结果见图 4.8。各还原峰的峰温（T_i）、峰面积（A_i）和峰强（I_i）等信息列于表 4.2 中。

图 4.8 中，Ti-PILC 在测试温度内不被还原，其性质稳定。Mn-CeO$_x$(β)/Ti-PILC 的氧化还原性质明显增强，H$_2$-TPR 曲线中 200～600℃处的还原峰可归于 MnO$_x$ 还原。其中第一个还原峰（322～369℃）对应于 MnO$_2$ 和 Mn$_2$O$_3$ 还原为 Mn$_3$O$_4$，第二个还原峰（419～439℃）是由于 Mn$_3$O$_4$ 还原至 MnO。由于表面以及气态氧的还原，CeO$_2$ 在 H$_2$-TPR 曲线中 500℃和 800℃时出现两个还原峰[116]。实验中的 Mn-CeO$_x$(β)/Ti-PILC 未发现有明显的 CeO$_2$ 还原峰，这证实了 Mn 和 Ce 之间的强烈相互作用。而较强的低温氧化还原性质有助于其脱硝活性的提高。对于 Mn-CeO$_x$(β)/Ti-PILC 而言，随着 Ce 添加量的提升，催化剂的低温还原峰温度首先向低温方向移动，Mn-CeO$_x$（2）/Ti-PILC 出现最低的还原峰温度（322℃），之后向高温偏移，说明 Mn-CeO$_x$（2）/Ti-PILC 的氧化还原性质最强，这与其优越的脱硝活性一致；而高温还原峰温度始终向低温方向移动。

此外，相比于 MnO$_x$/Ti-PILC，Mn-CeO$_x$(β)/Ti-PILC 低温（322～369℃）还原峰面积（耗 H$_2$ 量）随 Ce 添加量的增加而增加；高温还原峰则反之，Ce 添加量越高，峰面积（耗 H$_2$ 量）却越小。毫无疑问地，两还原峰面积比（A_2/A_1）随着 Ce 添加量的增高而明显降低，强度比（I_2/I_1）亦然，这可能意味着 Mn$_2$O$_3$/MnO$_2$ 比例增加[208]，Mn$_2$O$_3$ 和 MnO$_2$ 对催化剂 SCR 性能影响不同。结合脱硝活性测试结果，可推断：对于 Ti-PILC 负载型 Mn-CeO$_x$ 体系而言，展现高脱硝活性需要比例适中的 Mn$_2$O$_3$/MnO$_2$，在 H$_2$-TPR 曲线中，即表现为两个还原峰强度或者面积比例合适。

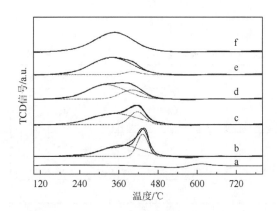

图 4.8　Mn-CeO$_x$(β)/Ti-PILC 的 H$_2$-TPR 曲线

a-Ti-PILC；b-MnO$_x$/Ti-PILC；c-Mn-CeO$_x$（1）/Ti-PILC；d-Mn-CeO$_x$（2）/Ti-PILC；
e-Mn-CeO$_x$（4）/Ti-PILC；f-Mn-CeO$_x$（6）/Ti-PILC

表 4.2 Mn-CeO$_x$（β）/Ti-PILC 催化剂 H$_2$-TPR 曲线还原峰信息

样品	T_p/℃		I_2/I_1	A_2/A_1
	T_1	T_2		
MnO$_x$/Ti-PILC	369	439	2.53	0.58
Mn-CeO$_x$（1）/Ti-PILC	347	417	1.15	0.40
Mn-CeO$_x$（2）/Ti-PILC	322	400	0.63	0.39
Mn-CeO$_x$（4）/Ti-PILC	327	400	0.17	0.06
Mn-CeO$_x$（6）/Ti-PILC	352	—	—	—

3）XPS 分析

Mn-CeO$_x$（β）/Ti-PILC（β = 0、2 和 6）表面元素浓度见表 4.3。图 4.9 给出的是 Mn2p、Ce3d 和 O1s 的 XPS 峰。图 4.9（a）中，三个催化剂样品在 636～660eV 结合能出现 Mn2$p_{3/2}$ 和 Mn2$p_{1/2}$ 谱峰。Mn2$p_{3/2}$ 和 Mn2$p_{1/2}$ 对应的结合能证明了 Mn^{3+} 和 Mn^{4+} 共同存在[123, 132]。表 4.3 中 Mn-CeO$_x$（2）/Ti-PILC 样品表面未检测到 Ce，说明 Ce 分散较好。Mn-CeO$_x$（6）/Ti-PILC 样品的 Ce3d XPS 分析结果中出现 Ce^{4+} 的六个特征峰（U + U″ + U‴ + V‴ + V″ + V）以及 Ce^{3+} 的两个特征峰（U′ + V′）[116, 123, 132]，可以看出 Mn-CeO$_x$（6）/Ti-PILC 表面 Ce^{4+} 和 Ce^{3+} 共同存在，并且以 Ce^{4+} 为主。O1s 的 XPS 分析结果[图 4.9（c）]中，Mn-CeO$_x$（β）/Ti-PILC 在 529.6～530.0eV 均存在一个主峰，其归属于晶格氧（O$_\beta$），531.5～532.7eV 的 XPS 峰对应于催化剂表面的吸附氧（O$_\alpha$），化学吸附氧更有利于 SCR 脱硝反应过程[26, 54, 123]。结合表 4.3 和图 4.9 可见，Mn-CeO$_x$（2）/Ti-PILC 中化学吸附氧浓度最高，这与其脱硝活性结果一致。

表 4.3 Mn-CeO$_x$（β）/Ti-PILC 表面元素浓度

样品	表面元素浓度/%			
	Ce	Mn	O	
			O$_\alpha$	O$_\beta$
MnO$_x$/Ti-PILC	—	7.82	8.57	63.31
Mn-CeO$_x$（2）/Ti-PILC	—	6.72	2.56	77.10
Mn-CeO$_x$（6）/Ti-PILC	0.86	6.99	12.23	57.70

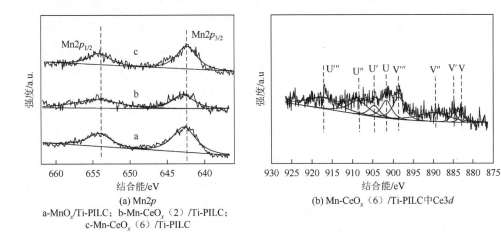

(a) Mn2p
a-MnO_x/Ti-PILC；b-Mn-CeO_x（2）/Ti-PILC；
c-Mn-CeO_x（6）/Ti-PILC

(b) Mn-CeO_x（6）/Ti-PILC中Ce3d

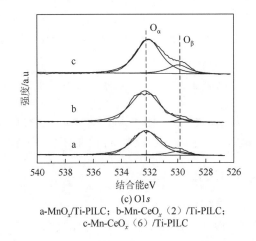

(c) O1s
a-MnO_x/Ti-PILC；b-Mn-CeO_x（2）/Ti-PILC；
c-Mn-CeO_x（6）/Ti-PILC

图 4.9　Mn-CeO_x（β）/Ti-PILC 的 XPS 表征结果

4.2.3　La 添加量对 Mn-LaO_x/Ti-PILC 的影响

1. La 添加量对 Mn-LaO_x/Ti-PILC 低温 SCR 脱硝活性的影响

测试条件如下：气体总流量为 300mL/min；气体组成为 600ppm NO、650ppm NH₃、3.0% O₂、高纯 N₂ 作平衡气；催化剂质量为 0.5g。实验同样研究了 La 添加量对 Mn-LaO_x（β）/Ti-PILC（β 分别为 0、1、2、4、6）脱硝活性的影响，结果如图 4.10 所示。

从图 4.10 中可以看出，La 添加量小于 2%时，总体来讲，Mn-LaO_x（β）/Ti-PILC 随着 La 添加量的增加而展现出更高的脱硝活性，在相对低温段（<200℃）下此现象更为明显。当负载量较大（6%）时，催化剂脱硝活性整体下降，此现象亦是低温段（80~200℃）明显。由图 4.10 还可以看出，温度可以显著影响 Mn-LaO_x

（β）/Ti-PILC 的脱硝活性。随着反应温度的升高，Mn-LaO$_x$（β）/Ti-PILC 的脱硝活性增强。因此，La 添加对催化剂低温 SCR 脱硝活性的影响在低温下更显著，在高温下，不同 La 添加量的 Mn-LaO$_x$（β）/Ti-PILC 催化剂脱硝活性则相对接近。不过，添加 La 的样品脱硝活性一直高于 MnO$_x$/Ti-PILC。

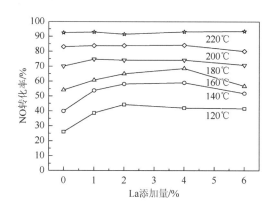

图 4.10　不同 La 添加量的 Mn-LaO$_x$（β）/Ti-PILC 的低温 SCR 脱硝活性

从整体来看，以上催化剂脱硝活性顺序为 Mn-LaO$_x$（2）/Ti-PILC、Mn-LaO$_x$（4）/Ti-PILC＞Mn-LaO$_x$（1）/Ti-PILC＞Mn-LaO$_x$（6）/Ti-PILC＞MnO$_x$/Ti-PILC。

2. Mn-LaO$_x$（β）/Ti-PILC 表征分析

1）比表面积及孔结构分析

Mn-LaO$_x$（β）/Ti-PILC（β = 0、2 和 6）的比表面积、孔容以及平均孔径等信息列于表 4.4 中。Mn-LaO$_x$（β）/Ti-PILC 的比表面积为 118.8～133.7m^2/g。此外，由于 La 引入，催化剂的比表面积和孔容较 MnO$_x$/Ti-PILC 均出现下降，但是 Mn-LaO$_x$（2）/Ti-PILC 比表面积仍然较大（128.4m^2/g），平均孔径略微变大；La 添加量更高的 Mn-LaO$_x$(6)/Ti-PILC 比表面积和孔容均最低，二者分别为 118.8m^2/g 和 0.1170cm^3/g（微孔和介孔之和），平均孔径为 3.992nm。对三个样品的孔容比较后，很容易看出引入 La 造成的孔减小与微孔和介孔都有关系。

表 4.4　Mn-LaO$_x$（β）/Ti-PILC 的孔结构信息

催化剂	比表面积 S_{BET}/(m^2/g)	孔容 V_t/(cm^3/g)		平均孔径 d/nm
		微孔孔容	介孔孔容	
MnO$_x$/Ti-PILC	133.7	0.0163	0.1156	3.943
Mn-LaO$_x$（2）/Ti-PILC	128.4	0.0160	0.1082	3.968
Mn-LaO$_x$（6）/Ti-PILC	118.8	0.0151	0.1019	3.992

2）H$_2$-TPR 分析

Mn-LaO$_x$（β）/Ti-PILC（β＝0、1、2、4、6）的 H$_2$-TPR 结果见图 4.11。类似于 Mn-CeO$_x$（β）/Ti-PILC，Mn-LaO$_x$（β）/Ti-PILC 也在 200～600℃内呈现较宽的还原峰，不过其两个还原峰分开程度相对更为明显，这可能与 Mn 和 La 之间相互作用稍弱有关。308～369℃的低温还原峰由 MnO$_2$ 和 Mn$_2$O$_3$ 还原为 Mn$_3$O$_4$ 引起，之后的高温还原峰（419～439℃）对应于 Mn$_3$O$_4$ 还原为 MnO。此系列催化剂的低温还原峰温度也随着 La 添加量的增加先降低后升高,高温还原峰温度变化规律一致。Mn-LaO$_x$（1）/Ti-PILC 的两个还原峰温度最低，说明其氧化还原性质最强。Mn-LaO$_x$（β）/Ti-PILC 的两个还原峰面积比（A_2/A_1）随着 La 添加量的增高而呈降低的趋势（添加量为 4%和 6%时相差不大），强度比亦然（表 4.5），这与 Mn-CeO$_x$（β）/Ti-PILC 规律完全类似。类似于 Mn-CeO$_x$（β）/Ti-PILC 相关分析，结合 Mn-LaO$_x$（β）/Ti-PILC 脱硝活性测试结果，可认为对于 Ti-PILC 负载型 Mn-LaO$_x$体系而言，展现高脱硝活性同样需要比例适中的 Mn$_2$O$_3$ 与 MnO$_2$。

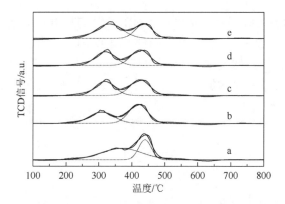

图 4.11　Mn-LaO$_x$（β）/Ti-PILC 的 H$_2$-TPR 曲线

a-MnO$_x$/Ti-PILC；b-Mn-LaO$_x$（1）/Ti-PILC；c-Mn-LaO$_x$（2）/Ti-PILC；
d-Mn-LaO$_x$（4）/Ti-PILC；　e-Mn-LaO$_x$（6）/Ti-PILC

表 4.5　Mn-LaO$_x$（β）/Ti-PILC 催化剂 H$_2$-TPR 曲线还原峰信息

样品	T_p/℃		I_2/I_1	A_2/A_1
	T_1	T_2		
MnO$_x$/Ti-PILC	369	439	2.53	0.58
Mn-LaO$_x$（1）/Ti-PILC	308	419	1.69	1.69
Mn-LaO$_x$（2）/Ti-PILC	318	424	1.12	1.31
Mn-LaO$_x$（4）/Ti-PILC	319	425	1.13	1.12
Mn-LaO$_x$（6）/Ti-PILC	332	436	1.00	1.15

3）NH$_3$-TPD 分析

选取 Mn-LaO$_x$（β）/Ti-PILC（β = 0、2 和 6）进行 NH$_3$-TPD 表征以研究其表面酸量。由图 4.12 可见，La 的添加对催化剂 Mn-LaO$_x$（β）/Ti-PILC 的表面酸性强度影响不大，NH$_3$ 脱附峰均出现在 160℃左右。然而三者的 NH$_3$ 脱附峰面积相差较大，顺序为 Mn-LaO$_x$（2）/Ti-PILC＞Mn-LaO$_x$（6）/Ti-PILC＞MnO$_x$/Ti-PILC，这与其脱硝活性顺序完全相同，说明表面酸量对催化剂 Mn-LaO$_x$（β）/Ti-PILC 脱硝活性有直接影响。

此外，不同温度区间内 Mn-LaO$_x$（β）/Ti-PILC 的脱附 NH$_3$ 面积不同。低温和高温区间内脱附的 NH$_3$ 量受催化剂表面不同类型的酸位点影响。低温下，NH$_3$ 一般从弱 B 酸位点脱附；高温下从强 L 酸位点脱附。图 4.12 中，在相对低温段（<250℃）内，Mn-LaO$_x$（6）/Ti-PILC 的脱附峰面积大于另外两种催化剂；而在 250℃后，Mn-LaO$_x$（2）/Ti-PILC 的脱附峰面积最大，MnO$_x$/Ti-PILC 在所有温度段内脱附峰面积均最小，表明 Mn-LaO$_x$（β）/Ti-PILC（β = 0、2 和 6）不同类型的酸位点浓度略有差别。

综上可以得出如下结论，La 对 Mn-LaO$_x$（β）/Ti-PILC 表面酸量有增强作用，但是不同添加量的 La 可能对表面酸量影响不同。在 La 添加量为 2%左右时，La 的添加可以优先提高 L 酸酸量；而添加量高至 6%时，La 更有利于提高弱 B 酸酸量，却不利于强 L 酸酸量增加。

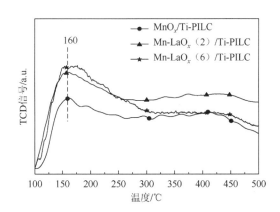

图 4.12　Mn-LaO$_x$（β）/Ti-PILC 的 NH$_3$-TPD 曲线（β = 0、2、6）

4.2.4　添加 Ce、La 对催化剂抗 H$_2$O 抗 SO$_2$ 性的影响

选取 Mn-CeO$_x$（2）/Ti-PILC 和 Mn-LaO$_x$（2）/Ti-PILC 两种催化剂，测试其在 200℃、3% H$_2$O 和 100ppm SO$_2$ 同时存在时的脱硝活性（图 4.13）。

MnO$_x$/Ti-PILC 的 NO 转化率在 H$_2$O 和 SO$_2$ 通入后迅速下降，2h 内降至 30% 左右，之后不再变化，催化剂发生严重失活。同样地，Mn-CeO$_x$（2）/Ti-PILC 在 H$_2$O 和 SO$_2$ 通入时脱硝活性也明显降低，但是失活速率明显降低，二者通入 2h 之后 NO 转化率仍有 70%左右，不过随着时间的延长，NO 转化率继续下降。对应地，Mn-LaO$_x$（2）/Ti-PILC 的 NO 转化率在 H$_2$O 和 SO$_2$ 通入 2h 内降低至 50%，最后稳定在 34%左右。可见，Ce 和 La 的加入在一定程度上延缓了催化剂的 H$_2$O 和 SO$_2$ 中毒速率，起到了增强催化剂抗 SO$_2$ 抗 H$_2$O 性的作用。

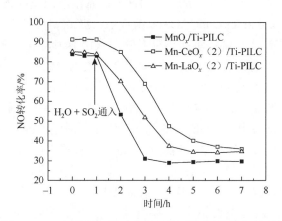

图 4.13　H$_2$O 和 SO$_2$ 同时存在条件下催化剂的脱硝活性

测试条件：气体总流量为 300mL/min；气体组成为 600ppm NO、650ppm NH$_3$、3.0% O$_2$、3.0% H$_2$O、100ppm SO$_2$、高纯 N$_2$ 作平衡气；催化剂质量为 0.5g

4.3　Mn-CeO$_x$/Ti-PILC 低温 SCR 脱硝

载体的结构和形貌等性质直接影响活性成分的分散及载体与活性成分之间的相互作用，最终影响催化剂的脱硝活性。PILC 的制备方法有多种，不同的制备方法对其结构性质以及表面酸量均有重要影响。

对于 Ti-PILC 而言，不同的制备方法主要体现在交联剂的制备上。传统的方法是采用 TiCl$_4$ 在盐酸中水解得到交联剂；另外一种是采用钛醇盐形成半溶胶得到交联剂。Vicente 等[213]指出这两种方法可以通过微粒团聚显著影响 Ti-PILC 的结构。近年来，很多新的合成方法也用于 Ti-PILC 的制备[214, 215]。Yoda 等[214]采用超临界 CO$_2$ 制备 Ti-PILC，有效地撑开了黏土层。模板法也有报道[215]，天津大学的那平等[216]通过水热法以蒙脱石为原料得到晶型发育良好、表面羟基较多的 Ti-PILC，这是一种稳定性更高的大比表面积（203.3m^2/g）吸附材料。Binitha 和 Sugunan[189]报道了一种通过 TiOSO$_4$ 沉淀反胶溶制备 Ti-PILC 的新方法，柱撑效果较理想，获得的 Ti-PILC 酸量较强，Ti 的插入量可达 8.9%。以上文献多停留在单纯研究制备方法对 Ti-PILC 结构性质的影响上，对 MnO_x 基催化剂性质以及脱硝活性影响的相关研究并不多见。鉴于此，本书在进一步研究 $Mn-CeO_x$/Ti-PILC 低温脱硝的基础上，重点探讨 Ti-PILC 制备方法对负载型 $Mn-CeO_x$ 催化剂脱硝活性的影响。

4.3.1　催化剂的制备

第一步主要是制备三种交联剂，具体方法如下。

以 $TiOSO_4$ 作为 Ti 源（沉淀反胶溶法）：室温剧烈搅拌条件下，将 10% 的 $NH_3 \cdot H_2O$ 逐滴加入 0.2mol/L 的 $TiOSO_4$ 溶液中，直至 pH = 7.5，反应液离心后得到白色沉淀，用去离子水洗涤沉淀物至无 SO_4^{2-}（由 $Ba(NO_3)_2$ 溶液检测）；随后对沉淀进行反胶溶，具体步骤是将白色沉淀重新分散于 200mL 的热水中，缓慢加入 10% 的 HNO_3 溶液进行胶溶，溶至 pH = 1.6 时可得到交联剂。

以 $TiCl_4$ 作为 Ti 源（$TiCl_4$ 酸解法）：室温搅拌下，将一定量的 $TiCl_4$ 缓慢滴加到 5mol/L 的盐酸溶液中，10min 后用去离子水稀释成无色透明的柱撑剂溶液，使得 Ti 和 HCl 的浓度分别为 0.82mol/L 和 1.0mol/L，静置老化 3h，作为交联剂备用。

以 $Ti(OC_4H_9)_4$ 为 Ti 源（溶胶法）在 3.1 节中已有描述。

第二步是交联反应制备 Ti-PILC：在剧烈搅拌下，将定量的交联剂缓慢加入已预搅拌 24h 的 1% 黏土悬浮液中，并在室温剧烈搅拌条件下进行交联反应，反应后的反应液经离心、洗涤（4～5 次）和干燥（85℃）后，煅烧制得 Ti-PILC[Ti-PILC（S）、Ti-PILC（Cl）以及 Ti-PILC（O），分别对应以上三种 Ti 源（方法）]。

第三步是负载活性成分：采用等体积浸渍法，将黏土以及三种 Ti-PILC 浸入适量的 $Mn(NO_3)_2$ 和 $Ce(NO_3)_4$ 混合溶液一定时间，浸渍产物经 80℃ 水浴 12h 焙干后，在静态气氛下于陶瓷纤维马弗炉内 500℃ 煅烧 5h，得最终脱硝所需要催化剂。相应三种载体负载的催化剂依次记录为 $Mn-CeO_x$/Ti-PILC（S）、$Mn-CeO_x$/Ti-PILC（Cl）以及 $Mn-CeO_x$/Ti-PILC（O）。

4.3.2　$Mn-CeO_x$/Ti-PILC 的低温 SCR 脱硝活性

1. 脱硝活性测试结果

Ti-PILC（S）、$Mn-CeO_x$/clay 以及三种 $Mn-CeO_x$/Ti-PILC 的低温 SCR 脱硝活性如图 4.14 所示。图中 Ti-PILC（S）NO 最高转化率仅仅 15% 左右，本身脱硝活性较低。负载 $Mn-CeO_x$ 后脱硝活性迅速提高，$Mn-CeO_x$/Ti-PILC（S）表现出较高的脱硝活性，180℃ 下 NO 转化率超过 80%。形成对比鲜明地，$Mn-CeO_x$/clay 脱硝活性明显较低，其 NO 最高转化率仅仅 47%。据此可认为，尽管 $Mn-CeO_x$ 作为活性成分起到决定性作用，但是 Ti 交联柱撑处理对于 $Mn-CeO_x$/Ti-PILC 有效脱硝有重要影响。

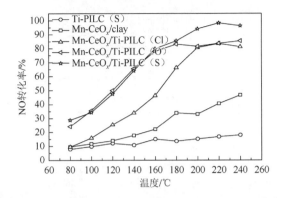

图 4.14　Ti-PILC（S）、Mn-CeO$_x$/clay 以及 Mn-CeO$_x$/Ti-PILC 的低温 SCR 脱硝活性

测试条件：600ppm NO、600ppm NH$_3$、3.0% O$_2$、高纯 N$_2$ 作平衡气；
总气体流量为 300mL/min；催化剂质量为 0.5g

另外也可以看出，Mn-CeO$_x$/Ti-PILC 催化剂脱硝活性存在明显差别。对于三种催化剂，NO 转化率均随着温度的上升而呈增加的趋势，Mn-CeO$_x$/Ti-PILC（S）、Mn-CeO$_x$/Ti-PILC（O）和 Mn-CeO$_x$/Ti-PILC（Cl）的 NO 最高转化率依次为98%、85%、83%。实验研究温度范围内，Mn-CeO$_x$/Ti-PILC（S）脱硝活性明显高于 Mn-CeO$_x$/Ti-PILC（O）和 Mn-CeO$_x$/Ti-PILC（Cl），200℃时，其 NO 转化率即超过 90%，220℃时几乎可以完全脱除 NO，实现 100% NO 转化率。对比之下，Mn-CeO$_x$/Ti-PILC（Cl）脱硝活性最低。三种 Mn-CeO$_x$/Ti-PILC 催化剂脱硝活性差别与温度有一定关系，Mn-CeO$_x$/Ti-PILC（O）和 Mn-CeO$_x$/Ti-PILC（Cl）在低温范围（80~180℃）脱硝活性差异显著，相同温度下 NO 转化率甚至相差 30%以上，在较高温度段（180~240℃）脱硝活性接近，NO 转化率均稳定在 82%左右。然而，Mn-CeO$_x$/Ti-PILC（S）和 Mn-CeO$_x$/Ti-PILC（O）的脱硝活性差别则是在相对高温段（180~240℃）明显，而在低温段可忽略。

2. Mn-CeO$_x$/Ti-PILC（S）低温 SCR 脱硝活性

为进一步考察以 TiOSO$_4$ 制得的 Mn-CeO$_x$/Ti-PILC（S）的脱硝活性，制备不同 Ti/clay 的系列催化剂，并测试其脱硝活性（图 4.15）。不同 Ti/clay 的催化剂的 NO 转化率均高于 Mn-CeO$_x$/clay。其中，Ti/clay≥10mmol/g 时，NO 最高转化率均高于 85%，说明在较小的 Ti/clay 下 Ti 柱撑即可明显提高 Mn-CeO$_x$/Ti-PILC（S）的脱硝活性。此外，Ti/clay 对催化剂脱硝活性影响较大。随着 Ti/clay 从 5mmol/g 增加到 15mmol/g，催化剂脱硝活性逐渐提高，但进一步增加到 20mmol/g 时，催化剂脱硝活性反而下降。综上可见，Mn-CeO$_x$/Ti-PILC（S）的最佳 Ti/clay 是 15mmol/g。

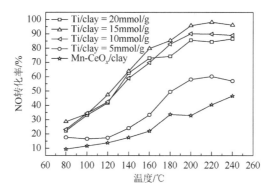

图 4.15　Mn-CeO$_x$/Ti-PILC（S）的低温 SCR 脱硝活性

测试条件：600ppm NO、600ppm NH$_3$、3% O$_2$、高纯 N$_2$ 作平衡气；总气体流量为 300mL/min；催化剂质量为 0.5g

4.3.3　Mn-CeO$_x$/Ti-PILC 表征分析

1. N$_2$ 吸附/脱附分析

Mn-CeO$_x$/Ti-PILC 催化剂的比表面积、孔性质信息列于表 4.6 中。与 Mn-CeO$_x$/clay 相比，Mn-CeO$_x$/Ti-PILC 催化剂具备较大的比表面积（81.45～133.7m^2/g）、孔容（0.1163～0.1420cm^3/g）以及较小的孔径（3.958～5.710nm）；而 Mn-CeO$_x$/clay 的比表面积仅仅 45.35m^2/g，孔容也只有 0.08062cm^3/g，孔径则高达 7.111nm。以上结果可见，Ti 柱撑处理有助于得到高比表面积和孔容以及小孔径的负载型 Mn-CeO$_x$。在三种 Mn-CeO$_x$/Ti-PILC 中，Mn-CeO$_x$/Ti-PILC（O）的比表面积最大，达到 133.7m^2/g；Mn-CeO$_x$/Ti-PILC（S）则呈现出最大的孔容 0.1420cm^3/g，对比之下，Mn-CeO$_x$/Ti-PILC（Cl）的比表面积和孔容均最小，分别为 81.45m^2/g 和 0.1163cm^3/g。

表 4.6　催化剂的物理性质

样品	比表面积 S_{BET}/(m^2/g)	孔容 V_t/(cm^3/g)	平均孔径 d/nm
Mn-CeO$_x$/clay	45.35	0.08062	7.111
Mn-CeO$_x$/Ti-PILC（Cl）	81.45	0.1163	5.710
Mn-CeO$_x$/Ti-PILC（O）	133.7	0.1320	3.958
Mn-CeO$_x$/Ti-PILC（S）	117.0	0.1420	4.877

图 4.16 给出了三种 Mn-CeO$_x$/Ti-PILC 催化剂的 N$_2$ 吸附/脱附等温曲线和孔径分布图。依据国际纯粹与应用化学联合会（International Union of Pure and Applied Chemistry，IUPAC）分类方法，三种催化剂的吸附曲线和滞后环分别为Ⅳ型和 H3

型，三种催化剂中脱附曲线在 P/P_0 为 0.4～0.5 处均呈现一个明显的拐点，在用 N$_2$（N$_2$ 在 P/P_0 = 0.42 时沸腾）作为吸附剂时，许多不同种类的层状矿物也存在类似现象，此外，Mn-CeO$_x$/Ti-PILC 的孔径分布图呈现狭窄的单峰型，证实孔径以集中在 2.7～5.0nm 的介孔为主 [图 4.16（b）]。

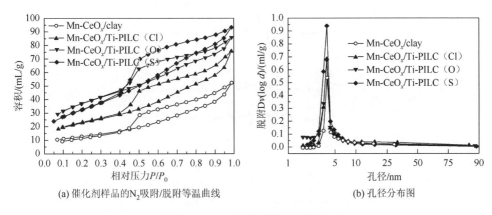

(a) 催化剂样品的 N$_2$ 吸附/脱附等温曲线　　(b) 孔径分布图

图 4.16　N$_2$ 吸附/脱附表征结果

2. XRD 表征

由于试样为无序性粉末，XRD 图谱中宽泛的（001）晶面衍射峰常作为黏土类的一个判断标志。在图 4.17 的 XRD 图谱中，初始黏土在 9.2°处可见一个明显的衍射峰，此峰归属为（001）晶面衍射。在三种 Mn-CeO$_x$/Ti-PILC 的 XRD 结果中，25°～27°宽泛的衍射峰对应插入层间的 TiO$_2$ 柱，始于 Ti 交联作用中聚合羟基阳离子进入黏土层间发生离子交换取代可交换的阳离子。Mn-CeO$_x$/clay 中仍可见黏土的（001）衍射峰，此峰也存在于 Mn-CeO$_x$/Ti-PILC（Cl）中，在 Mn-CeO$_x$/Ti-PILC（O）中则完全不可见，对于 Mn-CeO$_x$/Ti-PILC（S）而言，可以发现一个相对弱化、峰形欠佳的（001）衍射峰。文献分析认为（001）衍射峰的消失是由于 Ti 交联的有效进行，也可能源于黏土层发生"错层"现象，在这种"错层"现象过程中，本来规整"面对面"形式排列的平行的黏土层不再存在，取而代之的是不再平行有序的硅酸铝盐层[189, 217]。由此推测，Mn-CeO$_x$/Ti-PILC（O）的（001）衍射峰的消失是由于 Ti 高效地进行了交联作用，大小不一的聚合羟基阳离子导致的非均一的交联过程造成 Mn-CeO$_x$/Ti-PILC（S）呈现其特有的（001）衍射峰形；不理想的交联效果使（001）衍射峰仍旧存在于 Mn-CeO$_x$/Ti-PILC（Cl）的 XRD 曲线中。需要指出的是，25.3°对应于锐钛矿型 TiO$_2$（101）晶面衍射峰，Mn-CeO$_x$/Ti-PILC（S）的此峰强度高于 Mn-CeO$_x$/Ti-PILC（O）和 Mn-CeO$_x$/Ti-PILC（Cl），这个现象证实了 Mn-CeO$_x$/Ti-PILC（S）中黏土层外存在 TiO$_2$ 晶体[218, 219]。

Maes 等[195]指出这些黏土层外的介孔性 TiO_2 会导致 Ti-PILC 孔径提高，这与表 4.6 中 Mn-CeO$_x$/Ti-PILC（S）的平均孔径与柱撑效果也较理想的 Mn-CeO$_x$/Ti-PILC（O）对比略大一致。

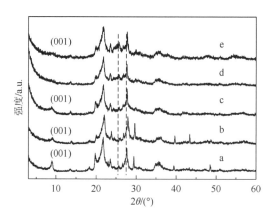

图 4.17　实验样品的 XRD 图谱

a-clay；b-Mn-CeO$_x$/clay；c-Mn-CeO$_x$/Ti-PILC（Cl）；d-Mn-CeO$_x$/Ti-PILC（O）；e-Mn-CeO$_x$/Ti-PILC（S）

类似于很多 Mn-CeO$_x$ 催化剂，Mn-CeO$_x$/Ti-PILC 的 XRD 图谱中同样无 MnO$_x$ 和 CeO$_x$ 的衍射峰出现，这说明催化剂表面 MnO$_x$ 和 CeO$_x$ 以高分散甚至无定形形式存在，也有可能是结晶度很低的原因。

3. 热分析

图 4.18 为 Mn-CeO$_x$/clay 以及三种 Mn-CeO$_x$/Ti-PILC 的热分析（TG 和 DSC）结果。在 TG 和 DSC 分析之前，实验样品制备过程中均已在 500℃下煅烧处理 5h。

在 TG 曲线中失重过程主要分三步，依次处在 25～150℃、200～550℃和 600～725℃。第一个失重过程是由于物理变化失去吸附或者结晶水所致；后面两个失重过程很难归属到具体失重过程，分析认为二者主要与结构羟基脱羟基化有关，这些结构羟基包括黏土结构或者 Ti-PILC 残余的羟基。相比而言，Mn-CeO$_x$/clay 的失重过程较其余三种 Mn-CeO$_x$/Ti-PILC 要明显，尤其是在第三个失重过程（600～725℃）中。三种催化剂中，与 Mn-CeO$_x$/Ti-PILC（S）和 Mn-CeO$_x$/Ti-PILC（O）相比，Mn-CeO$_x$/Ti-PILC（Cl）的失重过程最为显著。

在 Mn-CeO$_x$/clay 的 DSC 热分析结果中，350℃、538℃和 699℃处可见三个吸热峰，它们与结构羟基脱羟基化作用甚至材料发生结构坍塌有关[200]。910℃处呈现的吸热峰归因于高温条件下 Mn-CeO$_x$/clay 形成方英石类。与 Mn-CeO$_x$/clay 对比，Mn-CeO$_x$/Ti-PILC 的吸热特征更明显，这与 Ti 交联作用引入更多的结构羟基有关。

Mn-CeO$_x$/Ti-PILC（Cl）657℃处的吸热峰强度明显高于 Mn-CeO$_x$/Ti-PILC（S）和 Mn-CeO$_x$/Ti-PILC（O），这可能与其结构坍塌有关，也进一步证实 Mn-CeO$_x$/Ti-PILC（Cl）的交联情况不理想，柱撑操作对催化剂热稳定性的贡献较低。同时其相对较高的失重率也确认了这一点。有必要指出，图中 Mn-CeO$_x$/Ti-PILC（S）的放热峰特征最为明显，这可能与黏土层面的 TiO$_2$ 有关。

综合分析 Mn-CeO$_x$/Ti-PILC 的失重结果［图 4.18（a）］与其吸热峰的情况［图 4.18（b）］，可以看出 TiO$_2$ 柱在增强 Mn-CeO$_x$/Ti-PILC 热稳定性方面起到关键作用，因此 Mn-CeO$_x$/Ti-PILC 的热稳定性明显强于 Mn-CeO$_x$/clay。最终催化剂的热稳定性顺序为 Mn-CeO$_x$/Ti-PILC（S）＞Mn-CeO$_x$/Ti-PILC（O）＞Mn-CeO$_x$/Ti-PILC（Cl）＞Mn-CeO$_x$/clay。

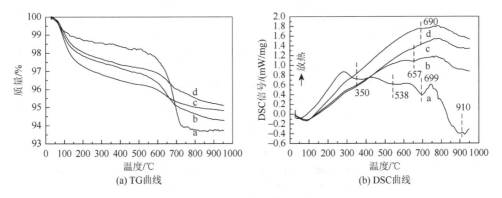

(a) TG曲线　　　　　　　　(b) DSC曲线

图 4.18　实验样品的热分析结果

a-Mn-CeO$_x$/clay；b-Mn-CeO$_x$/Ti-PILC（Cl）；c-Mn-CeO$_x$/Ti-PILC（O）；d-Mn-CeO$_x$/Ti-PILC（S）

4. NH$_3$-TPD 分析

图 4.19 给出了 Mn-CeO$_x$/Ti-PILC 以及 Mn-CeO$_x$/clay 的 NH$_3$-TPD 分析结果。在 100～500℃内，所有样品的 NH$_3$-TPD 曲线均呈现一个宽泛的脱附峰，这表明四种样品表面应该存在热稳定性不同的多种 NH$_3$ 类物态。Mn-CeO$_x$/Ti-PILC（S）、Mn-CeO$_x$/Ti-PILC（O）和 Mn-CeO$_x$/Ti-PILC（Cl）的 NH$_3$ 脱附峰依次位于 142℃、146℃和 148℃，均明显低于 Mn-CeO$_x$/clay；Mn-CeO$_x$/clay 的 NH$_3$ 脱附峰对应温度明显较高（168℃），可以说含 Ti 类催化剂的酸性明显强于未处理的黏土负载型 Mn-CeO$_x$ 催化剂。从图 4.19 中还可以看出，Mn-CeO$_x$/Ti-PILC 的表面酸量明显高于 Mn-CeO$_x$/clay。对于 PILC 类物质，酸性强度和类型（L 酸和 B 酸）与制备方法等很多因素有关[182, 189]。本书涉及三种 Mn-CeO$_x$/Ti-PILC 催化剂的酸量顺序如下：Mn-CeO$_x$/Ti-PILC（S）＞Mn-CeO$_x$/Ti-PILC（O）＞Mn-CeO$_x$/Ti-PILC（Cl）。

一般来讲，在用 NH$_3$-TPD 分析催化剂酸量时，可将 NH$_3$ 脱附温度分为三个阶段：低温段（＜200℃）、中温段（200～400℃）和高温段（＞400℃）。三个阶段分别对应催化剂的弱 B 酸位、中等酸位和强 L 酸位。从图 4.19 中可见，在不同温度段，Mn-CeO$_x$/Ti-PILC 的 NH$_3$ 脱附峰面积也不一致，这在一定程度上反映出三种催化剂的酸量差异源于 L 酸和 B 酸的不同贡献。弱 B 酸来自于黏土层的结构羟基，以及阳离子聚合物在煅烧过程中分解生成氧化物释放质子；L 酸则分布在氧化物柱上，同时 PILC 酸性强度、类型也受改性金属氧化物影响[189, 193]，因此上述情况是交联、煅烧形成氧化物柱以及 Mn-CeO$_x$ 负载的综合结果。

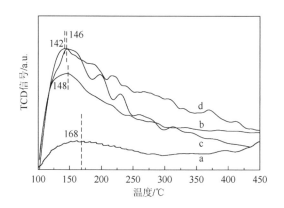

图 4.19　NH$_3$-TPD 分析结果

a-Mn-CeO$_x$/clay；b-Mn-CeO$_x$/Ti-PILC（Cl）；c-Mn-CeO$_x$/Ti-PILC（O）；d-Mn-CeO$_x$/Ti-PILC（S）

5. H$_2$-TPR 分析

TPR 手段是一种分析催化剂氧化还原性质的灵敏性方法，并已经成功应用于许多催化剂的研究中，实验中各种催化剂样品的 H$_2$-TPR 结果见图 4.20。

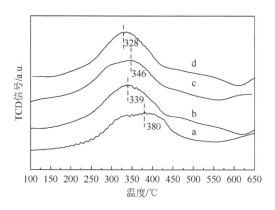

图 4.20　H$_2$-TPR 分析结果

a-Mn-CeO$_x$/clay；b-Mn-CeO$_x$/Ti-PILC（Cl）；c-Mn-CeO$_x$/Ti-PILC（O）；d-Mn-CeO$_x$/Ti-PILC（S）

　　四种样品的 H$_2$-TPR 曲线中均出现一个宽阔的还原峰，还原过程为 150～600℃，这与非负载型 Mn-CeO$_x$ 催化剂类似。此峰源于 Mn-CeO$_x$ 的还原，但是难以准确归属至具体的还原过程，因为 CeO$_x$ 的还原（Ce^{4+}→Ce^{3+}）通常伴随 MnO$_x$ 的还原[116]。Mn-CeO$_x$/clay 的还原峰温度位于 300～450℃，峰顶温度对应 380℃。对比而言，Mn-CeO$_x$/Ti-PILC 的还原峰明显锐化，并且向低温方向偏移，尤其对于 Mn-CeO$_x$/Ti-PILC（S）而言，其相对尖锐的还原峰温度出现在 328℃。不同的还原峰形状以及较低的峰温度意味着引入的 TiO$_2$ 柱有效促进了 Mn-CeO$_x$ 的还原。Ettireddy 等[54]也曾报道 MnO$_x$ 和载体 TiO$_2$ 之间较强的相互作用使 MnO$_x$ 可以在较低的温度下被还原。

6. FTIR 分析

　　由 FTIR 分析结果（图 4.21）可以看出，在—OH 振动区域，Mn-CeO$_x$/clay 在 3630cm^{-1} 和 3440cm^{-1} 存在两个振动峰，这两个峰分别对应于黏土的结构羟基基团和黏土层间的 H$_2$O 分子的弯曲振动，1600cm^{-1} 处为 H$_2$O 分子的弯曲振动峰，1060cm^{-1} 归属于四面体 Si—O 的协同伸缩振动峰，Al—O 四面体的弱振动峰出现在 800cm^{-1} 处。471～526cm^{-1} 为 Si—O 的弯曲振动峰。对于 Mn-CeO$_x$/Ti-PILC 而言，3630cm^{-1} 处峰强度较 Mn-CeO$_x$/clay 减弱甚至消失，这可能与制备载体 Ti-PILC 过程中 Ti 交联作用有关。因为交联过程中 Ti 聚合羟基阳离子与黏土的结构羟基发生离子交换反应，并最终取代黏土层间的可交换离子。

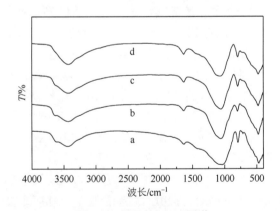

图 4.21　样品的 FTIR 图谱

a-Mn-CeO$_x$/clay；b-Mn-CeO$_x$/Ti-PILC（Cl）；c-Mn-CeO$_x$/Ti-PILC（O）；d-Mn-CeO$_x$/Ti-PILC（S）

7. TEM 分析结果

　　通过 TEM 图观察了脱硝活性最高的 Mn-CeO$_x$/Ti-PILC（S），为便于对比，同时给出了柱撑效果最差、脱硝活性最低的 Mn-CeO$_x$/Ti-PILC（Cl）。从黏土的

TEM 图中可见其规整的层状结构和片状形态；对于两种催化剂而言，层状结构不再完全规整，其中，Mn-CeO$_x$/Ti-PILC（Cl）层状结构更为模糊，Mn-CeO$_x$/Ti-PILC（S）片状结构依旧部分清晰，最终形成海绵状多孔材料。

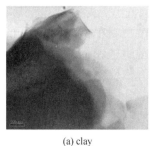 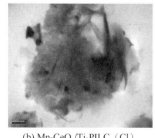 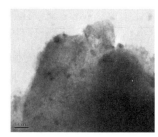

(a) clay　　　　　　　(b) Mn-CeO$_x$/Ti-PILC（Cl）　　　　　　(c) Mn-CeO$_x$/Ti-PILC（S）

图 4.22　TEM 图

4.3.4　脱硝活性分析与讨论

综合上述表征结果，可认为 TiO$_2$ 柱的有效插入提高了 Mn-CeO$_x$/Ti-PILC 的比表面积和孔容，增强了表面酸量以及热稳定性，并改善了氧化还原性质。三种 Mn-CeO$_x$/Ti-PILC 中，Mn-CeO$_x$/Ti-PILC（Cl）中 Ti 交联作用较差，因此其比表面积和孔容最小，表面酸量最低，这可能是其脱硝活性最低的原因。对于脱硝活性最高的 Mn-CeO$_x$/Ti-PILC（S）而言，其表面酸量最高，这利于 SCR 脱硝反应。其独特的孔结构特性（其孔容最大、孔径适中）也可能是有利因素，Xia 等[220]指出催化剂材料的孔结构对脱硝活性影响显著，在催化氧化有机物时，催化剂的脱硝活性与孔径直接相关，这是由于孔径直接影响反应物或者产物的扩散速度。此外，黏土层表面的锐钛矿型 TiO$_2$ 很可能也是其高脱硝活性的原因之一，这是因为锐钛矿型 TiO$_2$ 是 MnO$_x$ 类（包括 Mn-CeO$_x$）的理想载体[54, 64]。结合脱硝活性结果，可以看出比表面积的顺序为 Mn-CeO$_x$/Ti-PILC（O）＞Mn-CeO$_x$/Ti-PILC（S）＞Mn-CeO$_x$/Ti-PILC（Cl），与脱硝活性顺序并不完全一致，这意味着大比表面积是 Mn-CeO$_x$/Ti-PILC 脱硝活性的有利而非决定性条件。相比之下，表面酸量的顺序如下：Mn-CeO$_x$/Ti-PILC（S）＞Mn-CeO$_x$/Ti-PILC（O）＞Mn-CeO$_x$/Ti-PILC（Cl），这与脱硝活性顺序完全一致，因此可以说表面酸量在 Mn-CeO$_x$/Ti-PILC 低温 SCR 脱硝过程中起关键作用。

在 SCR 脱硝反应机理中，NH$_3$ 的吸附以及活化是重要的一步。吸附于不同酸位的 NH$_3$ 类物质的作用与温度有关[136]。对于 Mn-CeO$_x$/Ti-PILC 低温 SCR 脱除 NO 的过程，B 酸位点吸附的 NH$_3$ 类物质在较高温度段（180～240℃）内更为有利，而 L 酸位点吸附的 NH$_3$ 类利于 80～180℃ 的 SCR 脱硝反应。三种 Mn-CeO$_x$/Ti-PILC 催化剂的不同类型酸位点分布并不一致，Mn-CeO$_x$/Ti-PILC（S）表面 L 酸和 B 酸均较多，所以在整个实验温度范围内其脱硝活性均较高；Mn-CeO$_x$/Ti-PILC（O）表面的 B 酸位点可能较 Mn-CeO$_x$/Ti-PILC（S）低，因此 180～240℃ 内其脱硝活性较低，在 80～180℃ 温度段内，其脱硝活性则接近于 Mn-CeO$_x$/Ti-PILC（S）催化剂；Mn-CeO$_x$/Ti-PILC（Cl）表面的 L 酸位点较 Mn-CeO$_x$/Ti-PILC（O）数量更少，因此其低温段脱硝活性进一步降低，而其 B 酸位点数量虽低于 Mn-CeO$_x$/Ti-PILC（S），但是与 Mn-CeO$_x$/Ti-PILC（O）相差不明显，因此其高温段脱硝活性与 Mn-CeO$_x$/Ti-PILC（O）持平，却依然明显低于样品 Mn-CeO$_x$/Ti-PILC（S）。

制备 Ti-PILC 过程中，Ti 聚合羟基阳离子与黏土层间可交换阳离子 Na$^+$、K$^+$ 等，因此 Ti-PILC 中的 Na、K、Ca 和 Mg 等含量通常会降低，这些碱金属以及碱土金属可严重毒化催化剂[221]；通过模拟中毒实验证实了 K 和 Na 等对 Mn-CeO$_x$/Ti-PILC 的毒化效应[222]。从这个方面也可以解释 Ti 高效柱撑对催化剂脱硝活性的促进作用。Mn-CeO$_x$/Ti-PILC（Cl）中 Ti 柱撑效果相对较差，被置换出的 K 和 Na 等含量最低，催化剂中残存量较高，这样使其最终脱硝活性偏低；Mn-CeO$_x$/Ti-PILC（S）和 Mn-CeO$_x$/Ti-PILC（O）交联情况相对较好，同时 Mn-CeO$_x$/Ti-PILC（S）中黏土层面的 TiO$_2$ 在一定程度上可以缓解 K 和 Na 等的消极影响，这也可以部分解释其脱硝活性最高的结果[222, 223]。

4.3.5　H$_2$O 和 SO$_2$ 对 Mn-CeO$_x$/Ti-PILC 的影响

在 200℃ 反应温度下，研究了 H$_2$O（3%）和 SO$_2$（100ppm 或 200ppm）对 Mn-CeO$_x$/Ti-PILC（S）的影响（图 4.23）。由脱硝活性测试结果可以看出，单独 H$_2$O 存在时 Mn-CeO$_x$/Ti-PILC（S）的 NO 转化率变化不大，催化剂脱硝活性总体稳定且抗 H$_2$O 性较好。就 H$_2$O 和 SO$_2$ 共同作用而言，H$_2$O 和 100ppm SO$_2$ 共同存在条件下，催化剂脱硝活性在实验测试时间内较稳定，NO 转化率未发生明显下降。对比而言，在 H$_2$O 和 200ppm SO$_2$ 共同存在条件下，Mn-CeO$_x$/Ti-PILC（S）脱硝活性急剧下降，通入 3h 内 NO 转化率降至 30% 以下，之后稳定不再下降。断开通入气体 H$_2$O 和 SO$_2$ 后，催化剂脱硝活性并未见回升；即使采用加热再生处理后，脱硝活性仍旧恢复有限，未达到初始水平，可见催化剂脱硝活性发生不可逆失活。综合以上分析，在低浓度 SO$_2$ 条件下，Mn-CeO$_x$/Ti-PILC（S）具有一定的抗 H$_2$O 抗 SO$_2$ 性。但是 SO$_2$ 高至一定浓度时，催化剂仍极易中毒失活。断开 H$_2$O 和 SO$_2$ 时催化剂脱硝活性无任何变化，催化剂失活为不可逆失活。失活催化剂经过 350℃ 热处理后，脱硝活性仅提高 12 个百分点左右。

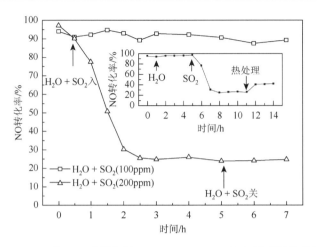

图 4.23　H₂O 和 SO₂ 对催化剂 Mn-CeOₓ/Ti-PILC（S）脱硝活性的影响

测试条件：600ppm NO、600ppm NH₃、3.0% O₂、3% H₂O（使用时）、100ppm 或 200ppm SO₂（使用时）、高纯 N₂ 作平衡气；总气体流量为 300mL/min；催化剂质量为 0.5g

4.4　低温 SCR 脱硝动力学

本节通过构建 SCR 微反应系统，并以 TiOSO₄ 沉淀反胶溶法最终得到的 Mn-CeOₓ/Ti-PILC 为例，分析研究 MnOₓ 基催化剂的 SCR 脱硝反应动力学。在 SCR 反应器中装填少量的 Mn-CeOₓ/Ti-PILC 样品，保证反应气体总量相对于催化剂体积绝对过量，使实验条件下催化剂对 NO 的转化率低于 25%，此时的实验系统可看作 SCR 微反应系统。实验中反应温度为 100℃，催化剂质量为 0.1g，烟气流量为 300mL/min。在此条件下得到动力学数据，见图 4.24。

SCR 脱硝反应为 $4NH_3 + 4NO + O_2 \longrightarrow 4N_2 + 6H_2O$，有两种广泛接受的机理（E-R 机理和 L-H 机理）。本节分别以这两种机理为基础，建立动力学模型，并结合实验数据分析，探究催化剂 Mn-CeOₓ/Ti-PILC 低温脱硝更符合哪一种机理。

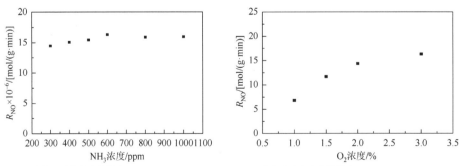

(a) NH₃浓度对反应速率的影响（O₂ 3.0%、NO 600ppm）　(b) O₂浓度对反应速率的影响（NO 600ppm、NH₃ 600ppm）

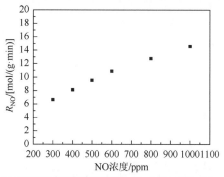

(c) NO浓度对反应速率的影响（O$_2$ 3.0%、NH$_3$ 600ppm）

图 4.24　不同 NH$_3$、O$_2$、NO 浓度下的反应速率

4.4.1　E-R 机理动力学

E-R 机理认为气相 NO 与强吸附于催化剂表面的 NH$_3$ 发生反应。反应速率方程为

$$R_{NO} = kC_{NO}\theta_{NH_3} \tag{4.1}$$

式中，R_{NO} 为反应速率；C_{NO} 为 NO 的浓度；k 为反应平衡常数；θ_{NH_3} 为 NH$_3$ 的有效覆盖量。

根据 Langmuir 方程，NH$_3$ 的有效覆盖量 θ_{NH_3} 如下：

$$\theta_{NH_3} = \frac{KC_{NH_3}}{1 + KC_{NH_3}} \tag{4.2}$$

式中，K 为吸附平衡常数；C_{NH_3} 为 NH$_3$ 的浓度。

结合二者可以得到 E-R 机理对应动力学方程：

$$R_{NO} = \frac{kC_{NO}KC_{NH_3}}{1 + KC_{NH_3}} \tag{4.3}$$

方程经过变形可以得到

$$\ln(1-x) = -k\frac{W}{v} - \frac{M}{KC_{NO}(1-M)}\ln\frac{1-Mx}{1-x}(M \neq 1) \tag{4.4}$$

式中，x 为 NO 转化率；W 为催化剂质量；v 为气体总流量；M 为 C_{NO}/C_{NH_3}。

在 C_{NO} 固定的条件下，变换 C_{NH_3}，即调节 M，可以得到对应的 NO 转化率（x）。可以将式（4.4）看作线性方程，纵坐标为 $\ln(1-x)$，横坐标略复杂，为 $\frac{M}{C_{NO}(1-M)}\ln\frac{1-Mx}{1-x}$。通过拟合可求 K 和 k。拟合结果如图 4.25 所示。

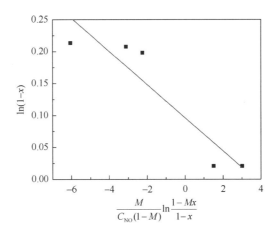

图 4.25　E-R 机理拟合结果

100℃下，线性相关系数为 0.8161，$K = 2.97 \times 10^5 \text{mL/mol}$，$k = 2.98 \text{mL/mol}$，可见 $K \gg k$，说明 SCR 脱硝反应主要取决于催化剂表面的反应。

4.4.2　L-H 机理动力学

L-H 机理主要认为 NO 与 NH_3 的吸附时刻平衡，两种吸附态物质在催化剂表面发生反应，最终生成 N_2 和 H_2O。因此，有

$$R_{NO} = k\theta_{NH_3}\theta_{NO} \tag{4.5}$$

$$\theta_{NH_3} = \frac{K_{NH_3}C_{NH_3}}{1 + K_{NO}C_{NO} + K_{NH_3}C_{NH_3}} \tag{4.6}$$

$$\theta_{NO} = \frac{K_{NO}C_{NO}}{1 + K_{NO}C_{NO} + K_{NH_3}C_{NH_3}} \tag{4.7}$$

结合可以得到对应动力学方程表达式：

$$R_{NO} = k\frac{K_{NH_3}C_{NH_3}K_{NO}C_{NO}}{(1 + K_{NO}C_{NO} + K_{NH_3}C_{NH_3})^2} \tag{4.8}$$

方程经过变形后可以得到

$$\sqrt{\frac{C_{NO}}{R_{NO}}} = \frac{1 + K_{NH_3}C_{NH_3}}{\sqrt{kK_{NO}K_{NH_3}C_{NH_3}}} + C_{NO}\left(\frac{K_{NO}}{\sqrt{kK_{NO}K_{NH_3}C_{NH_3}}}\right) \tag{4.9}$$

$$\sqrt{\frac{C_{NH_3}}{R_{NO}}} = \frac{1 + K_{NO}C_{NO}}{\sqrt{kK_{NO}K_{NH_3}C_{NO}}} + C_{NH_3}\left(\frac{K_{NH_3}}{\sqrt{kK_{NO}K_{NH_3}C_{NO}}}\right) \tag{4.10}$$

如果固定 C_{NH_3} 不变，$\sqrt{\dfrac{C_{NO}}{R_{NO}}}$ 与 C_{NO} 构成线性关系；同理，如果 C_{NO} 固定不变，

$\sqrt{\dfrac{C_{NH_3}}{R_{NO}}}$ 与 C_{NH_3} 构成线性关系。二者结合可以求得 K_{NH_3} 和 K_{NO} 以及 k。

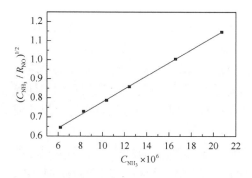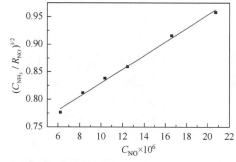

图 4.26　L-H 机理拟合结果

二者的线性相关系数均大于 0.98，相关性很好。

E-R 机理模型中，线性相关度较差；而 L-H 机理模型中，拟合相关系数明显较高，分析推测在实验条件下，催化剂 Mn-CeO$_x$/Ti-PILC 低温 SCR 脱硝可能更符合 L-H 机理，即 NO 和 NH$_3$ 的吸附态参与 SCR 脱硝反应。

4.4.3　幂函数动力学

为进一步验证上述结论，通过幂函数动力学方程继续进行动力学分析。根据幂函数动力学方程：

$$R_{NO} = kC_{NO}^a C_{NH_3}^b C_{O_2}^c \qquad (4.11)$$

两边同时取对数形式，有

$$\ln R_{NO} = \ln k + a\ln C_{NO} + b\ln C_{NH_3} + c\ln C_{O_2} \qquad (4.12)$$

对实验数据，采用 SPSS（Statistics Package for Social Science）软件进行多元线性拟合回归分析，得到 $a = 0.66$，$b = 0.07$，$c = 0.64$。可见 NO 和 NH$_3$ 的反应级数均小于 1，可以认为反应中 NO 和 NH$_3$ 均以吸附态参与了反应；这可以进一步证实前面关于实验条件下（100℃）的低温 SCR 脱硝反应更符合 L-H 机理的推测。

低温 SCR 脱硝反应复杂，很容易受实验条件影响，尤其是很难排除内外扩散的影响。同时受气体稳定性等因素制约，其相关研究很难。本节获得的相关数据较少，在后续研究中，可以进一步丰富数据并进行细致研究。同时扩大研究温度范围，根据阿伦尼乌斯公式获得相关动力学参数，包括活化能和指前因子等。

第 5 章　MnO$_x$/M-PILC 低温 SCR 脱硝

　　黏土层间可插入不同金属氧化物,得到比表面积较大、表面酸量较强的 PILC。依据不同种类柱化离子的特性,可以将相应的氧化物柱嵌入黏土层间,从而裁剪调控 PILC 的孔结构。据报道,Al-PILC 具有 1.16nm×1.16nm×1.25nm 的孔道,而 Ti-PILC 为 0.52nm×0.52nm×1.60nm 的孔道[183,184]。这样便可选用不同的柱撑剂,控制制备条件,得到理想 PILC,换句话来讲,可有效地根据特定催化反应或者需求产物实现选择性催化[180]。

　　理论上,可以形成大结构聚阳离子的金属离子都可作为柱撑剂,并引入黏土的片状层间,在热处理后得到相应的 PILC。文献中常见柱撑剂的金属元素有 Al、Zr、Ti 和 Fe 等,Co、Ni、V 和 Cr 等也有报道[224],这也为根据特定反应、合理选择 PILC 提供了可能性。柱撑剂不仅影响孔结构特性(孔道尺寸、孔径分布),还可影响其表面酸量。此外,引入的氧化物柱本身具备一定的反应性质以及活性,因此含不同氧化物柱的 PILC 用作载体时,可显著影响催化剂脱硝活性。有研究者对不同 PILC 负载型 Cr-Ce 催化剂进行了研究,发现催化氧化 VOC 活性差异较大,其中 Ti-PILC 和 Al-PILC 负载型催化剂脱硝活性最高[225]。在中温(250~400℃)SCR 脱硝中,Chmielarz[187]发现 Ti-PILC 负载型催化剂较 Al-PILC 脱硝活性更高。

　　复合氧化物常常比单一金属氧化物性质理想,文献报道 TiO$_2$-ZrO$_2$ 在低温 SCR 脱硝中作为 MnO$_x$ 载体,往往表现出更好的脱硝活性。Lin 等[226]指出以复合氧化物 Zr-TiO$_x$ 为载体的整体式 MnO$_x$ 基催化剂明显地提高了低温 SCR 脱硝活性。Ce-ZrO$_x$ 广泛用作汽车尾气净化三效催化剂载体,负载型催化剂脱硝活性良好。通过柠檬酸法制备的 Ce-ZrO$_x$ 用作 MnO$_x$ 载体,制备的负载型催化剂 MnO$_x$/Zr-CeO$_x$ 脱硝活性明显优于单一载体的 MnO$_x$/CeO$_2$ 和 MnO$_x$/ZrO$_2$,并且抗 H$_2$O 抗 SO$_2$ 性较好;在 180℃通入 100ppm SO$_2$ 和 3% H$_2$O 6h 内,催化剂脱硝活性未出现任何下降,NO 转化率始终接近 100%;即使在 200ppm SO$_2$ 条件下,MnO$_x$/Zr-CeO$_x$ 依然保持较好的脱硝活性[68]。PILC 制备过程中,也可引入混合柱撑元素,如 Al-Ce、Ti-Zr 和 Al-Ce-Fe 等,达到进一步优化孔结构特性、提高表面酸量以及稳定性的目的。综合分析前期文献,未见混合柱 PILC 用作 MnO$_x$ 载体的相关报道,也鲜有混合柱 PILC 用于低温 SCR 脱硝的相关报道。

　　鉴于以上因素,本章分别以不同氧化物 PILC(M-PILC,M = Ti、Zr、Al、Fe)作为 MnO$_x$ 以及 Mn-CeO$_x$ 载体,系统地研究柱撑元素 M 对 MnO$_x$ 基催化剂低温

SCR 脱硝活性的影响；同时研究两种混合柱 PILC 负载型 MnO$_x$ 基催化剂（MnO$_x$/Zr-Ce-PILC、Mn-CeO$_x$/Ti-Zr-PILC）的制备以及低温 SCR 脱硝活性。

5.1　M-PILC 负载型 MnO$_x$ 基催化剂低温脱硝

5.1.1　催化剂的制备

实验制备四种 M-PILC（Ti-PILC、Zr-PILC、Fe-PILC、Al-PILC）及其负载型 MnO$_x$ 和 Mn-CeO$_x$ 催化剂。

配制 ZrO(NO$_3$)$_2$·2H$_2$O 溶液（0.1mol/L），经过 85℃下老化处理 5h，得交联剂。将交联剂缓慢滴入 1%的分散好的黏土悬浮液中（溶剂为 1：1 质量比的丙酮：水），室温剧烈搅拌进行交联反应，反应物静置并离心分离出沉淀物，经过干燥热处理后得 Zr-PILC。

剧烈搅拌下，将 NaOH 溶液（0.2mol/L）逐滴缓慢加入 Fe(NO$_3$)$_3$·6H$_2$O 溶液（0.2mol/L）中，使 OH/Fe 为 2.0，混合液在室温条件下搅拌 12h 后得交联剂。经过交联反应及离心干燥等后续处理得到 Fe-PILC。

将 NaOH 溶液（0.2mol/L）逐滴缓慢加入 Al(NO$_3$)$_3$·6H$_2$O 溶液（0.2mol/L）中，使 OH/Al 为 2.0，二者在室温条件下反应 12h，静置老化用作交联剂，经交联反应并热处理后得到 Al-PILC。

Ti-PILC 的制备同 3.2 节。采用浸渍法得到催化剂 MnO$_x$/M-PILC 和 Mn-CeO$_x$/M-PILC，活性成分负载操作同 4.2 节。

5.1.2　M-PILC 负载型 MnO$_x$ 基催化剂的低温 SCR 脱硝活性

1. MnO$_x$/M-PILC 的低温 SCR 脱硝活性

MnO$_x$/M-PILC（M = Zr、Ti、Fe、Al）的脱硝活性如图 5.1 所示。分析可见，除 MnO$_x$/Fe-PILC 以外，其余三种负载型 MnO$_x$ 催化剂的 NO 转化率均随着温度的上升而增加，在 240℃时达到 NO 最高转化率，之后略微下降。负载型 MnO$_x$ 催化剂的 NO 最高转化率均超过 90%，催化剂均显示出较高的脱硝活性。总体脱硝活性顺序为 MnO$_x$/Ti-PILC 和 MnO$_x$/Zr-PILC＞MnO$_x$/Al-PILC＞MnO$_x$/Fe-PILC。其中，MnO$_x$/Ti-PILC 和 MnO$_x$/Zr-PILC 在 180℃下即显示出 70%左右的 NO 转化率，低温 SCR 脱硝活性更佳；而相同温度下 MnO$_x$/Al-PILC 的 NO 转化率却低于 60%，MnO$_x$/Fe-PILC 的 NO 转化率甚至低于 50%。综上可以看出，MnO$_x$/M-PILC（M = Zr、Ti、Fe、Al）低温 SCR 脱硝活性和载体中插入的元素 M 有很大关系。以 Ti-PILC 和 Zr-PILC 作为负载型 MnO$_x$ 载体得到的催化剂脱硝活性相对较高。

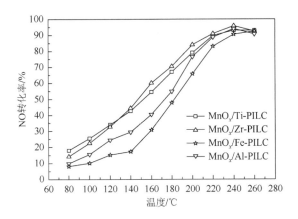

图 5.1　MnO$_x$/M-PILC 低温 SCR 脱硝活性

测试条件：600ppm NO、600ppm NH$_3$、3.0% O$_2$、高纯 N$_2$ 作平衡气；
总气体流量为 300mL/min；催化剂质量为 0.5g

2. Mn-CeO$_x$/M-PILC 的低温 SCR 脱硝活性

图 5.2 展示了 Mn-CeO$_x$/M-PILC（M = Zr、Ti、Fe、Al）的脱硝活性测试结果。四种催化剂样品的脱硝活性存在一定差别。类似于单组分负载型 MnO$_x$ 催化剂（图 5.1），实验中负载型 Mn-CeO$_x$ 催化剂的 NO 转化率也随着温度的上升先增加之后轻微下降。总体而言，与单组分的负载型 MnO$_x$ 催化剂相比，负载型 Mn-CeO$_x$ 催化剂的 NO 最高转化率对应的温度更低，在 200℃ 左右 NO 转化率即接近其最高值，这低于单组分负载型 MnO$_x$ 催化剂的最高脱硝活性的对应温度。

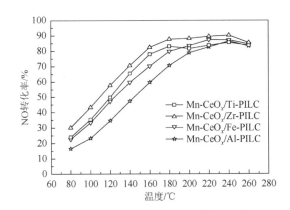

图 5.2　Mn-CeO$_x$/M-PILC 低温 SCR 脱硝活性

测试条件：600ppm NO、600ppm NH$_3$、3.0% O$_2$、高纯 N$_2$ 作平衡气；
总气体流量为 300mL/min；催化剂质量为 0.5g

图 5.2 中，四种氧化物柱 PILC 相关催化剂脱硝活性顺序如下：Mn-CeO$_x$/

Zr-PILC＞Mn-CeO$_x$/Ti-PILC＞Mn-CeO$_x$/Fe-PILC＞Mn-CeO$_x$/Al-PILC。其中,Mn-CeO$_x$/Zr-PILC 脱硝活性最高,NO 转化率在 160℃即超过 80%,Mn-CeO$_x$/Al-PILC 的脱硝活性最低,不过在 180℃时其 NO 转化率也维持在 60%左右。

5.1.3　M-PILC 负载型 MnO$_x$ 基催化剂表征分析

1. 比表面积以及孔结构分析

载体以及催化剂的比表面积和孔容等结果见表 5.1。由表可见,M-PILC 较最初黏土的比表面积和孔容均明显增大。M-PILC 的比表面积为 118.7~167.3m^2/g,孔容为 0.1158~0.1679m^3/g,对比之下,黏土的比表面积和孔容分别仅为 70.5m^2/g 和 0.1131m^3/g。其中 Ti-PILC 比表面积和孔容最大,分别达到 167.3m^2/g 和 0.1679m^3/g。Ti-PILC、Fe-PILC 和 Al-PILC 的孔容增加与介孔和微孔二者同时增加有关,尤其是 Ti-PILC 和 Fe-PILC,而 Zr-PILC 的孔容增加主要源于微孔,在四种 M-PILC 中,其微孔孔容最高。活性成分 MnO$_x$ 负载过程中会堵塞部分孔结构,造成催化剂较载体比表面积和孔容同时下降。

负载型 MnO$_x$ 催化剂比表面积为 80.22~130.5m^2/g,孔容为 0.09158~0.1298m^3/g,孔容的下降与 MnO$_x$ 同时占据微孔和介孔有关。催化剂比表面积顺序为 MnO$_x$/Ti-PILC＞MnO$_x$/Zr-PILC＞MnO$_x$/Fe-PILC＞MnO$_x$/Al-PILC,孔容顺序与此一致。结合脱硝活性测试结果可以看出,比表面积和孔容次序与脱硝活性并不完全一致,因此可以说对于 MnO$_x$/M-PILC（M = Zr、Ti、Fe、Al）,比表面积和孔容并非其低温 SCR 脱硝活性的决定性因素。

负载型 Mn-CeO$_x$ 催化剂的比表面积和孔容同样显著低于其相应载体,亦与 Mn-CeO$_x$ 在负载过程中堵塞孔结构有关。催化剂比表面积为 78.48~133.7m^2/g,孔容为 0.09012~0.13201m^3/g。类似于 MnO$_x$ 负载,Mn-CeO$_x$ 负载导致微孔和介孔的一致下降,造成催化剂比表面积和孔容减小。需要指出的是,Mn-CeO$_x$/Fe-PILC 和 Mn-CeO$_x$/Al-PILC 只有介孔孔容。最后,催化剂的比表面积按照 Mn-CeO$_x$/Ti-PILC＞Mn-CeO$_x$/Zr-PILC＞Mn-CeO$_x$/Al-PILC＞Mn-CeO$_x$/Fe-PILC 递减,同样与脱硝活性次序不完全一致。

综上可见,除了比表面积和孔容因素外,Mn-CeO$_x$/M-PILC（M = Zr、Ti、Fe、Al）的脱硝活性可能存在其他更重要的影响因素。

表 5.1　M-PILC 负载型 MnO$_x$ 以及 Mn-CeO$_x$ 催化剂的比表面积和孔结构

样品	比表面积 S_{BET}/(m^2/g)	孔容 V_t/(cm^3/g)	介孔孔容 V_{mes}/(cm^3/g)	微孔孔容 V_{mic}/(cm^3/g)
clay	70.5	0.1131	0.1131	—
Zr-PILC	139.7	0.1313	0.1102	0.02114
Ti-PILC	167.3	0.1679	0.1489	0.01900

样品	比表面积 S_{BET}/(m²/g)	孔容 V_t/(cm³/g)	介孔孔容 V_{mes}/(cm³/g)	微孔孔容 V_{mic}/(cm³/g)
Fe-PILC	132.3	0.1502	0.1380	0.01222
Al-PILC	118.7	0.1158	0.1132	0.002600
MnO$_x$/Zr-PILC	112.4	0.1152	0.1031	0.0121
MnO$_x$/Ti-PILC	130.5	0.1298	0.1140	0.0158
MnO$_x$/Fe-PILC	84.22	0.1037	0.1037	—
MnO$_x$/Al-PILC	80.22	0.09158	0.09062	0.0009600
Mn-CeO$_x$/Zr-PILC	94.13	0.09012	0.0761	0.01402
Mn-CeO$_x$/Ti-PILC	133.7	0.13201	0.1130	0.01901
Mn-CeO$_x$/Fe-PILC	78.48	0.09433	0.09433	—
Mn-CeO$_x$/Al-PILC	83.54	0.09828	0.09828	—

2. NH₃-TPD 分析

MnO$_x$/M-PILC（M = Zr、Ti、Fe、Al）呈现相似的 NH₃-TPD 曲线［图 5.3（a）］，在 160℃左右一致地出现 NH₃ 脱附峰，说明四种催化剂的酸性强度相差不大。另外，对于四种催化剂而言，NH₃ 脱附峰面积代表的表面酸量差异明显，其中，MnO$_x$/Ti-PILC 表面酸量最大，MnO$_x$/Zr-PILC 和 MnO$_x$/Al-PILC 接近，明显低于 MnO$_x$/Ti-PILC，MnO$_x$/Fe-PILC 表面酸量最低。PILC 材料丰富的酸位点与插入的氧化物柱种类有关，氧化物柱提供了大量的 L 酸位点；同时引入柱撑元素的过程中，催化剂表面羟基增多，黏土层结构暴露，这些都是 PILC 酸量较大的原因[189]。结合脱硝活性测试结果，表面酸量最大的 MnO$_x$/Ti-PILC 脱硝活性较高，表面酸量最小的 MnO$_x$/Fe-PILC 脱硝活性最低，可以看出表面酸量在 PILC 负载型 MnO$_x$ 催化剂低温 SCR 脱硝中作用明显。

图 5.3（b）中，负载型 Mn-CeO$_x$ 催化剂的 NH₃-TPD 曲线较图 5.3（a）略微复杂，四种负载型 Mn-CeO$_x$ 催化剂的 NH₃ 脱附峰温度并不一致，Mn-CeO$_x$/Zr-PILC 的 NH₃ 脱附峰温度最高，大概出现在 170℃以后，Mn-CeO$_x$/Al-PILC 和 Mn-CeO$_x$/Fe-PILC 的 NH₃ 脱附峰温度最低，位于 135℃左右，而 Mn-CeO$_x$/Fe-PILC 的 NH₃ 脱附峰温度适中，大概是 162℃。较低的 NH₃ 脱附峰温度代表相对较弱的酸性强度，因此，负载型 Mn-CeO$_x$ 催化剂酸性强度的次序为 Mn-CeO$_x$/Al-PILC≈ Mn-CeO$_x$/Ti-PILC<Mn-CeO$_x$/Fe-PILC<Mn-CeO$_x$/Zr-PILC。此外，从 NH₃-TPD 曲线脱附峰面积可以看出表面酸量顺序如下：Mn-CeO$_x$/Zr-PILC>Mn-CeO$_x$/Ti-PILC> Mn-CeO$_x$/Fe-PILC>Mn-CeO$_x$/Al-PILC，这与其脱硝活性次序一致。结合表面酸性强度及脱硝活性测试结果，可以说表面酸量及酸性强度对于不同 PILC 负载型 Mn-CeO$_x$ 催化剂低温 SCR 脱硝明显有利。

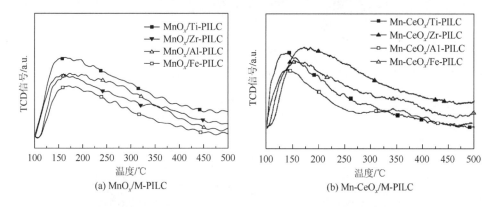

图 5.3　M-PILC 负载型 MnO$_x$ 以及 Mn-CeO$_x$ 催化剂的 NH$_3$-TPD 曲线

3. H$_2$-TPR 分析

MnO$_x$/M-PILC（M = Zr、Ti、Fe、Al）的 H$_2$-TPR 曲线见图 5.4。图 5.4（a）为负载型 MnO$_x$ 催化剂的 H$_2$ 还原曲线。四个催化剂的还原过程发生在 200～600℃，同时均出现两个还原峰，低温还原峰温度位于 320～362℃，另外一个还原峰温度出现在 438～492℃。在 H$_2$-TPR 曲线中，还原峰温度越低，证明催化剂的氧化还原性质越强，越容易展现出较好的脱硝活性。MnO$_x$/Zr-PILC 还原峰温度最低，其氧化还原性质最强，推测这与插入的 ZrO$_2$ 柱有关，Keshavaraja 和 Ramaswamy[227] 也曾指出 ZrO$_2$ 可以促进 MnO$_x$ 在较低的温度下被还原。催化剂样品的氧化还原性质顺序为 MnO$_x$/Zr-PILC＞MnO$_x$/Ti-PILC＞MnO$_x$/Fe-PILC＞MnO$_x$/Al-PILC，与脱硝活性次序并不完全一致，因此，氧化还原性质也并非脱硝活性的决定性因素。不过氧化还原性质较强的 MnO$_x$/Zr-PILC 和 MnO$_x$/Ti-PILC 脱硝活性较高，氧化还原性质较弱的 MnO$_x$/Fe-PILC 和 MnO$_x$/Al-PILC 整体脱硝活性较低，因此氧化还原性质与其脱硝活性有一定关系。

图 5.4（b）为负载型 Mn-CeO$_x$ 催化剂的 H$_2$-TPR 曲线。四个样品的还原曲线中只有一个还原峰，峰顶温度难以准确界定，出现在 300～450℃。其中，Mn-CeO$_x$/Zr-PILC 峰形相对较为尖锐，还原峰温度在 330℃左右，明显低于图 5.4（a）中 MnO$_x$/Zr-PILC，这可能是由于 Ce 的加入进一步促进了 MnO$_x$ 的还原，Mn-CeO$_x$ 混合氧化物的还原温度较 MnO$_x$ 更低的事实有很多报道。Ce、Zr 之间可能也存在强烈的相互作用，更利于活性成分的低温还原[228, 229]。据报道，MnO$_x$/Zr-CeO$_x$ 在 H$_2$-TPR 曲线中的还原峰温度明显低于 MnO$_x$/ZrO$_2$[68, 229]，Ce 和 Zr 之间较强的相互作用可促使其形成共溶体形态[230]。除 Mn-CeO$_x$/Zr-PILC 之外，其余三种催化剂的峰形明显钝化，更难以准确定位其还原峰温度。对比图 5.4（a）可见，Ce 的加入使催化剂的还原过程变得复杂。

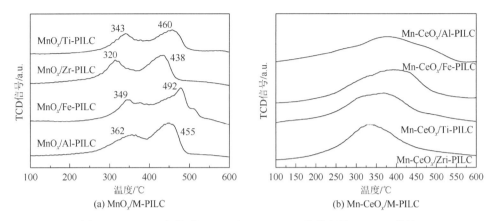

图 5.4　M-PILC 负载型 MnO_x 以及 Mn-CeO_x 催化剂的 H_2-TPR 曲线

综合脱硝活性测试和各种表征结果，不难看出不同氧化物柱 PILC 负载型 MnO_x（Mn-CeO_x）催化剂脱硝活性结果与其理化性质之间的关系复杂，是比表面积、孔结构、表面酸量和氧化还原性质综合影响的结果。

5.2　MnO_x/Zr-Ce-PILC 低温 SCR 脱硝

5.2.1　催化剂的制备

配制 ZrO(NO_3)_2 和 Ce(NO_3)_4 混合溶液，调节 pH 并剧烈搅拌 30min 后，置于 85℃进行老化处理 5h，得到交联剂。将交联剂缓慢滴入分散好的黏土悬浮液中，进行交联反应，反应物静置并离心分离，再经干燥热处理后得 Zr、Ce 共柱撑交联黏土，此法为一步法，得到的柱撑黏土记为 Zr-Ce-PILC。

按照同样方法制备单一组分的 Zr（Ce）交联剂，对黏土进行交联柱撑后得到 Zr-PILC（Ce-PILC），将 Zr-PILC（Ce-PILC）重新分散后，再次对其进行 Ce（Zr）交联改性，经过热处理后，即通过两步法得到最终的含 Zr 和 Ce 共柱撑黏土，记为 CemZr-PILC（ZrmCe-PILC）。

活性成分的负载同样采用浸渍法，得到 MnO_x/clay、MnO_x/Zr-Ce-PILC、MnO_x/ZrmCe-PILC 和 MnO_x/CemZr-PILC。

5.2.2　MnO_x/Zr-Ce-PILC 整体描述

1. MnO_x/Zr-Ce-PILC 低温 SCR 脱硝活性

实验制备不同 MnO_x 负载量的 MnO_x/Zr-Ce-PILC，测试了其 160℃下的低温 SCR 脱硝活性，并与相同 MnO_x 负载量的 MnO_x/clay 进行对比（图 5.5）。对于 MnO_x/

Zr-Ce-PILC，NO 转化率随 MnO$_x$ 负载量的提高而上升，当 MnO$_x$ 负载量为 18%时，MnO$_x$/Zr-Ce-PILC 在 160℃下的 NO 转化率最高，达到 82%；MnO$_x$ 负载量继续增加会导致脱硝活性下降，当负载量达到 30%时，MnO$_x$/Zr-Ce-PILC 的 NO 转化率仅为 63%左右。

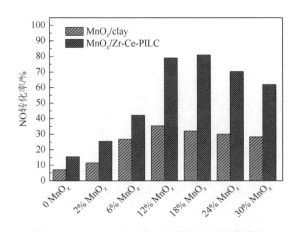

图 5.5　MnO$_x$/Zr-Ce-PILC 的整体脱硝活性描述

测试条件：600ppm NO、600ppm NH$_3$、3.0% O$_2$、高纯 N$_2$ 作平衡气；
总气体流量为 300mL/min；催化剂质量为 0.5g

对于 MnO$_x$/clay 而言，其 NO 转化率明显偏低，在最佳负载量下，NO$_x$ 转化率仅仅为 35%；另外，MnO$_x$/clay 的最佳负载量较 MnO$_x$/Zr-Ce-PILC 偏低，其最佳负载量为 12%。这两方面充分证实了 Zr-Ce 共柱撑的有利影响。

2. MnO$_x$/Zr-Ce-PILC 的 XRD 表征

在图 5.6 中，不同负载量的 MnO$_x$/Zr-Ce-PILC 均保留了 Zr-Ce-PILC 的基本衍射峰，不过对应峰强度减弱。包括载体在内，三者均无黏土（001）衍射峰，说明样品均为错层黏土形成的"房卡式"结构。12MnO$_x$/Zr-Ce-PILC 的 XRD 图谱中发现了 Mn$_3$O$_4$。MnO$_x$ 的存在形态与煅烧温度有很大关系，前期有非负载型 MnO$_x$ 催化剂中存在 Mn$_3$O$_4$ 的相关报道，主要包含流变相法制备的 MnO$_x$[108] 和 Cu-MnO$_x$[120]，但是二者的煅烧温度分别为 350℃ 和 450℃，显著低于本书 MnO$_x$/Zr-Ce-PILC 的煅烧温度（500℃）。推测这是由于 Zr-Ce-PILC 比表面积较大，并且孔（尤其是微孔）足够丰富，浸渍负载活性成分的过程中，MnO$_x$ 的前驱物部分 Mn(NO$_3$)$_2$ 可进入其多孔网状结构内部，在这种网状结构内部的 MnO$_x$ 形成以及转化过程容易受到阻碍。Gandia 等[208]也有类似观点，他们认为 Al-PILC 和 Zr-PILC 可以抑制 MnO$_x$ 的某些转变过程。当然，由于 Mn$_2$O$_3$ 部分衍射峰和 Mn$_3$O$_4$ 非常接近，所以不排除 12MnO$_x$/Zr-Ce-PILC 中 Mn$_2$O$_3$ 和 MnO$_2$ 两种形态同时存在，类似于很多负载型 MnO$_x$ 催化剂。当负载量为 30% 时，Mn$_3$O$_4$、MnO$_2$ 和 Mn$_2$O$_3$ 同时存在，MnO$_2$ 峰形尖锐，表明其分散性较差且晶体较大，这不利于催化剂低温 SCR 脱硝反应，因此 30MnO$_x$/Zr-Ce-PILC 脱硝活性降低。分析认为这是由于 MnO$_x$ 负载量过高，Mn(NO$_3$)$_2$ 除了部分进入 Zr-Ce-PILC 载体独特的网状结构内部，其中大部分直接负载在黏土层外表面，不再存在 MnO$_x$ 形成及转变过程的抑制效应，因此 Mn$_3$O$_4$ 不再可见。

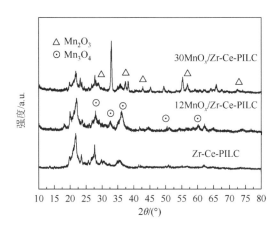

图 5.6　MnO$_x$/Zr-Ce-PILC 的 XRD 图

另外，MnO$_x$/Zr-Ce-PILC 的 XRD 结果中未见 ZrO$_x$、CeO$_x$ 以及其复合物，说明氧化物柱分散均匀或者以非晶形式存在，ZrO$_2$ 甚至可能为细小的纳米结构，正如许多的 Zr-PILC 相关材料[228]，这也对 SCR 脱硝反应有利；Zr 和 Ce 之间相互作用较强，甚至容易形成固溶体，这都是未见其氧化物衍射峰的可能原因。

鉴于 12%MnO$_x$ 负载量的催化剂脱硝活性比较高，后续脱硝活性以及性质研究部分选用此负载量催化剂（MnO$_x$/Zr-Ce-PILC 和 MnO$_x$/clay）。

5.2.3　MnO$_x$/Zr-Ce-PILC 的低温 SCR 脱硝活性

1. 不同柱撑次序 MnO$_x$/Zr-Ce-PILC 的低温 SCR 脱硝活性

实验比较不同柱撑次序的 Zr-Ce 共柱撑黏土负载型 MnO$_x$ 催化剂脱硝活性（图 5.7），以研究 Zr 和 Ce 一步混合柱撑的作用。为满足对比需要，图 5.7 也给出了未经处理的黏土负载型催化剂 MnO$_x$/clay 的 NO 转化率。载体中含柱撑元素的 MnO$_x$ 催化剂脱硝活性整体次序为 MnO$_x$/Zr-Ce-PILC 和 MnO$_x$/CemZr-PILC＞MnO$_x$/Zr-PILC＞MnO$_x$/ZrmCe-PILC＞MnO$_x$/Ce-PILC。

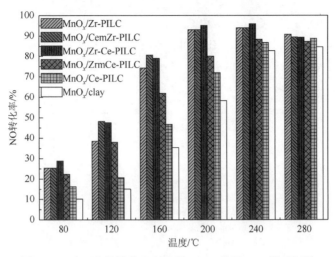

图 5.7　Zr-Ce 共柱撑黏土负载型 MnO$_x$ 低温 SCR 脱硝活性

测试条件：600ppm NO、600ppm NH$_3$、3.0% O$_2$、高纯 N$_2$ 作平衡气；
总气体流量为 300mL/min；催化剂质量为 0.5g

　　不过这些催化剂的脱硝活性均明显高于 MnO$_x$/clay。此外，MnO$_x$/Zr-Ce-PILC 的 NO 转化率高于单一柱撑处理的 MnO$_x$/Zr-PILC 和 MnO$_x$/Ce-PILC，以 160℃为例，MnO$_x$/Zr-Ce-PILC 的 NO 转化率达到 80%，而 MnO$_x$/Zr-PILC 和 MnO$_x$/Ce-PILC 的 NO 转化率分别为 74% 和 47%，这证实 Zr 和 Ce 在柱撑过程中均起到重要作用，两步法制备的 CemZr-PILC 和 ZrmCe-PILC 负载型 MnO$_x$ 催化剂的脱硝活性分别高于单一元素柱撑的 MnO$_x$/Zr-PILC 和 MnO$_x$/Ce-PILC 也是有利佐证。不过 Zr 和 Ce 的贡献可能存在差异，基于 MnO$_x$/Zr-PILC 脱硝活性明显高于 MnO$_x$/Ce-PILC，以及 MnO$_x$/CemZr-PILC 和 MnO$_x$/Zr-PILC 之间的脱硝活性差异低于 MnO$_x$/ZrmCe-PILC 和 MnO$_x$/Ce-PILC 之间的脱硝活性差异，分析推测 Zr 柱撑的促进作用可能更大。

　　此外，在 Zr 和 Ce 同时柱撑的催化剂中，MnO$_x$/Zr-Ce-PILC 脱硝活性堪比 MnO$_x$/CemZr-PILC，NO 转化率明显高于 MnO$_x$/ZrmCe-PILC。例如，160℃下，MnO$_x$/Zr-Ce-PILC 和 MnO$_x$/CemZr-PILC 的 NO 转化率在 80% 左右，而 MnO$_x$/ZrmCe-PILC 的 NO 转化率较低（61%），因此实验中一步法制备 Zr-Ce-PILC 简单有效，得到 MnO$_x$/Zr-Ce-PILC 的方法亦简单可行。

　　由图 5.8 可以看出，所有催化剂都展示出较好的 N$_2$ 选择性，在整个测试温度范围内，N$_2$ 选择性始终高于 80%，以 100℃低温为例，N$_2$ 选择性甚至在 97% 以上。其中，经过 Zr 和 Ce 同时柱撑改性的黏土负载型 MnO$_x$ 催化剂 N$_2$ 选择性最高。在研究温度范围内，N$_2$ 选择性随着温度升高轻微下降。PILC 负载型催化剂的 N$_2$ 选择性变化趋势一致。MnO$_x$ 在中温范围内也可催化还原 NO，不过容易将 NO$_x$ 转化成为副产物 N$_2$O，这可能是温度升高导致催化剂 N$_2$ 选择性下降的原因。实验中各种催化剂 N$_2$

选择性顺序如下：MnO_x/Zr-Ce-PILC＞MnO_x/ZrmCe-PILC＞MnO_x/CemZr-PILC＞MnO_x/Ce-PILC＞MnO_x/Zr-PILC，由此可见不同氧化物柱撑对 N_2 选择性的贡献不同，Zr 和 Ce 混合柱撑负载型 MnO_x 催化剂对 N_2 选择性最为有利。在 100～220℃，MnO_x/Zr-Ce-PILC 的 N_2 选择性始终高于 90%。

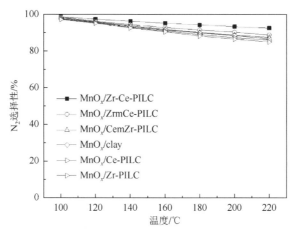

图 5.8　复合柱撑黏土负载型 MnO_x 催化剂的 N_2 选择性[229]

测试条件：600ppm NO、600ppm NH_3、3.0% O_2、高纯 N_2 作平衡气；
总气体流量为 300mL/min；催化剂质量为 0.5g

2. 不同柱含量 MnO_x/Zr-Ce-PILC 的低温 SCR 脱硝活性

前期研究表明，从某种意义上可以反映氧化物柱插入量的 M/clay（M 为插入元素）会影响催化剂的脱硝活性。本节研究不同（Zr-Ce）/clay（标记为 R）的 MnO_x/Zr-Ce-PILC 的脱硝活性（图 5.9），以找出催化剂最佳 R 值。MnO_x/Zr-

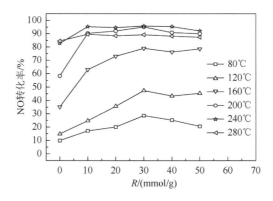

图 5.9　不同氧化物柱插入量的 MnO_x/Zr-Ce-PILC 的低温 SCR 脱硝活性

测试条件：600ppm NO、600ppm NH_3、3.0% O_2、高纯 N_2 作平衡气；
总气体流量为 300mL/min；催化剂质量为 0.5g

Ce-PILC 脱硝活性明显高于 $R=0$ 的 MnO$_x$/clay，此现象在低温段内（80～200℃）尤为明显。R 对 NO 转化率的影响规律复杂，并且与测试温度联系紧密。80～200℃内的任意测试温度下，R 越大，样品对应的 NO 转化率越高，直至达到 30mmol/g之后，R 的增加导致催化剂脱硝活性下降。高温段内（200～280℃），不同 R 的催化剂脱硝活性相差不大，尤其是对于 R 高于 10mmol/g 的样品。总体来讲，MnO$_x$/Zr-Ce-PILC 的适宜 R 值为 30mmol/g。

3. 不同柱比例 MnO$_x$/Zr-Ce-PILC 的低温 SCR 脱硝活性

实验过程中选择 R 为 30mmol/g 的催化剂，进一步研究 Zr 和 Ce 柱物质的量比（Zr/Ce）对 MnO$_x$/Zr-Ce-PILC 催化剂脱硝活性的影响，结果如图 5.10 所示。相同反应温度下，当 Zr/Ce 为 5/5 时，MnO$_x$/Zr-Ce-PILC 脱硝活性最高，尤其是在低温段内（80～200℃），其表现出很好的脱硝活性，NO 转化率在 160℃时即接近 80%。Zr/Ce对催化剂脱硝活性的具体影响也与温度有关。温度低于 200℃ 时，Zr/Ce 对MnO$_x$/Zr-Ce-PILC 活性影响显著，在此温度段内的任一点，Zr/Ce 越高的催化剂脱硝活性越高，直至此比例达到 5/5，之后继续增加 Zr/Ce 反而导致催化剂脱硝活性降低，所以最佳 Zr/Ce 为 5/5；在高温段内（>200℃）时，Zr/Ce 对 MnO$_x$/Zr-Ce-PILC 影响并不明显，相同温度下，催化剂脱硝活性稳定。实验中，240℃和280℃时，NO 转化率分别稳定在 95%和 87%左右。以上结果表明 Zr 和 Ce 在 MnO$_x$/Zr-Ce-PILC 中均起到重要作用，Zr/Ce 为 5/5 时，对于 MnO$_x$/Zr-Ce-PILC 实现低温 SCR 脱硝更有利。

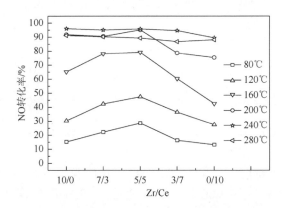

图 5.10　不同 Zr/Ce 的 MnO$_x$/Zr-Ce-PILC 的低温 SCR 脱硝活性

测试条件：600ppm NO、600ppm NH$_3$、3.0% O$_2$、高纯 N$_2$ 作平衡气；
总气体流量为 300mL/min；催化剂质量为 0.5g

4. H$_2$O 和 SO$_2$ 存在下催化剂 MnO$_x$/Zr-Ce-PILC 活性

低温 SCR 脱硝催化剂往往存在 H$_2$O 或（和）SO$_2$ 致脱硝活性降低甚至中毒的

现象，此次以负载量均为 12% 的 MnO_x/clay 和 MnO_x/Zr-Ce-PILC（R = 30mmol/g，Zr/Ce = 5/5）为研究对象，研究 Zr-Ce 混合柱撑对催化剂抗 H_2O 抗 SO_2 性的影响。

在 160℃、200℃ 和 240℃ 三个温度下，对烟气中 H_2O 对 MnO_x/clay 和 MnO_x/Zr-Ce-PILC 脱硝活性的影响也进行研究，以此评价 Zr-Ce 混合柱撑对催化剂抗 H_2O 性的影响，结果如图 5.11 所示。200℃ 和 240℃ 下，MnO_x/Zr-Ce-PILC 的 NO 转化率在 H_2O 通入时间内均较稳定，始终维持在 95% 上下，催化剂展现出优越的抗 H_2O 性；160℃ 下 NO 转化率轻微下降，最终稳定在 75% 左右。不过对于 MnO_x/clay，H_2O 的影响较复杂，160℃ 下，MnO_x/clay 的 NO 转化率前 2h 内轻微降低，随后稳定在 28% 左右；200℃ 时，通入 H_2O 对 NO 转化率影响不大，催化剂脱硝活性较稳定，当温度高至 240℃ 时，通入 H_2O 后 NO 转化率不但没有降低，反而意外地逐渐升高，实验时间内，NO 转化率最终升高至 90%。停止通入 H_2O 后两种催化剂的脱硝活性均回到初始水平。综上结果可以看出，Zr-Ce 混合柱撑起到稳定催化剂抗 H_2O 性的作用。

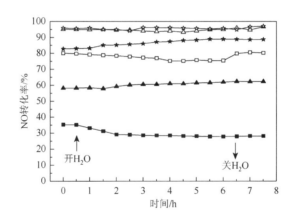

图 5.11　H_2O 对 MnO_x/clay 和 MnO_x/Zr-Ce-PILC 脱硝活性的影响

160℃（■□）；200℃（★☆）；240℃（▲△）；实心图标为 MnO_x/clay；空心图标为 MnO_x/Zr-Ce-PILC
测试条件：600ppm NO、600ppm NH_3、3% O_2、高纯 N_2 作平衡气；总气体流量为 300mL/min；催化剂质量为 0.5g

对于 SO_2 对 MnO_x/clay 和 MnO_x/Zr-Ce-PILC 脱硝活性的影响也进行了研究（图 5.12），测试温度为 200℃。在单纯通入 SO_2 的情况下，MnO_x/clay 和 MnO_x/Zr-Ce-PILC 脱硝活性均迅速下降，通入 SO_2 2h 后，MnO_x/clay 活性即降至最低，NO 转化率仅有 10% 左右，催化剂接近完全失活；而 MnO_x/Zr-Ce-PILC 在单纯通入 SO_2 4h 内，NO 转化率才降至最低值（37% 左右）。可见 SO_2 致 MnO_x/Zr-Ce-PILC 中毒速率较 MnO_x/clay 低，并且中毒后脱硝活性相对较高。

在 3% H_2O 存在时，MnO_x/clay 和 MnO_x/Zr-Ce-PILC 的 SO_2 中毒情况类似，SO_2 致 MnO_x/Zr-Ce-PILC 中毒速率仍低于 MnO_x/clay。不过 H_2O 存在时，SO_2 对两种

催化剂的影响与 SO$_2$ 单独作用时略有不同，MnO$_x$/clay 中毒过程中相同测试时刻，SO$_2$ 和 H$_2$O 共同存在时 NO 转化率略高于 SO$_2$ 单独作用；而 SO$_2$ 和 H$_2$O 共同存在时，MnO$_x$/Zr-Ce-PILC 的失活速率高于 SO$_2$ 单独作用。不过总的来说，MnO$_x$/Zr-Ce-PILC 遇 SO$_2$ 失活速率低于 MnO$_x$/clay，其抗 SO$_2$ 性略优。

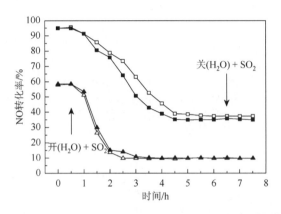

图 5.12   SO$_2$ 对 MnO$_x$/clay 和 MnO$_x$/Zr-Ce-PILC 脱硝活性的影响

MnO$_x$/Zr-Ce-PILC（■□）；MnO$_x$/clay（▲△）；实心图标为 SO$_2$ 单独作用；空心图标为 SO$_2$ 和 H$_2$O 共同作用
测试条件：600ppm NO、600ppm NH$_3$、3% O$_2$、高纯 N$_2$ 作平衡气；总气体流量为 300mL/min；催化剂质量为 0.5g

文献报道催化剂中金属氧化物吸附的 SO$_2$ 可形成金属硫酸盐[62, 112]；SO$_2$ 以及其他气体组分形成硫酸铵盐（如 NH$_4$HSO$_4$ 和 (NH$_4$)$_2$SO$_4$）覆盖表面活性位点，致使催化剂失活[134, 230]。MnO$_x$/clay 比表面积和孔容较小，活性位点容易被占据，亦可形成金属硫酸盐或者被硫酸铵盐覆盖，因此其抗 SO$_2$ 性弱于 MnO$_x$/Zr-Ce-PILC。此外，MnO$_x$/Zr-Ce-PILC 的介孔孔容较大，这可能也是其抗 SO$_2$ 性稍好的重要因素。Yu[117]指出催化剂抗 SO$_2$ 性直接受结构影响，而介孔结构能有效促进低温 SCR 脱硝催化剂表面沉积的铵盐分解，从而使 (NH$_4$)$_2$SO$_4$ 等的分解与其沉积达到平衡，有助于催化剂抵抗烟气中的 SO$_2$。

此外，MnO$_x$/Zr-Ce-PILC 中引入的 Zr-CeO$_x$ 柱也是其抗 SO$_2$ 性改善的可能因素。有意思的是，SCR 脱硝过程中储氧材料 Ce-ZrO$_x$ 固溶体应用颇多[231]。在 MnO$_x$ 相关研究中（图 5.13），Ce-ZrO$_x$ 被证明是其极佳载体，MnO$_x$/Ce-ZrO$_x$ 展现出优越的脱硝活性，其 NO 转化率甚至高于普遍认为脱硝活性极佳的 Al$_2$O$_3$ 和 TiO$_2$ 负载型催化剂。Ce-ZrO$_x$ 同时可以提高 MnO$_x$ 催化剂的抗 SO$_2$ 性，在 140℃ 和 180℃ 的低温下，MnO$_x$/Ce-ZrO$_x$ 对 H$_2$O 和 SO$_2$ 不敏感，在同时通入 3% H$_2$O 和 100ppm SO$_2$ 5h 内，始终维持初始接近 100% 的脱硝活性，并且载体最佳 Ce/Zr 在 5/5 附近；柠檬酸法、共沉淀法以及直接燃烧法三种方法中，以柠檬酸法制备的 Ce-ZrO$_x$ 负载型 MnO$_x$ 催化剂的抗 H$_2$O 抗 SO$_2$ 性最强，但是并未详细探讨

Ce-ZrO$_x$ 对 MnO$_x$ 抗 SO$_2$ 抗 H$_2$O 性改善的细致机理。本节发现 Ce 和 Zr 混合柱撑对于提高负载型 MnO$_x$ 催化剂 NO 转化率有利，这可能与 Ce-ZrO$_x$ 这种优良的载体有关。不过本节 MnO$_x$ 最佳负载量远低于文献[231]，这可能与柱撑过程中进入的 Ce 和 Zr 含量明显偏低有关，也可能由于柱撑过程中二者的作用较弱所致。

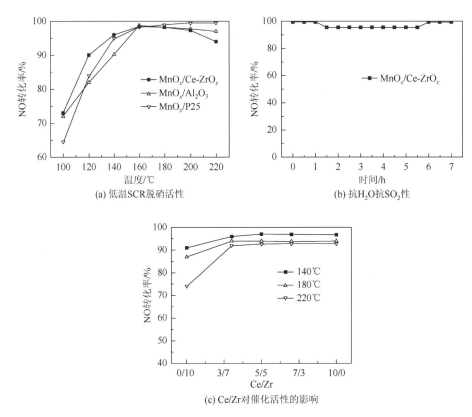

图 5.13 MnO$_x$/Ce-ZrO$_x$ 催化剂的低温 SCR 脱硝活性和抗 H$_2$O 抗 SO$_2$ 性

测试条件：600ppm NO，660ppm NH$_3$，6% O$_2$，3% H$_2$O 和 100ppm SO$_2$，空速为 45000h^{-1}，平衡气为高纯 N$_2$

5.2.4 MnO$_x$/Zr-Ce-PILC 表征分析

1. 催化剂的物理结构特性

表 5.2 中，MnO$_x$/clay 比表面积和孔容最小，分别为 61.48m^2/g 和 0.1212cm^3/g，平均孔径最大，为 7.8551nm；与之相比，其余 M-PILC 为载体的催化剂比表面积和孔容均出现一定程度的升高，尤其是对于介孔而言；不过平均孔径出现下降。其余

催化剂的比表面积为 73.01～101.60m^2/g；孔容为 0.13～0.21cm^3/g。制备过程中柱撑元素与黏土比例（R）相同的三个样品 MnO$_x$/Zr-Ce-PILC（30）、MnO$_x$/Zr-PILC（30）和 MnO$_x$/Ce-PILC（30）中，同时含有 Zr 和 Ce 柱撑元素的 MnO$_x$/Zr-Ce-PILC（30）比表面积和孔容最大，分别为 101.60m^2/g 和 0.2018cm^3/g；MnO$_x$/Zr-PILC（30）和 MnO$_x$/Ce-PILC（30）的比表面积分别为 95.32m^2/g 和 73.01m^2/g，孔容分别为 0.1861cm^3/g 和 0.1336cm^3/g。这说明 Zr-Ce 混合柱撑在增强催化剂比表面积和孔容的过程中有重要作用，并且可能 Zr 比 Ce 更为有效。这与其低温 SCR 脱硝活性规律类似。

对于不同 R 的 MnO$_x$/Zr-Ce-PILC，当 R 低于 30mmol/g 时，提高 R 值利于获得比表面积和孔容较大的催化剂，孔容的增加与微孔孔容和介孔孔容均有关。比表面积和孔容的增加是由于 Zr、Ce 聚合羟基阳离子进入黏土层间取代可交换的阳离子，最终形成氧化物柱将黏土层撑开，层间距增大。不过，R 高于 30mmol/g 后，继续提高 R 至 50mmol/g 时，由于过多的氧化物柱堵塞孔结构，MnO$_x$/Zr-Ce-PILC 催化剂表面积和孔容均下降，二者分别降低至 90.92m^2/g 和 0.1685cm^3/g。最终，实验样品的比表面积和孔容按照如下顺序递减：MnO$_x$/Zr-Ce-PILC（30）>MnO$_x$/Zr-PILC（30）>MnO$_x$/Ce-PILC（30）；MnO$_x$/Zr-Ce-PILC（30）> MnO$_x$/Zr-Ce-PILC（50）>MnO$_x$/Zr-Ce-PILC（10）>MnO$_x$/clay。

表 5.2　催化剂的孔结构分析

催化剂	比表面积 S_{BET}/(m^2/g)	孔容 V_t/(cm^3/g)	微孔孔容 V_{mic}/(cm^3/g)	介孔孔容 V_{mes}/(cm^3/g)	平均孔径 d/nm
MnO$_x$/clay	61.48	0.1212	0.002140	0.1191	7.8551
MnO$_x$/Zr-Ce-PILC（10）	89.74	0.1460	0.002588	0.1434	7.0105
MnO$_x$/Zr-Ce-PILC（30）	101.60	0.2018	0.003735	0.1981	7.4836
MnO$_x$/Zr-Ce-PILC（50）	90.92	0.1685	0.002131	0.1664	7.5784
MnO$_x$/Zr-PILC（30）	95.32	0.1861	0.002245	0.1839	7.5444
MnO$_x$/Ce-PILC（30）	73.01	0.1336	0.002367	0.1312	7.7656

2. NH$_3$-TPD 表征分析

图 5.14 中四个样品在 100～500℃均呈现出较宽的 NH$_3$ 脱附峰，表明样品表面存在稳定性不同的 NH$_3$ 吸附态物质。需要指出的是，MnO$_x$/clay 和 MnO$_x$/Ce-PILC 的 NH$_3$ 脱附峰出现在 158℃，另外两个样品 MnO$_x$/Zr-Ce-PILC 和 MnO$_x$/Zr-PILC 的 NH$_3$ 脱附峰拖后至 176℃附近，说明 Zr 的加入增强了 MnO$_x$/Zr-Ce-PILC 和 MnO$_x$/Zr-PILC 的表面酸量。结合图 5.10 中 Zr/Ce 超过 5/5 时 MnO$_x$/Zr-Ce-PILC 脱硝

活性较高，可认为此较强的表面酸量可能有利于其较高的低温 SCR 脱硝活性。

总体来讲，PILC 负载型 MnO_x 催化剂表面酸量高于 MnO_x/clay。较高的表面酸量可以促进 NH_3 的吸附以及活化这一 SCR 脱硝关键步骤，因此与 MnO_x/clay 相比，PILC 负载型 MnO_x 表现出更高的脱硝活性。表面酸量的增加与黏土层结构的暴露和插入的氧化物柱有关。一般而言，在低温段，NH_3 从弱 B 酸位点脱附；在高温段，NH_3 则从强 L 酸位脱附。在 NH_3-TPD 结果中，MnO_x/Zr-PILC 在低温段 NH_3 脱附量更大，而 MnO_x/Ce-PILC 在高温段 NH_3 脱附量更大，说明 MnO_x/Zr-PILC 表面的弱 B 酸量更高，而 MnO_x/Ce-PILC 表面 L 酸量更高。由此，同时含 Zr 和 Ce 氧化物柱的 MnO_x/Zr-Ce-PILC 同时具有较高浓度的 B 酸和 L 酸，且二者形成一定比例。一般认为，B 酸和 L 酸表面的吸附 NH_3 在 SCR 脱硝中所起作用与温度有关。对应分析实验中 MnO_x/Zr-Ce-PILC 催化剂，我们认为此催化剂中特定比例的 B 酸和 L 酸都很重要，尤其是对实验的中温段（160℃左右）而言。基于此，160℃左右 MnO_x/Zr-Ce-PILC 与 MnO_x/clay 的 NO 转化率呈现较大差异（图 5.9）。

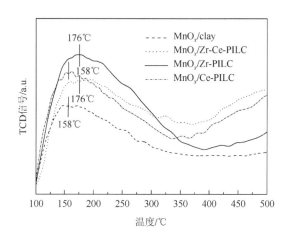

图 5.14　NH_3-TPD 表征结果

3. H_2-TPR 表征分析

本实验通过 H_2-TPR 手段对 PILC 负载型 MnO_x 催化剂的氧化还原性质进行表征分析（图 5.15），并将其与脱硝活性结果进行关联。

图中黏土以及 Zr-Ce-PILC（30）为代表的 PILC 材料的 H_2-TPR 曲线无还原峰，表明其在 800℃以下性质稳定，难以被还原。因为载体决定了 Mn—O—载体化学键的可还原性，所以负载型 MnO_x 的氧化还原性质与载体的内在氧化还原性有关[52]。因此，负载型 MnO_x 的还原行为常不同于非负载型 MnO_x。本书中非

负载型 MnO$_x$ 在 350℃和 456℃存在两个还原峰。负载型 MnO$_x$ 催化剂在 200～
600℃内被还原，其中，MnO$_x$/clay 呈现出的 H$_2$-TPR 曲线类似于 MnO$_x$，存在两
个明显的还原峰，并且还原峰温度与 MnO$_x$ 相差不大，此现象与 MnO$_x$ 与载体黏
土之间相互作用较弱有关。低温（352℃）还原峰为 MnO$_2$ 和 Mn$_2$O$_3$ 还原至 Mn$_3$O$_4$，
Mn$_3$O$_4$ 进一步还原成 MnO 则对应于 447℃还原峰，MnO 作为最终氧化态不再被
还原。

对于 MnO$_x$/Zr-Ce-PILC 而言，H$_2$-TPR 曲线较非负载型 MnO$_x$ 和 MnO$_x$/clay 发
生较大变化，这说明 Zr-Ce 混合柱撑增强了 MnO$_x$ 与载体 Zr-Ce-PILC 之间的相互
作用。在其两个还原峰中，第二个还原峰贡献较大，即 Mn$_3$O$_4$ 至 MnO 的还原峰
在强度上成为主导，而 MnO$_2$ 和 Mn$_2$O$_3$ 至 Mn$_3$O$_4$ 的还原峰弱化，几乎成为后者的
肩峰，此证实 MnO$_x$/Zr-Ce-PILC 中 MnO$_x$ 主要为 Mn$_3$O$_4$ 形态，这与 XRD 分析结
果一致（图 5.6）。在低温下，Mn$_3$O$_4$ 使 SCR 脱硝反应更趋向于选择 N$_2$，这可能
是 MnO$_x$/ Zr-Ce-PILC 脱硝活性较好的原因之一。实验中 MnO$_x$/Zr-Ce-PILC 的
H$_2$-TPR 曲线与 Al$_2$O$_3$、TiO$_2$ 和 ZrO$_2$ 等负载的 MnO$_x$ 不同，这些催化剂虽然也呈现
出两个还原峰，但是其低温还原峰在强度上一般占主导[54, 59]。因为 Zr-CeO$_x$（直
接燃烧法）为载体的 MnO$_x$ 催化剂的 H$_2$-TPR 曲线与 MnO$_x$/Zr-Ce-PILC 类似，所以
此种差异主要归因于 MnO$_x$/Zr-Ce-PILC 中插入的 Zr-CeO$_x$[231]，MnO$_x$/Zr-CeO$_x$ 在
440～470℃处出现主还原峰，同时在 350～400℃处有一个弱肩峰。文献[132]提出
活性成分在黏土层间的氧化物柱和黏土表层的氧化物上存在不同形式。综合分析，
我们认为实验中也有可能部分 Zr-CeO$_x$ 未进入黏土层间而停留在黏土层面，这部
分 Zr-CeO$_x$ 促进了 Mn$_3$O$_4$ 的形成；随之，MnO$_x$/Zr-Ce-PILC 与 MnO$_x$/Zr-CeO$_x$ 呈现
类似 H$_2$-TPR 曲线。此外，Zr-Ce 柱撑可衍生比表面积增大和孔结构改善等形貌特
征，这种改变也可引起 MnO$_x$ 氧化还原性质变化，从而导致 MnO$_x$/Zr-Ce-PILC 呈
现独特的还原行为。

图 5.15 中，三个 MnO$_x$/Zr-Ce-PILC 样品的 H$_2$-TPR 曲线类似，还原峰温
度略有差别，低温还原峰的温度难以准确界定，不过 MnO$_x$/Zr-Ce-PILC（30）
的还原峰温度相对较低。高温还原峰各位于 468℃、451℃和 460℃，依次对
应于 MnO$_x$/Zr-Ce-PILC（10）、MnO$_x$/Zr-Ce-PILC（30）和 MnO$_x$/Zr-Ce-PILC
（50）。MnO$_x$/Zr-Ce-PILC（30）相对较低的还原峰温度可能代表其活性成分与
载体相互作用最强或 MnO$_x$ 分散性较好，这两方面恰好均是低温 SCR 脱硝的
有利因素。

4. XRD 表征结果

为分析 Zr-Ce 柱撑对 MnO$_x$ 存在形式的影响，图 5.16 对比了 R 值为 30mmol/g
的典型催化剂 MnO$_x$/Zr-Ce-PILC 与 MnO$_x$/clay 的 XRD 图谱。在 MnO$_x$/clay 的 XRD

图谱中，MnO_x 以 Mn_2O_3 形式存在。而 MnO_x/Zr-Ce-PILC 的 XRD 图谱中出现 Mn_3O_4，这归因于载体 Zr-Ce-PILC 独特的结构性质，具体体现如下：由于 Zr-Ce 的柱撑，Zr-Ce-PILC 形成高比面积和孔结构丰富的多孔性材料，浸渍法使 $Mn(NO_3)_2$ 均匀进入 Zr-Ce-PILC 的网状结构内部表面，这种多孔道结构抑制 MnO_x 的形成以及进一步转化，对 Mn_3O_4 起到稳定性作用[208]；而 $Mn(NO_3)_2$ 很难大量并且均匀地进入比表面积较小、孔结构贫乏的黏土，对 MnO_x 转化的抑制效应较弱或者不存在，因此在 500℃ 下，MnO_x 转化为 Mn_2O_3。MnO_x/Zr-Ce-PILC 脱硝活性较高可能与 Mn_3O_4 或者存在的无定形、高分散的 MnO_2 等有关。此外，MnO_x/Zr-Ce-PILC 的 MnO_x 的衍射峰强度低于 $MnO_x/clay$，说明其活性成分分散性略好。MnO_x/Zr-Ce-PILC 中 MnO_x 分散性较好的原因包括载体比表面积较大、孔容较大、表面活性羟基含量较高，这些都与柱撑处理有关[189, 193]。

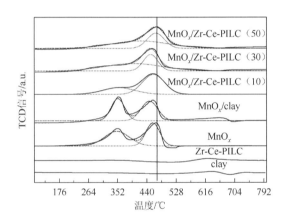

图 5.15　MnO_x 催化剂的 H_2-TPR 曲线

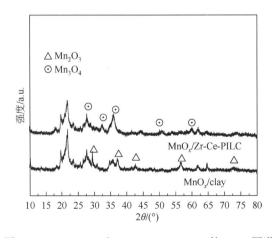

图 5.16　$MnO_x/clay$ 和 MnO_x/Zr-Ce-PILC 的 XRD 图谱

5. XPS 表征结果

由 XPS 测定的 MnO$_x$/clay 与 MnO$_x$/Zr-Ce-PILC 两个样品的表面元素浓度列于表 5.3 中。相比于 MnO$_x$/clay，MnO$_x$/Zr-Ce-PILC 表面 Mn 浓度较低。结合 XRD 分析结果，可以推断 MnO$_x$ 在 MnO$_x$/Zr-Ce-PILC 表面分散性更好，由此导致其表面 Mn 浓度较低。

表 5.3　MnO$_x$/clay 与 MnO$_x$/Zr-Ce-PILC 表面元素浓度

样品	表面元素浓度/%			
	Mn	Zr	Ce	O
MnO$_x$/clay	4.53	0.17	—	95.30
MnO$_x$/Zr-Ce-PILC	4.39	2.09	—	93.52

通过分析 Mn2p、Zr3d 和 O1s 进一步研究 MnO$_x$/clay 和 MnO$_x$/Zr-Ce-PILC［以 MnO$_x$/Zr-Ce-PILC（30）为代表］的表面元素氧化态，从而进一步分析 Zr-Ce 柱撑的作用，结果如图 5.17 所示。在图 5.17（a）中，Zr-Ce 柱撑使 MnO$_x$/Zr-Ce-PILC 的 Mn2p 峰形尖锐程度下降，这与 Zr-Ce-PILC 表面 Mn 浓度相对略低一致（表 5.3），Ettireddy 等[54]提出 Mn2p 峰的相对强度与宽度可能与 MnO$_x$ 的稳定程度以及其与载体作用的强度有关，MnO$_x$/Zr-Ce-PILC 的 XPS 分析结果中，相对略低的 Mn2p 可能是由于活性成分与载体作用的加强所致。在关于 Mn 的 XPS 分析中，MnO$_2$、Mn$_2$O$_3$、Mn$_3$O$_4$ 和 MnO 的 Mn2$p_{3/2}$ 常落在一个范围内，很难进行准确归属。在本节的 XPS 分析结果中，两种负载型 MnO$_x$ 的 Mn2$p_{3/2}$ 结合能接近，位于 640.4～640.7eV，此结合能落在 MnO 结合能和 Mn$_2$O$_3$ 结合能范围内，也可能有部分 MnO$_2$ 的贡献。我们认为 MnO$_x$/clay 中 MnO$_x$ 与 clay 作用极弱，分散性很差，尽管可能存在高氧化态的 MnO$_x$（XRD 与 TPR 结果），但是其与载体作用微弱。而 MnO$_x$/Zr-Ce-PILC 中，由于 MnO$_x$ 分散性较好并且与载体相互作用较强，氧化态并不高的 Mn$_3$O$_4$ 形态中 Mn2$p_{3/2}$ 仍落在 640.48eV 处。其 Mn2$p_{1/2}$ 较 MnO$_x$/clay 明显向高结合能移动的事实可进一步佐证上述论断。

图 5.17（b）中，Zr3$d_{5/2}$ 所对应的结合能处于 181.97eV 左右，表明 MnO$_x$/Zr-Ce-PILC 中的 Zr 以 Zr^{4+} 形式存在[68, 232-234]。

在图 5.17（c）中，O1s 的 XPS 中呈现两个特征谱峰，其中结合能在 527.80～528.91eV 的谱峰对应于催化剂载体中的氧（O$_\alpha$），另外一个谱峰（结合能位于 530.54～530.84eV）则归于活性成分 MnO$_x$ 中的氧（O$_\beta$）[109]。在 Zr-Ce-PILC 中的氧结合能显著较高，这与活性成分与载体相互作用的加强有关，这与 Mn2p 的 XPS 以及 TPR 表征结果完全一致。概括而言，MnO$_x$/Zr-Ce-PILC 较高的脱硝活性可能与催化剂中 MnO$_x$ 与 Zr-Ce-PILC 较强的相互作用有关。

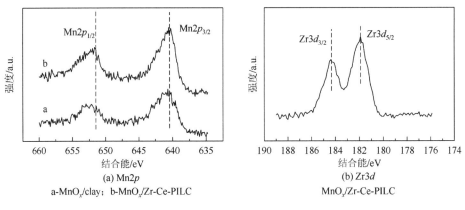

(a) Mn2p
a-MnO$_x$/clay；b-MnO$_x$/Zr-Ce-PILC

(b) Zr3d
MnO$_x$/Zr-Ce-PILC

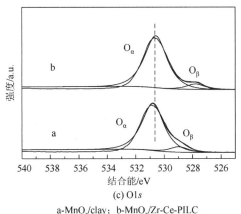

(c) O1s
a-MnO$_x$/clay；b-MnO$_x$/Zr-Ce-PILC

图 5.17　负载型 MnO$_x$ 催化剂 XPS 表征结果

5.3　Mn-CeO$_x$/Ti-Zr-PILC 低温 SCR 脱硝

5.3.1　催化剂的制备

交联柱撑黏土的制备过程如下：将 ZrO(NO$_3$)$_2$ 溶解于冰醋酸中，与 Ti(OC$_4$H$_9$)$_4$（Ti 与 Zr 等物质的量）混合，搅拌 0.5h 后静置 3h 得到交联剂。在剧烈搅拌状态下，将定量交联剂逐滴缓慢加入充分分散的黏土以及有机黏土[十六烷基三甲基溴化铵（CTAB）改性的未煅烧的有机黏土]悬浮液中，其中（Ti + Zr）/clay 为 15mmol/g，交联反应 6h，静置过夜，经过离心、洗涤、热处理后得到交联柱撑黏土及交联柱撑有机黏土，分别记为 Ti-Zr-PILC 和 Ti-Zr-OPILC。

活性成分的负载采用等体积浸渍法，最终得到 Mn-CeO$_x$/Ti-Zr-PILC 和 Mn-CeO$_x$/Ti-Zr-OPILC。

5.3.2 Mn-CeO$_x$/Ti-Zr-PILC 表征分析

1. XRD 表征分析

Mn-CeO$_x$/Ti-Zr-PILC 的 XRD 图谱中（图 5.18）可见黏土（001）晶面衍射峰。对比而言，Mn-CeO$_x$/Ti-Zr-OPILC 的 XRD 图谱中黏土（001）晶面衍射峰消失，同时 25.3°处衍射峰相对明显，说明 Mn-CeO$_x$/Ti-Zr-OPILC 交联柱撑效果更佳，使黏土本身有序的层状结构基本消失。这充分证实对黏土进行有机改性利于黏土的 Ti-Zr 混合柱撑。在 Mn-CeO$_x$/Ti-Zr-PILC 以及 Mn-CeO$_x$/Ti-Zr-OPILC 的 XRD 图谱中，由于 ZrO$_2$ 分散较好或者其含量较低，均未见 ZrO$_2$ 峰，也有可能是 Ti 和 Zr 之间相互作用较强形成 Zr$_x$Ti$_y$O$_z$ 细小的混合晶体的原因[232]，所以最终影响其在催化反应中的作用[232, 233]。两个催化剂样品中也未出现 MnO$_x$ 和 CeO$_x$ 的相关衍射峰，这表明 MnO$_x$ 和 CeO$_x$ 分散性较高甚至以无定形形式存在。

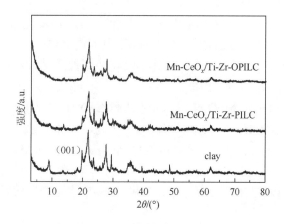

图 5.18 负载型 Mn-CeO$_x$ 催化剂以及黏土的 XRD 图谱

2. NH$_3$-TPD 表征分析

在 NH$_3$-TPD 结果（图 5.19）中，Mn-CeO$_x$/Ti-Zr-PILC 以及 Mn-CeO$_x$/Ti-Zr-OPILC 均存在宽阔的 NH$_3$ 脱附峰，甚至 500℃时 NH$_3$ 仍未脱附完全，说明两种催化剂表面均在不同强度的丰富的酸位点。其中，Mn-CeO$_x$/Ti-Zr-PILC 的最大 NH$_3$ 脱附峰出现在 145℃，而最大 NH$_3$ 脱附峰相对拖后表明 Mn-CeO$_x$/Ti-Zr-OPILC 的酸性相对更强。一般认为低温段为 NH$_3$ 从弱 B 酸位脱附；而相对较高温度下 NH$_3$ 从强 L 酸位脱附，Mn-CeO$_x$/Ti-Zr-OPILC 的 NH$_3$ 脱附量明显高于 Mn-CeO$_x$/Ti-Zr-PILC，此现象在 150℃后尤其明显，表明 Mn-CeO$_x$/Ti-Zr-OPILC 表面酸位点更多，特别

是强 L 酸位，这可能更有利于 SCR 脱硝反应。我们认为酸位点的增多与有机改性促进 Ti-Zr 混合柱撑相关。

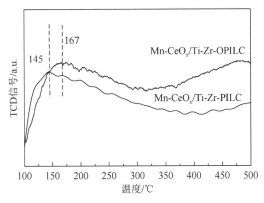

图 5.19　催化剂的 NH_3-TPD 曲线

3. H_2-TPR 表征分析

图 5.20 为两种负载型 Mn-CeO_x 催化剂的 H_2-TPR 表征结果。Mn-CeO_x/Ti-Zr-PILC 和 Mn-CeO_x/Ti-Zr-OPILC 在 600℃ 以前均出现一个还原峰，二者中心温度均位于 365℃ 附近，可以说两种催化剂氧化还原性质接近，对黏土的有机改性未显著改善催化剂氧化还原性质。

图 5.20 同时给出了 MnO_x/Ti-Zr-OPILC 和 CeO_x/Ti-Zr-OPILC 的 H_2-TPR 还原曲线，MnO_x/Ti-Zr-OPILC 在 330℃ 和 440℃ 存在两个相对独立却未完全分开的还原峰，CeO_x/Ti-Zr-OPILC 的还原峰温度则更高（>500℃），而 Mn-CeO_x/Ti-Zr-OPILC 较前二者峰形明显变化，在更低的温度下（365℃）出现唯一的还原峰，由此可见 Mn-CeO_x/Ti-Zr-OPILC 中活性组分 MnO_x 和 CeO_x 的相互作用较强。

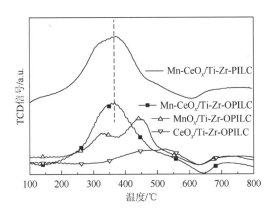

图 5.20　催化剂的 H_2-TPR 曲线

5.3.3　Mn-CeO$_x$/Ti-Zr-PILC 的低温 SCR 脱硝活性

1. 催化剂低温 SCR 脱硝活性

从图 5.21 中可以看出，采用未经交联的黏土作载体的催化剂脱硝活性很低，NO 最高转化率只有 46%，经过交联柱撑后催化剂脱硝活性大幅度提高。这与交联柱撑作用可有效提高催化剂比表面积、表面酸量和改善表面氧化还原性质有关。Mn-CeO$_x$/Ti-Zr-PILC 以及 Mn-CeO$_x$/Ti-Zr-OPILC 在 180℃时 NO 转化率即超过 50%。240℃时，Mn-CeO$_x$/Ti-Zr-PILC 的 NO 转化率甚至达到 80%。对黏土进行有机改性后进一步制得 Mn-CeO$_x$/Ti-Zr-OPILC，交联柱撑作用改善使酸位点更丰富，因此 NO 转化率在整个温度区间内进一步提高，在 240℃时其 NO 转化率即高达 95%。

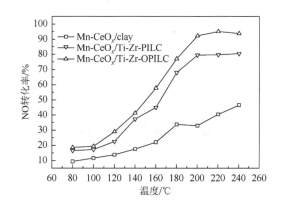

图 5.21　催化剂的低温 SCR 脱硝活性

测试条件：600ppm NO，600ppm NH$_3$，3% O$_2$，高纯 N$_2$ 作平衡气，
总气体流量为 300mL/min，催化剂质量为 0.5g

2. 运行条件对脱硝活性影响

本实验研究空速对 NO 转化率的影响，控制反应温度为 190℃，动态模拟烟气的成分如下：NO 为 600ppm，NH$_3$ 为 600ppm，O$_2$ 为 3%，99.999%高纯 N$_2$ 作为平衡气体，空速为 10000~60000h^{-1}。由图 5.22（a）可以看出，随着空速的增大，NO 转化率呈现下降的趋势。空速为 20000h^{-1} 时 NO 转化率最大，为 96%。空速增大使气体在催化剂内停留时间缩短，降低了与催化剂活性位接触概率，造成 NO 转化率下降。因此，在操作中应控制空速不能过大。

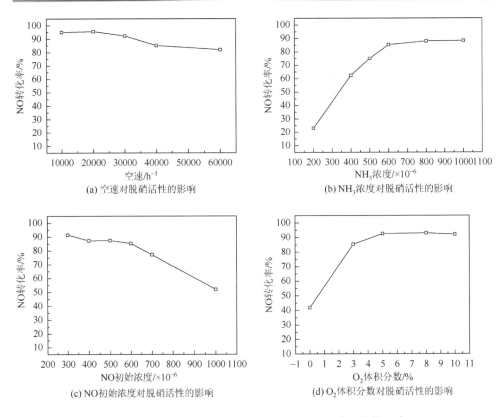

(a) 空速对脱硝活性的影响　　　　(b) NH₃浓度对脱硝活性的影响

(c) NO初始浓度对脱硝活性的影响　　　　(d) O₂体积分数对脱硝活性的影响

图 5.22　运行参数对 Mn-CeO$_x$/Ti-Zr-OPILC 脱硝活性的影响

　　控制反应温度为 190℃，气体空速为 40000h^{-1}，动态模拟烟气的成分如下：NO 为 600ppm，O$_2$ 为 3%，99.999%高纯 N$_2$ 作为平衡气体，NH$_3$ 浓度为 0.02%～0.1%，研究不同 NH$_3$ 浓度对 NO 转化率的影响。从图 5.20（b）中可以看出，随着 NH$_3$ 浓度的增加，NO 转化率呈现出上升的趋势，NH$_3$ 浓度达到 0.05%以后 NO 转化率上升不明显。

　　研究 NO 初始浓度对 NO 转化率的影响，控制反应温度为 190℃，气体空速为 40000h^{-1}，动态模拟烟气的成分如下：NH$_3$ 为 600ppm，O$_2$ 为 3%，99.999%高纯 N$_2$ 作为平衡气体，NO 初始浓度为 0.03%～0.1%。如图 5.22（c）所示，随着 NO 初始浓度的增加，NO 转化率呈现下降的趋势。在 NO 初始浓度为 0.03%时，NO 转化率接近 93%。在 NO 初始浓度为 0.1%时，NO 转化率下降到 51%。因此，催化剂对于高浓度的 NO 脱除效果不理想。

　　O$_2$ 在 SCR 脱硝反应中具有重要作用。首先，对于 Mn-CeO$_x$ 催化剂而言，Qi 和 Yang[118]指出吸附于催化剂上的气态 NH$_3$ 形成的配位 NH$_3$，需要在活性氧（O）存在的情况下脱氢才可形成 SCR 脱硝反应的活性物质 NH$_2$—，这部分 NH$_2$—最终与 NO 形成的 NH$_2$NO 反应，使其分解为 N$_2$ 和 H$_2$O；其次，必须有 O$_2$ 的参与，吸附的 NO 才可氧化形成 NO$_2$ 和 HNO$_2$，从而与配位 NH$_3$ 反应生成 N$_2$ 和 H$_2$O。图 5.22(d)表示在 190℃、40000h^{-1} 气体空速、NO 600ppm，NH$_3$ 600ppm，99.999% 高纯 N$_2$ 为平衡气体时 O$_2$ 体积分数对 NO 转化率的影响。实验中分别变化 O$_2$ 体积分数为 0、3%、5%、8%、10%。本实验中，O$_2$ 体积分数从 0 开始增加时，NO 转化率从 41%开始快速提高。O$_2$ 体积分数为 3%时，NO 转化率达到 85%。此后 NO 转化率无明显变化。

第6章 MnO_x 基柱撑黏土催化剂抗 H_2O 抗 SO_2 性

6.1 SCR 脱硝催化剂抗 H_2O 抗 SO_2 性

6.1.1 H_2O 和 SO_2 对 SCR 脱硝催化剂的毒化影响机制

1. H_2O 对 SCR 脱硝反应的影响机制

水蒸气（H_2O）对于气固相催化反应催化剂活性均会产生一定影响，如 VOC 的催化氧化、H_2S 的催化氧化、NH_3 分解以及气态碳氢化合物异构化反应等。对于低温 SCR 脱硝来讲，温度较低的烟气中存在的一定量的 H_2O 容易影响催化剂脱硝活性。贵金属类催化剂遇 H_2O 后脱硝活性明显降低；H_2O 对于过渡金属（Mn、Fe、Cu、V、Co 等）氧化物催化剂以及分子筛催化剂脱硝活性都有一定影响。H_2O 降低催化剂脱硝活性的机理主要体现在以下两个方面。

1）H_2O 的竞争吸附使反应活性降低

H_2O 和反应物［NO 和（或）NH_3］之间存在竞争吸附，这不利于 SCR 脱硝反应，会使反应活性降低[62, 230, 231]。H_2O 降低 NO 和（或）NH_3 的吸附有很多文献报道[230]，对于 MnO_x/Al_2O_3 而言，H_2O 的影响主要是竞争吸附导致催化剂表面的 NO 吸附量减少，NH_3 吸附量并未受 H_2O 明显影响；H_2O 的吸附包含物理吸附和化学吸附两种形式，其中物理吸附 H_2O 的致失活行为在断开 H_2O 后即可恢复，而化学吸附 H_2O 则不可，因此催化剂的脱硝活性在移除 H_2O 后依旧难以恢复至初始水平[145]。不过提高煅烧温度往往可以使催化剂表面羟基官能团发生凝聚和脱附，从而使 H_2O 化学吸附致失活催化剂再生，一般煅烧温度高于 500℃时催化剂脱硝活性可以完全恢复。

2）H_2O 影响或者改变催化剂的表面酸位点及其分布

通常来讲，催化剂或者其载体均呈现一定的强弱酸分布，其中 B 酸和 L 酸往往易受 H_2O 的影响；H_2O 甚至可以使两种酸发生一定的相互转变。研究发现，H_2O 并未使低温 SCR 脱硝催化剂 V_2O_5/AC 对 NO 及 NH_3 吸附量减少，相反，二者吸附量得到增加，研究者进一步提出催化剂脱硝活性受抑制主要与 H_2O 致 L 酸位点吸附的 NH_3 减少有关，SCR 脱硝活性因此出现整体下降；H_2O 量越高，其抑制作用越严重[86, 87]。

上述两种机理往往同时存在于特定催化体系中。Kijlstra 等[112]实验发现 H$_2$O 对 MnO$_x$/Al$_2$O$_3$ 的脱硝活性有明显抑制效应，并提出相应作用机制：H$_2$O 可与 NH$_3$ 等反应组分的物理竞争吸附钝化；除此之外，H$_2$O 还可通过在活性位点产生表面羟基导致催化剂的化学中毒。上述两种途径综合作用，最终导致 H$_2$O 降低催化剂的脱硝活性。

3）H$_2$O 影响 NO 催化氧化为 NO$_2$

有研究表明，H$_2$O 还可抑制 NO 催化氧化为 NO$_2$ 过程，而此过程往往与低温 SCR 脱硝活性有直接关联，因此 H$_2$O 不利于催化剂高效脱硝；此时，较低的反应温度会加剧 H$_2$O 的抑制效应[65]。

2. SO$_2$ 对 SCR 脱硝反应的影响机制

对于低温 SCR 脱硝而言，进入 SCR 反应器的烟气虽然经过脱硫处理，但是不可避免地还存在一定量的 SO$_2$，往往可以造成催化剂脱硝活性下降甚至完全失活。在 SO$_2$ 和 H$_2$O 同时存在的条件下，SO$_2$ 的毒化作用会进一步加剧。概括起来，SO$_2$ 可通过如下作用影响催化剂的低温 SCR 脱硝活性。

1）SO$_x$ 与 NH$_3$ 形成硫酸铵盐

低温条件下，烟气中的 SO$_2$ 往往可以与反应物中的 NH$_3$ 形成多种硫酸铵盐覆盖在催化剂表面或者堵塞催化剂孔道，降低催化剂表面活性位数，最终抑制催化剂脱硝活性。从某种意义上来讲，形成的铵盐可能有益于催化剂表面酸量的增强，不过这种影响往往难以成为主导以抵消其负面效应。Casapu 等[127]考察了 Mn-CeO$_x$ 在含 SO$_2$ 气氛中的脱硝活性，发现低温条件下形成的少量硫酸铵盐有助于增强催化剂的表面酸量，进而提高 NO 转化率；不过铵盐过度累积时，其对 SCR 脱硝过程的抑制作用要强于对表面酸量提高的促进作用，因此往往造成催化剂脱硝活性下降。

2）SO$_2$ 毒化催化剂活性成分

SO$_2$ 还可以与活性物质（Mn、Cu 等）反应形成金属硫酸盐，使催化剂脱硝活性丧失（图 6.1）。一般认为，相比于铵盐沉积产生的抑制作用，金属硫酸化造成的脱硝活性下降也可在低温 SCR 脱硝反应中占主导地位。

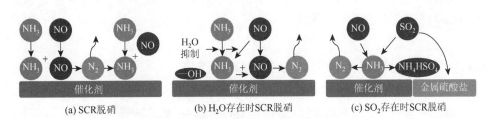

(a) SCR脱硝　　　　(b) H$_2$O存在时SCR脱硝　　　　(c) SO$_2$存在时SCR脱硝

图 6.1　H$_2$O 和 SO$_2$ 对 SCR 脱硝催化剂影响机制

3）SO_2 影响反应中间体形成或反应历程

SO_2 毒化催化剂还可影响反应过程中重要中间体的形成或反应历程，使反应的正常进行受阻。例如，SO_2 也会抑制 SCR 脱硝催化剂对 NO 至 NO_2 的氧化效果，造成催化剂的脱硝活性下降。Liu 等[235, 236]研究了 SO_2 对 $FeTiO_x$ 的影响，发现 SO_2 作用下的催化剂表面吸附 NO_x 能力受限，无法持续性形成 SCR 脱硝反应中间体硝酸盐，最终造成低温下 NO 转化率下降；通过 MnO_x 添加可以显著改进催化剂的脱硝活性，但是会造成抗 SO_2 性下降，这是由于加剧了硫酸盐化 $FeTiO_x$ 对硝酸盐形成的不可逆抑制作用。

部分载体本身硫酸化与催化剂失活也有一定关系，通常硫酸铵盐在 TiO_2 表面的稳定性更低，所以 TiO_2 往往可以改进负载型催化剂的抗 SO_2 性[222]。Al_2O_3 并不是抗 SO_2 性催化剂的良好载体，蜂窝状 $Mn-CeO_x/Al_2O_3$ 虽显示出一定的抗低浓度 SO_2 作用，但高浓度时（＞100ppm）催化剂即发生明显失活，催化剂中毒主要与 NH_4HSO_4 和硫酸化的 CeO_x 堵塞孔道并阻止 SCR 脱硝反应进行有关[236]。对于黏土催化剂的抗 H_2O 抗 SO_2 性，文献[237]以 Zr-PILC 催化剂为对象进行过研究，证实 H_2O 对催化剂产生轻微的可逆性钝化失活，而 SO_2 对催化剂的毒化作用取决于 SO_2 的添加方式，其中反应前通 SO_2 可使得催化剂脱硝活性降幅达到 50 个百分点。

对于低温 SCR 脱硝催化剂表面形成的硫酸铵盐沉积物，采用热处理通常可以将其一定程度甚至完全分解，或者采用水洗手段去除盐类以实现催化剂脱硝活性的恢复。活性成分与载体受 SO_2 作用形成其他盐类的失活采用热处理几乎没有作用，SO_2 作用为不可逆中毒，此中毒再生困难；不过采用适当的酸性等其他化学手段处理可以使失活催化剂脱硝活性部分恢复。

3. H_2O 和 SO_2 对 SCR 脱硝选择性的影响及影响机制

选择性是催化剂 SCR 脱硝活性非常重要的一个指标。H_2O 对于 N_2 选择性的提高通常有利，Xiong 等[238, 239]指出 $Mn-FeO_x$ 尖晶石和 $Mn-CeO_x$ 催化剂遵循 E-R 机理时，H_2O 对 N_2O 形成具有明显抑制作用，此源于 MnO_x 氧化能力、NH_3 吸附和表面反应受限；此外，L-H 机理中 H_2O 同样阻碍 N_2O 的形成。SO_2 对低温 SCR 脱硝选择性的影响未见研究报道。

6.1.2 SCR 脱硝催化剂抗 H_2O 抗 SO_2 性改进

通过添加第二（三）组分、载体、制备方法和形貌控制等手段常常可以制备出高抗 H_2O 抗 SO_2 性的 SCR 脱硝催化剂。

1. 添加活性组分或助剂

添加活性组分或助剂是提高催化剂抗 H$_2$O 抗 SO$_2$ 性的有效手段，尤其是抗 SO$_2$ 性改善方面，添加成分涉及 Ce、Fe、V、Nb、Sn 等氧化物。其中 Ce 氧化物效果较显著。SO$_2$ 本身对 CeO$_x$ 为活性成分的相关催化剂的脱硝有利。据报道，CeO$_2$/TiO$_2$ 在 SO$_2$ 存在时依然具有较高的脱硝活性[240]。

通过添加 Ce 还可以显著改善 MnO$_x$ 催化剂遇 SO$_2$ 中毒失活情况，主要是由于硫化的 CeO$_2$ 可以增强催化剂吸附的 NH$_3$ 量，同时可防止 NH$_3$ 氧化形成 NO[241]；Ce 的添加还不利于硫酸铵盐的形成。研究发现添加 Ce 后，MnO$_x$ 基催化剂抗 SO$_2$ 性和脱硝活性均明显改善。与 MnO$_x$/PG 相比，Mn-CeO$_x$/PG 催化剂在 SO$_2$ 存在的情况下依旧具有很好的 NO 转化率，催化剂抗 SO$_2$ 性大大增强，通过表征分析发现这是由于降低了 MnSO$_4$ 的形成量，从而保护了活性组分 MnO$_x$ 的稳定性[242]。Wang 等[243]也有类似发现，他们进一步提出 MnSO$_4$ 和硫酸铵盐形成受阻同时奏效于 Mn-CeO$_x$ 催化体系。组分 Ce 对于低温 SCR 脱硝催化剂抗 SO$_2$ 性的提高对于 V[244]、Cu 等多种催化体系同样奏效。Ce 本身形成 CeSO$_4$，可以作为牺牲剂从而保护活性组分。很多研究证实 VO$_x$ 和 CuO$_x$ 基等催化剂引入 Ce 组分后，抗 SO$_2$ 性明显增强，这归因于 Ce 阻碍了活性组分 Cu 被硫化为 CuSO$_4$[245]。

Fe 是可增强 Ce、V、Cu、Mn 和 Co 基氧化物 SCR 脱硝催化剂抗 SO$_2$ 性的另一类重要元素。在 FeO$_x$ 加入后，Teng 等[246]制备的 Mn-Ce/TiO$_2$ 抗 SO$_2$ 性明显提高。Fang 等[247]指出在 Cu-FeO$_x$ 中硫酸铵盐和 CuSO$_4$ 难以形成，因此催化剂展现出极佳的抗 SO$_2$ 性。在研究三维有序大孔结构 Ce-Zr-MO$_x$（M = Fe、Cu、Mn、Co）SCR 脱硝活性时，Gao 等[248]发现含 Fe 组分催化剂展现出最高的抗 SO$_2$ 性。VO$_x$ 也可增强 MnO$_x$ 基催化剂在含 SO$_2$ 烟气中的脱硝活性，通过浸渍法制备的 Mn-Ce-V-WO$_x$/TiO$_2$ 系列催化剂中 Mn^{4+} 和 Ce^{4+} 对 SO$_2$ 的吸附使其具备较好的抗 H$_2$O 抗 SO$_2$ 性。

2. 载体

与 SiO$_2$ 和 Al$_2$O$_3$ 相比，TiO$_2$ 是 MnO$_x$ 催化剂适宜的载体，尤其对于提高其抗 SO$_2$ 性方面。对于 VO$_x$ 催化剂而言，AC 负载型催化剂利于提高硫酸铵盐的分解速率，从而使催化剂具备较好的抗 SO$_2$ 性。使用高强酸性载体减少催化剂对 SO$_2$ 吸附也可提高催化剂的抗 SO$_2$ 性[249]。在含 SO$_2$ 情况下，六方相 WO$_3$（hexagonal WO$_3$，HWO）作为载体的相关催化剂依旧显示出较高的脱硝活性，也是高抗 SO$_2$ 性催化剂的典型。通过 Mo 取代 HWO 制备的 Mo-HWO，可以促进反应物和活性位之间的电子传递，催化剂最终展现出较高的脱硝活性；在 2700mg/m^3 SO$_2$ 和 10% H$_2$O 同时存在的条件下，催化剂依旧显示出较高的 NO 转化率（始终维持在 80%附近），在通入 SO$_2$ 和 H$_2$O 5h 内没有出现任何下降（活性测试条件如下：350℃，2700mg/m^3

SO_2，10% H_2O，500ppm NH_3，500ppm NO，3.0% O_2，平衡气 N_2，反应空速为 192000h^{-1}）；通过多种表征手段分析发现活性位上 NH_3 的吸附及活化发生在 HWO 的开放性孔道中，如纳米棒 Mo-HWO 的（001）晶面[250]。

Huang 等[251]采用浸渍法制备的 V_2O_5-HWO 同样展现出绝佳的抗 SO_2 性，其脱硝活性几乎不受高浓度 SO_2（1300mg/m^3）影响，而商业催化剂在 4h 内几乎完全丧失脱硝活性；V_2O_5-HWO 在通入 SO_2 初始时 NO 转化率甚至明显提高（由 65% 升高至 90% 以上），而后一直维持在稳定水平，在测试时间超过 6h 后仍然未有下降（活性测试条件如下：350 ℃，500ppm NH_3，500ppm NO，3.0% O_2，1300mg/m^3 SO_2，平衡气 N_2，反应空速为 200000h^{-1}）；通过表征分析，认为催化剂的高抗 SO_2 性源自于 HWO 结构，在促进分散活性组分 VO_x 以高效脱硝的同时，其光滑的表面和孔径可调的通道内可以使 SO_x 等扩散并实现捕捉，所以 SO_2 不会毒化活性组分 VO_x；相反地，被载体孔道捕捉的含 S 物质可以使催化剂的酸性增强以提高 SCR 脱硝反应。值得一提的是该催化剂同时具备很好的抗碱金属中毒能力。

3. 制备方法

水热法制备催化剂具有操作简单、活性物质分散均匀及便于实现形貌调控等诸多优点。采用一步水热法在分子筛 SAPQ 中嵌入 Ce，之后采用乙醇分散方式负载活性组分制备的 Mn-CeO_x/SAPQ 催化剂展现了卓越的抗 SO_2 性，分析认为这与水热操作中嵌入的 Ce 物质有关，其与浸渍负载的两种 CeO_x 可作为牺牲剂优先与 SO_2 反应，进而抑制反应体系中 NH_4HSO_4 等的生成与沉积，随后的 DFT 计算也证实催化剂表面负载的 Ce 比载体骨架中的 Ce 更优先与 SO_2 反应[252]。

Liu 等[253]采用柠檬酸法制备了 Ce-Sb 系列双组分催化剂，Ce 与 Sb 之间产生强相互作用，催化剂具备较高的氧化还原性质及酸量，因此便于 NH_3 的吸附及活化，最终催化剂显示出极高的脱硝活性，兼具很好的抗 H_2O 抗 SO_2 性。

催化剂的某些特定形貌对催化剂的脱硝活性和抗毒性往往发挥重要作用，而制备方法是控制这些形貌特征的重要手段。Shi 等[254]通过溶胶-凝胶法制备的多层次介-大孔（hierarchically macro-mesoporous，HM）催化剂 HM-MnO_x/TiO_2 的脱硝活性和抗 SO_2 性明显高于 MnO_x/TiO_2，在 120℃通入 30ppm SO_2 的情况下，可以完全有效脱除 1000ppm NO 的 HM-MnO_x/TiO_2 催化剂 5h 内 NO 转化率几乎无变化，8h 时仅仅下降至 80%；对比之下，NO 转化率为 60% 左右的 MnO_x/TiO_2 下降至 10%，此时催化剂几乎完全失活。

4. 其他

测试条件（如温度）是 SO_2 致催化剂脱硝活性下降的重要参数，提高反应温度往往可以改善催化剂的抗 SO$_2$ 性。温度在 100℃时，硫酸铵盐的沉积使催化剂 Mn-CeO$_x$/TiO$_2$ 快速失活，温度达到 200℃时，硫酸铵盐沉积减弱[223]；对于 Cr-VO$_x$ 催化剂而言，180℃通入 100ppm SO$_2$ 1h 内，NO 转化率即从 95%以上降至 80%以下，在反应温度为 220℃的条件下，通入 SO$_2$ 13h 内却未见 NO 转化率下降。减少反应气体中的 H$_2$O 含量也可起到改善催化剂抗 SO$_2$ 性的效果[57]。

有研究指出，对催化剂进行硫化或者采用硫酸盐形式活性组分可提高催化剂抗 SO$_2$ 性，如 CuSO$_4$/TiO$_2$、Fe-Cu（SO$_4$）-CeO$_x$/TiO$_2$ 催化剂等[255, 256]。通过含 SO$_2$ 或者其他相关气体对催化剂进行硫化处理也可提高 Co 类催化剂 SCR 脱硝活性。Yao 等[257]通过溶胶-凝胶法制备的 Ce-O-P 催化剂在 SO$_2$ 气氛中也具备较好的脱硝活性。

6.1.3　H$_2$O 和 SO$_2$ 作用下 MnO$_x$ 基催化剂脱硝活性

文献中关于 MnO$_x$ 相关催化剂在低温 SCR 脱硝过程中抗 H$_2$O 抗 SO$_2$ 性的研究广泛，其中对高抗 H$_2$O 抗 SO$_2$ 性催化剂的报道和整理很多，表 6.1 中给出具有代表性的系列催化剂。

表 6.1　MnO$_x$ 基催化剂的抗 H$_2$O 抗 SO$_2$ 性[258]

催化剂	测试条件						T/℃	X_{NO}/%	X_{NO}-U /%	X_{NO}-A /%
	NH$_3$/ppm	NO/ppm	O$_2$/%	H$_2$O/%	SO$_2$/ppm	空速/h^{-1}				
MnO$_x$	500	500	3	10	100	47000	80	98	70	90
MnO$_x$	500	500	5	11	100	50000	120	100	94	100
Mn-Ce	1000	1000	2	2.5	100	42000	120	100	95	100
Mn-Ce	500	500	5	5	50	64000	150	约98	约95	—
Mn-Ce	500	500	5	5	100	60000	200	约97	约70	约85
Mn-Fe	1000	1000	2	2.5	37.5	15000	160	100	约98	—
Mn-Fe	1000	1000	3	5	100	30000	120	100	87	93
Mn-Co	500	500	3	8	200	38000	175	100	90	100
Mn-Co	500	500	5	5	100	50000	200	100	80	90
Mn-Cu	500	500	5	11	100	50000	125	95	64	约90
Mn-Sm	500	500	5	2	100	49000	100	100	91	97
Mn-Eu	600	600	5	5	100	108000	350	100	90	95
Mn-Fe-Ce	1000	1000	2	2.5	100	42000	150	98	95	98
Mn-Ce-Fe	1000	1000	3	10	100	30000	120	100	75	95
Mn-Sn-Ce	1000	1000	2	12	100	35000	110	100	70	90
Mn-Ce-Ni	500	500	5	10	150	48000	175	约90	约78	约90

续表

催化剂	测试条件						$T/℃$	$X_{NO}/\%$	X_{NO}-U /%	X_{NO}-A /%
	NH$_3$/ppm	NO/ppm	O$_2$/%	H$_2$O/%	SO$_2$/ppm	空速/h^{-1}				
Mn-Ce-Co	500	500	5	10	150	48000	175	约90	约72	约90
Mn-W-Zr	500	500	5	5	50	128000	300	100	约90	100
Mn-Fe/TiO$_2$	1000	1000	2	2.5	100	15000	150	100	90	100
Mn/Fe-TiO$_2$	500	500	2	8	60	12000	200	100	83	100
Mn-Ce/TiO$_2$	1000	1000	3	3	100	30000	150	100	84	—
Mn-Fe-Ce/TiO$_2$	600	600	3	3	100	50000	180	100	84	90
Mn-Ce-Ti-PILC	600	600	3	3	100	50000	200	约95	约90	约90
Mn-Ce/TiO$_2$	220	200	8	6	100	60000	180	100	62	70
Mn-Ce/TiO$_2$	500	500	5	5	50	64000	200	约95	约90	约93
Ni-Mn/TiO$_2$	1000	1000	3	15	100	40000	240	100	约95	100
MnCe@CNTs	500	500	3	4	100	10000	300	100	87	90
Fe$_2$O$_3$@MnO$_x$@CNTs	550	550	5	10	100	20000	240	97	91	95
Mn-Ce/TiO$_2$-graphene	500	500	7	10	200	67000	180	95	95	100
MnO$_x$/Ce$_{0.5}$Zr$_{0.5}$O	600	600	3	3	200	30000	180	100	约92	约98
W$_y$SnMnCeO$_x$	500	500	5	5	100	60000	200	约97	约97	约95
MnO$_x$/3DOMC	1000	1000	5	5	200	36000	190	100	约87	约95
W$_{0.25}$Mn$_{0.25}$Ti$_{0.5}$	1000	1000	5	10	100	25000	—	100	100	—

注：X_{NO}、X_{NO}-U 和 X_{NO}-A 分别表示无 H$_2$O 和 SO$_2$ 时、H$_2$O 和 SO$_2$ 作用下、H$_2$O 和 SO$_2$ 测试后（断开或者部分再生后）NO 转化率

6.2　Mn-CeO$_x$/Ti-PILC 抗 H$_2$O 抗 SO$_2$ 性分析

6.2.1　H$_2$O 和 SO$_2$ 作用前后样品表征结果

下面通过对比在 3% H$_2$O 与 200ppm SO$_2$ 共同作用前后的 Mn-CeO$_x$/ Ti-PILC 样品（以 TiOSO$_4$ 为 Ti 源），分析探讨 H$_2$O 和 SO$_2$ 对催化剂的影响以及机理。中毒后的催化剂标记为 Mn-CeO$_x$/Ti-PILC（S1）、350℃ 热处理后的催化剂记为 Mn-CeO$_x$/Ti-PILC（S2）。将新鲜催化剂直接记为 Mn-CeO$_x$/Ti-PILC。

1. 孔结构分析

对比表 6.2 中催化剂的比表面积、孔容和孔径信息可以发现，新鲜催化剂

Mn-CeO$_x$/Ti-PILC 的比表面积和孔容分别为 117.0m^2/g 和 0.1420cm^3/g；SO$_2$ 和 H$_2$O 中毒后的 Mn-CeO$_x$/Ti-PILC（S1）的比表面积和孔容明显下降，分别下降至 97.5m^2/g 和 0.1057cm^3/g，这可能是由于硫酸铵盐堵塞微孔或者介孔，因此 SO$_2$ 和 H$_2$O 中毒催化剂 Mn-CeO$_x$/Ti-PILC（S1）脱硝活性明显下降。Mn-CeO$_x$/Ti-PILC（S2）的比表面积和孔容又出现回升，分别上升为 102.8m^2/g 和 0.1122cm^3/g，可能源于加热使沉积的部分硫酸盐分解。

表 6.2　催化剂的孔结构特性

样品	比表面积 S_{BET}/(m^2/g)	孔容 V_t/(cm^3/g)	平均孔径 d/nm
Mn-CeO$_x$/Ti-PILC	117.0	0.1420	4.8770
Mn-CeO$_x$/Ti-PILC（S1）	97.5	0.1057	5.3241
Mn-CeO$_x$/Ti-PILC（S2）	102.8	0.1122	5.1004

2. FTIR 表征分析

在—OH 振动区域，由 FTIR 分析结果（图 6.2）可以看出，SO$_2$ 和 H$_2$O 作用后的中毒催化剂中 3440cm^{-1} 峰（层间水 H—O—H 键伸缩振动）明显弱化，伴随着 3614cm^{-1} 峰［结构羟基（Al—O—H 键）伸缩振动］的加强，说明 SO$_2$ 和 H$_2$O 毒化后催化剂的有效表面活性羟基数目减少；热处理后的催化剂 Mn-CeO$_x$/Ti-PILC（S2）中此峰仍然存在，但是强度相对减弱。Mn-CeO$_x$/Ti-PILC（S1）中 3614cm^{-1} 峰类似于 Mn-CeO$_x$/clay 以及交联情况很差的 Mn-CeO$_x$/Ti-PILC（Cl）（图 4.21），前面已指出 Mn-CeO$_x$/clay 和 Mn-CeO$_x$/Ti-PILC（Cl）脱硝活性明显偏低，这在一定程度上与 SO$_2$ 和 H$_2$O 作用后催化剂脱硝活性明显降低的结果一致。需要指出的是，

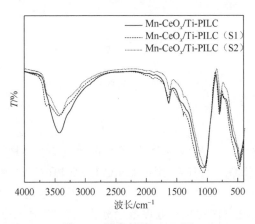

图 6.2　催化剂的 FTIR 图

Mn-CeO$_x$/Ti-PILC（S1）在 1384cm^{-1} 处出现谱峰，而 Mn-CeO$_x$/Ti-PILC（S2）中虽然此峰依旧存在，但是强度变弱。一般来讲，催化剂表面形成硫酸盐时，1384cm^{-1} 处会有谱峰出现。结合 Mn-CeO$_x$/Ti-PILC（S1）中—OH 振动区域峰强及峰形的变化，可以认为催化剂在 H$_2$O 和 200ppm 高浓度 SO$_2$ 作用后生成的部分硫酸盐覆盖占据表面活性羟基位点，这是致使催化剂中毒的可能原因。

3. 热分析表征

通过 TG 手段对三个样品进行分析（图6.3）。所有样品的第一个失重过程（25～150℃）均是由于失去物理变化吸附或者结晶水所致。在这个失重过程之后，较新鲜催化剂 Mn-CeO$_x$/Ti-PILC 而言，SO$_2$ 和 H$_2$O 作用的催化剂 Mn-CeO$_x$/Ti-PILC（S1）继续明显失重，失重率明显高于新鲜催化剂，根据硫酸铵盐的分解温度推测此失重过程与沉积的硫酸铵盐受热分解有关。实验中，通入高浓度的 SO$_2$ 之后，SO$_2$ 本身以及其氧化产物 SO$_3$ 等与反应气体中的 NH$_3$ 反应，硫酸铵盐的生成速度高于其分解或者与 NO 反应的速度，造成其沉积并覆盖催化剂的活性位点，导致催化剂的脱硝活性降低。经过热处理后的 Mn-CeO$_x$/Ti-PILC（S2）较低的失重率印证了这种推测。热处理后硫酸铵盐部分分解，因此在继物理或者结晶水失去的温度段后，样品失重率降低。

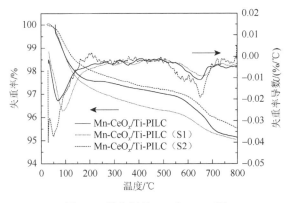

图6.3　催化剂的 TG 和 DTG 图

4. NH$_3$-TPD 分析

对新鲜、SO$_2$ 和 H$_2$O 中毒以及热处理后催化剂进行 NH$_3$-TPD 分析，结果如图6.4所示。与 Mn-CeO$_x$/Ti-PILC 相比，Mn-CeO$_x$/Ti-PILC（S1）和 Mn-CeO$_x$/Ti-PILC（S2）的 NH$_3$ 脱附峰明显增大，尤其是在 300℃ 以后。但是这个过程很可能受样品分解或者其中挥发性物质的影响，难以准确分析其含义。不过 NH$_3$-TPD 测试之前，Mn-CeO$_x$/Ti-PILC（S1）和 Mn-CeO$_x$/Ti-PILC（S2）已分别在 200℃ 和 350℃ 经过

热处理，因此，较低温度下（分别为低于 200℃和低于 300℃）的 NH$_3$ 脱附峰可以在一定程度上用于分析样品的表面酸量。Mn-CeO$_x$/Ti-PILC（S1）和 Mn-CeO$_x$/Ti-PILC（S2）的 NH$_3$ 脱附峰与 Mn-CeO$_x$/Ti-PILC 相比明显滞后，这反映出二者具有较高的酸性强度。酸性过强时，吸附的 NH$_3$ 很难脱附并参与 SCR 脱硝过程中，不利于反应进行，因此其脱硝活性较低。同时，低温段较大的 NH$_3$ 脱附峰面积意味着 Mn-CeO$_x$/Ti-PILC（S1）和 Mn-CeO$_x$/Ti-PILC（S2）较高的表面酸量，可能是由于沉积的硫酸盐所致。很多文献报道过催化剂进行硫化可提高催化剂表面酸量[42, 62, 66]。此外，在脱附温度低于 200℃时，Mn-CeO$_x$/Ti-PILC（S1）比 Mn-CeO$_x$/Ti-PILC（S2）酸量更高，可以认为这部分主要为弱 B 酸，主要是由于热处理使部分硫酸铵盐分解。残存于催化剂多孔性网状结构内部、很难分解的大部分硫酸铵盐使 Mn-CeO$_x$/Ti-PILC（S2）弱 B 酸量高于新鲜催化剂，在图 6.4 中表现为 Mn-CeO$_x$/Ti-PILC（S2）在 200℃前的 NH$_3$ 脱附峰面积明显较大。

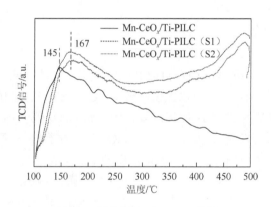

图 6.4　催化剂的 NH$_3$-TPD 曲线

5. H$_2$-TPR 分析

图 6.5 给出了 H$_2$-TPR 表征分析结果。三个样品的还原曲线线形以及还原峰位置均不同。其中，Mn-CeO$_x$/Ti-PILC 中存在宽泛钝化的还原峰（中心温度为 361℃左右）；Mn-CeO$_x$/Ti-PILC（S1）和 Mn-CeO$_x$/Ti-PILC（S2）的还原峰明显变得尖锐，同时在 400~500℃也出现两个峰，不过这两个峰不能排除沉积的硫酸铵盐或者其他中毒成分分解的影响，所以在此不做细致讨论。然而，与 Mn-CeO$_x$/Ti-PILC 相比，Mn-CeO$_x$/Ti-PILC（S1）和 Mn-CeO$_x$/Ti-PILC（S2）的还原过程明显滞后，并且还原峰出现在 371℃和 375℃，这意味着二者的氧化还原性质有可能减弱，样品表面生成了难还原性物质，尤其是对于 350℃处理后的 Mn-CeO$_x$/Ti-PILC（S2）而言。分析认为 MnO$_x$ 可能部分发生硫酸化并形成 MnSO$_4$，也有可能是 Ti-PILC 中的 CaO 或 MgO 等与 SO$_2$ 发生反应导致硫酸盐生成。

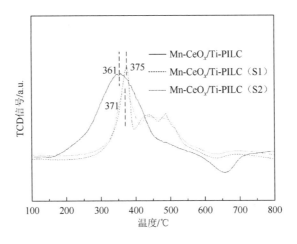

图 6.5　催化剂的 H_2-TPR 曲线

6.2.2　分析与讨论

以 $TiOSO_4$ 为 Ti 源的 Mn-CeO$_x$/Ti-PILC 体现出一定的抗低浓度（100ppm）SO_2 抗 H_2O 性，证实载体制备方法可以显著改善 Mn-CeO$_x$/Ti-PILC 的脱硝活性和抗 SO_2 抗 H_2O 性。已报道的抗 SO_2 性相对较好的 Mn-CeO$_x$ 催化剂主要有 Mn-CeO$_x$/ZSM-5[95]、Mn-CeO$_x$/TiO$_2$[132] 和 Mn-Ce-Fe-TiO$_2$[117]。对于 Carja 等[95]通过改进的液相法在 150℃制备的 ZSM-5 负载型 Mn-CeO$_x$ 催化剂，由于分子筛构架、过量交换的 Mn 和 Ce 活性组分等因素，催化剂具备独特的微孔-介孔结构等表面特性，具备一定的抗 SO_2 抗 H_2O 性。Yu 等[117]通过溶胶-凝胶法制备的 Mn-Ce-Fe-TiO$_2$ 催化剂显示出优越的抗 SO_2 抗 H_2O 性，通入 300ppm 高浓度 SO_2 60h 内，催化剂脱硝活性未出现任何下降；在 SO_2 和 10%H_2O 同时存在的条件下，将 SO_2 从 300ppm 升高至 900ppm，也未导致催化剂脱硝活性显著降低，通过 N_2 吸附/脱附、XPS、TEM 等多种手段表征发现 Mn-Ce-Fe-TiO$_2$ 具有独特的介孔结构，并提出 Mn-Ce-Fe-TiO$_2$ 突出的抗 SO_2 抗 H_2O 性正归因于此介孔结构，它使催化剂表面的硫酸铵盐分解与沉积达到平衡，因此避免了 SO_2 对其脱硝活性的显著抑制效应。

由上可见，催化剂的结构特性对抗 SO_2 性影响显著。本书以 $TiOSO_4$ 为 Ti 源的 Mn-CeO$_x$/Ti-PILC 为介孔材料，并且介孔孔容在三种 Ti 源催化剂中最高。XRD 和 FTIR 等手段发现催化剂保留了 Ti-PILC 这种类分子筛材料的基本特征，综合 Carja 等[95]和 Yu 等[117]的分析，催化剂独特的结构特征可以从一方面解释 Mn-CeO$_x$/Ti-PILC 短时间内一定的抗 SO_2 抗 H_2O 性。低浓度 SO_2 下，具有独特类分子筛介孔结构的催化剂表面硫酸铵盐的沉积与反应或者分解达到平衡，因此脱硝活性未出现明显下降。从这个意义上讲，闵恩泽[182]也曾指出具有二维孔道的

PILC 对提高催化剂的使用寿命有利。实验中，低浓度 SO$_2$ 存在时，Mn-CeO$_x$/Ti-PILC（S1）表面也可能生成一定量的硫酸铵盐，我们推测 Mn-CeO$_x$/Ti-PILC 本身含有的一定量相对较大孔径的孔道，便于承接部分反应过程中形成的硫酸盐沉积物，起到保护催化剂表面的活性位点的作用，从而保证其脱硝活性未出现显著下降。Yang 和 Cichanowicz[183]同样提出 PILC 具有过滤扩散较慢的 As$_2$O$_3$ 等毒性物质以避免层间氧化物柱被毒化的效果，此观点也支持了推测。PILC 的孔结构可抑制进入其网状结构内部的 MnO$_x$ 的形成以及转化，起到稳定 MnO$_x$ 的作用[208]。类似地，沉积在孔道中的硫酸铵盐热分解受到抑制，在 350℃下可能也很难分解，故实验中热处理后催化剂脱硝活性也仅恢复 12 个百分点左右。

另外，以 Mn(NO$_3$)$_2$ 为原料，同样使用浸渍法在 500℃制备 MnO$_x$ 基 PILC 时，Mn 有可能进入层间 PILC 的网格结构内部，而不仅仅停留在载体表面[208]。同样的道理，硫酸铵盐也有可能沉积于催化剂表面，而保护了部分进入层间的 Mn-CeO$_x$ 活性成分，使催化剂 Mn-CeO$_x$/Ti-PILC（S）能够抵抗一定浓度的 SO$_2$。

通过对催化剂的硫化等特殊处理继续对 PILC 负载型 Mn-CeO$_x$ 催化剂的中毒机理进行探讨（图 6.6～图 6.8）。首先对新鲜催化剂预硫化前后脱硝活性进行对比（图 6.6），测试温度为 200℃。其中，预硫化操作如下：无 NH$_3$ 条件下，将催化剂在 SO$_2$ 和 O$_2$ 混合气氛中处理 2h（室温），通过 N$_2$ 吹扫 1h 以去除催化表面物理吸附的 SO$_2$。测试结果表明，预硫化催化剂的 NO 转化率低于 20%，发生严重失活。因为无 NH$_3$ 的预处理环境排除了硫酸铵盐沉积，所以催化剂的失活可能是活性成分 MnO$_x$ 和 CeO$_x$ 在硫化过程中形成 MnSO$_4$ 等金属硫酸盐而致。

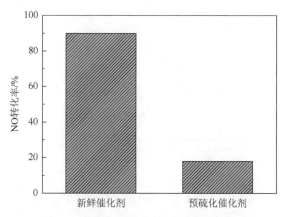

图 6.6　催化剂预硫化前后脱硝活性对比

测试条件：600ppm NO，600ppm NH$_3$，3% O$_2$，N$_2$ 为平衡气，总流量为 300mL/min，催化剂质量为 0.5g，测试温度为 200℃

　　通过 XPS 手段对在 SO₂ 气氛脱硝反应后的催化剂表面 Mn、S 和 N 三种元素进行深入分析。对催化剂在不同浓度的 SO₂ 中毒样品进行分析，各中毒催化剂元素 XPS 分析结果见图 6.7。S2p 的 XPS 分析结果中谱峰均出现在 168.4eV 左右，可以说明表面 S 以 S^{6+} 和 S^{4+} 共存，故 SO₂ 在催化剂表面的反应产物有硫酸盐以及亚硫酸盐物质。Mn2p 的 XPS 分析结果中，新鲜催化剂的 Mn2$p_{1/2}$ 和 Mn2$p_{3/2}$ 的 XPS 峰分别出现在 653.5eV 和 641.8eV，对应于 Mn^{3+} 和 Mn^{4+} 两种形态共存的混合价态。Mn 的电子结合能未向高电子结合能方向偏移，对失活催化剂表面 N 也进行 XPS 分析，发现 N1s 结合能为 400～401.5eV，符合相关铵盐的能谱特征，这也证明在 SO₂ 气氛下催化剂表面发生了相关硫酸铵盐沉积。

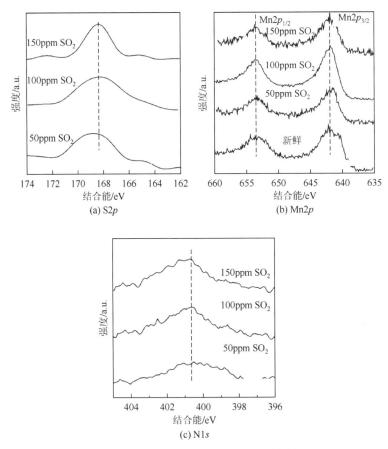

图 6.7　S 中毒催化剂表面元素 XPS 分析结果

　　从图 6.8 所示的再生处理后催化剂的脱硝活性结果可以看出，经 350℃下热处理 2h 再生处理后，PILC 负载型催化剂脱硝活性得到部分恢复（新鲜催化剂脱硝活性结果见图 6.6）；去离子水反复洗涤 1h 的水洗再生催化剂脱硝活性则明显恢复，NO 转化率接近 85%。分析认为水洗再生使催化剂表面的大部分硫铵盐物质几乎完全去除，脱硝活性并未恢复至新鲜催化剂脱硝活性水平正是由于铵盐沉积之外的其他中毒原因，如活性组分形成硫酸盐等。热处理催化剂脱硝活性恢复有限，除了毒化的活性组分无法恢复外，可能与铵盐进入催化剂微小孔道甚至进入柱撑层间难以加热分解有关。

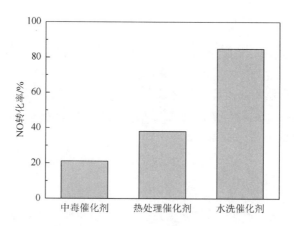

图 6.8　催化剂再生前后脱硝活性对比

测试条件：600ppm NO，600ppm NH$_3$，3% O$_2$，N$_2$ 为平衡气，总流量为 300mL/min，催化剂质量为 0.5g，测试温度为 200℃

　　此外，本章采用的 Ti-PILC 负载型催化剂表现出具有一定的抗 H$_2$O 抗 SO$_2$ 性，在低浓度 SO$_2$ 条件下，催化剂脱硝活性并未受到较大冲击；在 200ppm 高浓度 SO$_2$ 作用下催化剂明显失活。很多文献指出，TiO$_2$ 与 SO$_2$ 反应活性差，同时硫酸盐在其表面稳定性较差[24, 25]，因此 TiO$_2$ 载体可以保护活性成分，其负载型催化剂常具备一定的抗 SO$_2$ 性。据文献[175]报道，以浸渍法制备的 Mn-CeO$_x$/TiO$_2$ 具备一定的抗 H$_2$O 抗 SO$_2$ 性，烟气中 SO$_2$ 对该催化剂几乎无影响，即使 H$_2$O 和 SO$_2$ 同时存在时，催化剂 NO 转化率仍能长期稳定在 81% 左右。对于 Mn-CeO$_x$/Ti-PILC，XRD 表征发现其可能存在一定量的层外 TiO$_2$，这也可能是其具备一定抗 SO$_2$ 性的原因。此外，此催化剂的 Ti 源具有一定的 SO$_4^{2-}$，酸性较强，催化剂表面能提供较多的酸位（如 SO$_4^{2-}$ 提供）。基于此，Mn-CeO$_x$/Ti-PILC 具有较强的表面酸量，铵盐覆盖也会使催化剂的酸性下降程度较轻。

第7章 负载型 MnO_x 催化剂抗碱（土）金属毒化性能

7.1 SCR 脱硝催化剂抗碱（土）金属毒化性能

目前我国煤品质不高，且灰分含量高，除尘器之前布置 SCR 脱硝催化剂床层带来了诸多问题，如冲刷磨损、烧结失活及粉尘等覆盖等。其中，很多研究证实催化剂容易出现碱金属、As 和 Pb 等中毒问题。

7.1.1 碱（土）金属中毒

碱金属是对催化剂毒性最大的一类元素，烟气中碱金属对 VO_x 基催化剂可产生物理或者化学毒化作用，引起催化剂的严重中毒失活。生物质为燃料的电厂烟气中碱金属主要为 K，其存在形式一般为 K_2O、K_2SO_4 和 KCl 等，而燃煤烟气中碱金属则以 Na 为主。催化剂碱（土）金属中毒机理主要包含以下几个方面。

（1）沉积覆盖导致催化剂孔道堵塞，造成催化剂比表面积减小。

（2）催化剂表面酸位点被碱金属占据，致使表面吸附 NH_3 能力下降。

（3）与活性组分 V 或者助剂等反应生成其他化合物，使活性组分受损。

（4）碱金属占据催化剂表面氧空位，降低表面化学氧中心数量，使得活性位点还原性能降低，进而影响 SCR 脱硝反应过程中的氧化过程。

碱金属元素导致催化剂中毒失活程度随碱金属碱性增强而加强[259]。文献中关于 K 致催化剂中毒研究较多。K 容易与催化剂表面的酸位点发生反应使催化剂表面吸附的 NH_3 减少，最终导致催化剂脱硝活性降低。K_2O 可影响 V—OH 或者 W—OH 的 B 酸位点，进而抑制活性中间体 NH_4^+ 的形成；还可促使催化剂表面钒物质由正钒酸（VO_4^{3+}）转化为偏钒酸（VO_3^-），进而与 K_2O 反应生成 KVO_3[259]。Zheng 等[260]详细研究了 K 对催化剂的中毒机制，将商业催化剂分别置于含有生物质燃烧粉尘颗粒、含有 KCl 微粒和含有 KCl 和 K_2SO_4 气溶胶的烟气中模拟催化剂 K 中毒，最终发现第三种气氛导致的催化剂脱硝活性下降最快。再将脱硝活性结果与表征结果结合分析后，进一步提出如下观点：KCl 和 K_2SO_4 在催化剂表面的累积能阻止 NO 和 NH_3 进入催化剂内部，从而导致其低温 SCR 脱硝活性降低，但是这并非催化剂中毒的主要原因；主要原因为 KCl 和 K_2SO_4 积累并与酸位点反应致使酸位点失活。Larsson 等[261]

关于 K 在 V_2O_5-WO_3/TiO_2 催化剂表面的累积实验结果表明，模拟中毒方法会影响碱金属的累积，气溶胶法催化剂表面累积的 K 量更大，除了 K 在催化剂表面沉积所引起的物理抑制外，K 细小颗粒还可能渗透进入催化剂内造成反应活性位点的中毒。

我国煤种多为高 Ca 煤，烟气中含量较高的 CaO 可对催化剂脱硝活性产生抑制作用。碱土金属对 VO_x 催化剂的毒化机理与碱金属类似，除了物理钝化造成催化剂失活外，碱土金属同样可以减弱催化剂表面酸位点强度，抑制 NH_3 在酸位点上的吸附，但其对 L 酸没有影响[262]。碱土金属对催化剂酸位点和表面 V 还原的影响能抑制催化剂脱硝活性。除此之外，CaO 扩散性差，与催化剂表面活性成分的亲和力弱，因此，当烟气中碱土金属氧化物浓度较高时，其能沉积在催化剂表面并进一步与 CO_2 或 SO_2 反应生成碳酸盐或硫酸盐堵塞催化剂孔道。对比于碱金属，碱土金属的毒化作用相对弱。文献[263]比较了 K、Na、Ca 以及 Mg 等碱（土）金属对 V_2O_5-WO_3/TiO_2 脱硝活性以及物化特性的影响，证实 Ca 和 Mg 可以影响催化剂酸位点且抑制表面 VO_x 的还原，但是此两种碱土金属对脱硝活性的抑制作用弱于 K 和 Na。

7.1.2　砷中毒

砷（As）在大多数煤种中都存在。燃烧过程中 As 被氧化形成气态 As_2O_3，这是烟气中的气态 As 的主要形态。在 SCR 反应器的温度区间内，还会生成 As_2O_5 和 As_4O_6，As 浓度取决于锅炉型式和煤的化学组成，液态排渣锅炉所产生的气态 As 浓度远高于固态排渣锅炉。无论是哪种形态，As 均可引起催化剂中毒失活，尤其是飞灰再循环的液态排渣锅炉。

As_2O_3 由于扩散进入催化剂内部微孔并不断聚积，可造成微孔孔道堵塞并引起活性位点物理钝化；此外，As_2O_3 很容易被烟气中的 O_2 氧化为 As_2O_5，As_2O_3 和 As_2O_5 均可在催化剂表面产生固化作用，最终形成 As 的饱和层，这会破坏毛细管并阻止气体向催化剂内部的扩散。因此，虽然催化剂内部仍保持初始活性，但表面活性已被破坏。As_2O_5 与 V_2O_5 生成稳定的砷酸钒 $[V_3(AsO_4)_5]$ 等物质，则会造成活性位点发生不可逆中毒[264]（图 7.1）。研究表明，烟气中游离的 CaO 与 As_2O_3 生成稳定的可随炉渣或者飞灰排出的固体 $Ca_3(AsO_4)_2$，可有效地降低烟气中 As_2O_3 浓度[264]。因此，以高 Ca 煤为燃料的脱硝系统中，SCR 脱硝催化剂 As 中毒程度通常会大大减弱。

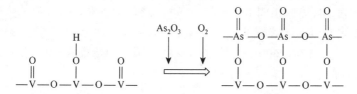

图 7.1　As 致 SCR 脱硝催化剂中毒机理

7.1.3　铅中毒

垃圾发电厂烟气中的铅（Pb）可引起 SCR 脱硝催化剂中毒。对 Pb 中毒催化剂的脱硝活性测试表明，尽管 Pb 会在催化剂表面聚集，但是 NO 转化率的下降并不完全是孔堵塞造成的，而 Pb 与 NH₃ 在酸位点发生竞争吸附致使 NH₃ 吸附量下降是催化剂中毒的主要原因[265]。Gao 等[266]采用 DFT 研究了 Pb 对 V₂O₅/TiO₂ 的中毒机理，结果发现 PbO 在催化剂表面沉积，从而引起比表面积下降和孔容降低等；且 PbO 与两个 V=O 活性位点会发生化学反应，影响 H⁺ 与活性成分上 O 结合的静电势能并降低催化剂表面酸量以及低温还原性。文献[267]对 PbO 中毒研究表明，PbO 对催化剂的毒化作用介于 K₂O 和 Na₂O。

7.1.4　汞中毒

燃煤电厂是大气中汞（Hg）的主要排放源之一。VO$_x$ 基催化剂具有良好的氧化能力，在 O₂ 以及 HCl 存在的情况下可将烟气中 Hg⁰ 转化为 Hg²⁺，这成为控制烟气中 Hg 排放的一种有效方式[268]。在已有的烟气中 Hg 对催化剂脱硝活性的影响的相关报道中，催化剂脱 Hg 的过程中，Hg 往往会对催化剂的脱硝活性造成不利影响，NO 转化率会出现不同程度下降。通常认为，HCl 和 Hg⁰ 均可在 VO$_x$ 基催化剂表面发生吸附，借此影响 V 以及 O 元素的化学环境，并与 SCR 脱硝反应产生竞争，最终导致 NO 转化率下降。

7.2　Mn-CeO$_x$/PILC 抗碱（土）金属毒化性能

7.2.1　催化剂的制备

采用钛酸丁酯溶胶-凝胶法制备载体 Ti-PILC，浸渍法负载活性组分 Mn-CeO$_x$。选择 KNO₃ 和 Ca(NO₃)₂ 为碱金属中毒元素前驱物，进行浸渍法模拟催化剂碱（土）金属中毒实验。具体操作如下：按照金属元素 M（M = K、Ca）与催化剂中的 Mn 以物质的量比为 0.5 配置碱（土）金属溶液，将新鲜催化剂在此溶液中室温浸渍 3h，80℃下干燥 12h，500℃下焙烧 3h 最终制得中毒催化剂，分别记为（K）Mn-CeO$_x$/Ti-PILC 和（Ca）Mn-CeO$_x$/Ti-PILC。

7.2.2　碱（土）金属对催化剂脱硝活性的影响

从图 7.2 中可以看出，在 80～260℃测试温度范围内，碱（土）金属明显降低了催化剂的 NO 转化率，新鲜催化剂在 180℃下的 NO 转化率由 86%分别降低到 45%和 23%。

在同样致毒元素量的情况下，K 对催化剂 NO 转化率的降低作用要明显高于 Ca，这可能与碱（土）金属的碱性相对大小有关。

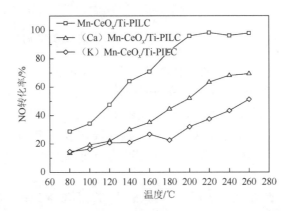

图 7.2　碱（土）金属中毒前后催化剂的低温 SCR 脱硝活性

测试条件：600ppm NO，600ppm NH_3，3% O_2，N_2 为平衡气，
总流量为 300mL/min，催化剂质量为 0.5g

图 7.3 为新鲜催化剂及受 K 和 Ca 中毒催化剂的 H_2-TPR 曲线，该图反映了中毒前后催化剂表面的金属氧化物存在形态的变化。中毒前催化剂的金属氧化物 $Mn-CeO_x$ 之间有着很好的相互作用，因而形成的 H_2-TPR 曲线呈现一个宽泛的还原峰（356℃），而经过 Ca 中毒后，还原峰温度向高温方向移至 385℃，这可能是（Ca）$Mn-CeO_x$/Ti-PILC 表面的金属氧化物存在形态等发生变化，从而导致了氧化还原性质弱化，抑制其 NO 转化率。

经过碱金属 K 中毒后催化剂的 H_2-TPR 曲线出现了以 359℃和 433℃为中心温度的两个还原峰，并且低温还原峰强度明显高于高温还原峰，这表明催化剂经过碱金属中毒后，氧化还原性质发生明显改变，其中活性成分金属氧化物形态多样化，MnO_x 可能形成 Mn_2O_3 和 MnO_2，同时 $Mn-CeO_x$ 之间的相互作用变弱，这些均导致催化剂低温 SCR 脱硝行为差异，脱硝活性下降。

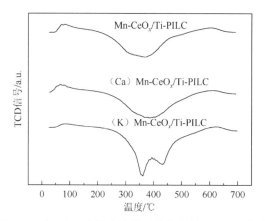

图 7.3　碱（土）金属中毒前后催化剂的 H_2-TPR 曲线

图 7.4 为催化剂 Mn-CeO$_x$/Ti-PILC 及 K 和 Ca 中毒样品的 NH$_3$-TPD 曲线，该图反映出催化剂中毒前后表面酸量分布的变化。从图中可以看出，对于分布于低温段（100～300℃）的 B 酸来说，K 和 Ca 降低了原催化剂的酸量，并使得酸量向高温方向（＞137℃）偏移；对于分布于高温段（550～700℃）的 L 酸来说，Ca 对催化剂酸量的改变并不明显，但是使酸量向低温方向（＜630℃）偏移，而 K 使得酸量向高温方向偏移。

对比催化剂中毒前后脱硝活性，可见催化剂表面酸量分布与其 NO 转化率之间的关系复杂，并不能简单认为高酸量导致了较多的 NH$_3$ 吸附量，因而一定实现催化剂高 NO 转化率。虽然催化剂表面酸量分布容易影响催化剂脱硝活性，但是本部分酸量和催化剂 NO 转化率之间无明显关联，这表明催化剂表面酸量并不是影响催化剂脱硝活性的关键。NH$_3$ 脱附峰向高温的偏移反而不利于脱硝活性的提高，这可能是由于催化剂表面酸量过强，NH$_3$ 与催化剂表面酸位点的结合较强，难以活化脱氢参与反应过程，最终导致 SCR 脱硝反应循环受阻。

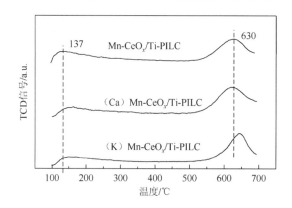

图 7.4　碱（土）金属中毒前后催化剂的 NH$_3$-TPD 曲线

　　对 $Mn-CeO_x/Ti-PILC$ 及中毒后样品（Ca）$Mn-CeO_x/Ti-PILC$ 和（K）$Mn-CeO_x/Ti-PILC$ 进行 XPS 分析，进一步确认碱（土）金属中毒对催化剂表面元素性质的影响。

　　由表 7.1 及图 7.5（a）可知，$Mn-CeO_x/Ti-PILC$ 最强峰出现在 641.8eV，对照标准数据库，Mn_2O_3 的 $Mn2p_{3/2}$ 结合能为 641.5～641.7eV，这表明新鲜催化剂表面的 MnO_x 大多以 Mn_2O_3 的形式存在，催化剂的 $Mn2p_{3/2}$ 结合能向高能方向移动。这表明，新鲜催化剂中多组分相互作用较强，影响了 Mn 的电子状态。这种作用有利于实现较高的 NO 转化率。

　　（Ca）$Mn-CeO_x/Ti-PILC$ 的 XPS 分析结果中，$Mn2p_{3/2}$ 结合能为 641.8eV，与中毒前无明显变化；但经过 K 中毒后，$Mn2p_{3/2}$ 结合能发生了显著变化，结合能从 641.8eV 移至 642.1eV。对照标准数据库，MnO_2 的 $Mn2p_{3/2}$ 结合能为 642.1～642.4eV，这表明经过 K 中毒后的催化剂表面 MnO_x 的形态发生变化，主要以 MnO_2 的形式存在，这种存在形态不利于催化剂实现较高的 NO 转化率。

　　图 7.5（a）是催化剂中毒前后表面 $Mn2p$ 的 XPS 峰，新鲜催化剂 $Mn-CeO_x/Ti-PILC$ 只存在两个较明显的 XPS 峰，分别位于 641.8eV 和 653.7eV 处，分别归属于 Mn_2O_3 的 $Mn2p_{3/2}$ 和 $Mn2p_{1/2}$ 信号。然而，中毒催化剂（Ca）$Mn-CeO_x/Ti-PILC$ 与新鲜催化剂最强峰所对应的结合能位置接近，只不过其中 $Mn2p$ 峰数增多，峰形宽化且更为明显，641.8eV、643.5eV、652.8eV 和 655.6eV 结合能分别属于 Mn_2O_3 的 $Mn2p_{3/2}$、MnO_2 的 $Mn2p_{3/2}$、Mn_3O_4 的 $Mn2p_{1/2}$ 和 Mn_2O_3 的 $Mn2p_{1/2}$ 信号。这表明，虽然 Ca 中毒前后催化剂表面的 MnO_x 主要以 Mn_2O_3 形式存在，然而 Ca 中毒使得其形态多样化，出现 MnO_2 和 Mn_3O_4。

　　碱金属 K 中毒样品（K）$Mn-CeO_x/Ti-PILC$ 的 $Mn2p$ 的 XPS 峰上，主峰移至 642.1eV 处；与新鲜催化剂及（Ca）$Mn-CeO_x/Ti-PILC$ 相比，该峰形进一步宽化，出现诸多杂峰，这表明 K 的引入对催化剂表面 MnO_x 存在形态也产生重要影响，这可能与催化剂 NO 转化率的大幅下降有关。

　　图 7.5（b）是催化剂中毒前后的 $Ce3d$ 的 XPS 峰，结合能 ≤898.0eV 峰属于 $Ce3d_{5/2}$ 信号；结合能 ≥900.4eV 峰属于 $Ce3d_{3/2}$ 信号；结合能约为 885.2eV、916.3eV 峰常被认为是 Ce^{3+} 和 Ce^{4+} 存在的标记。中毒前后催化剂的 $Ce3d$ 的 XPS 峰较复杂，Ca 中毒前后催化剂最强峰所对应的结合能分别为 898.0eV 和 897.9eV，属于 CeO_2 中 Ce^{4+} 所产生的信号，说明 Ce 均以 Ce^{3+} 和 Ce^{4+} 形式存在。这表明 Ca 中毒前后催化剂表面的 CeO_x 基本不变，碱土金属中毒没有显著影响 Ce 的主要价态。但是 K 中毒催化剂的 $Ce3d$ 在 885.2eV 处没有出峰，说明其中缺乏 Ce^{3+}，Ce 主要以 Ce^{4+} 形态存在。在 $Mn-CeO_x$ 相关催化剂中，CeO_x 往往通过 Ce 价态之间的相互转化实现有效储氧能力，可促进催化剂上的 SCR 脱硝反应。（K）$Mn-CeO_x/Ti-PILC$ 脱硝活性明显低于中毒前新鲜催化剂的脱硝活性，可能与碱金属 K 导致的 Ce^{3+} 缺失有关。

在 SCR 脱硝反应中，催化剂的晶格氧和表面氧会参与反应，影响 NH₃ 的活化脱氢及 NO 的氧化等重要步骤，因而影响催化剂的脱硝活性[27]。为此，对催化剂中毒前后表面氧元素也进行 XPS 分析。图 7.6 为中毒前后催化剂的 O1s 的 XPS 峰，中毒前后催化剂的 O1s 的 XPS 峰均不对称且宽化，说明催化剂表面存在不同形式的氧。对原始曲线进行处理后得到 O 元素的不同形态，结合能约 529.7eV 峰和 530.6eV 峰分别属于 CeO$_x$ 和 MnO$_x$ 中的晶格氧信号；结合能约 531.5eV 峰属于钙化物的氧信号；结合能约 531.9eV 峰为催化剂表面吸附氧信号；结合能约 532.4eV 峰属于催化剂表面的羟基氧信号。比较 O1s 的 XPS 峰发现，新鲜催化剂富含表面吸附氧和羟基氧；Ca 中毒使氧形成对催化剂表面氧空位的竞争，Ca 相关物质占据了催化剂表面氧空位，使得新鲜催化剂表面吸附氧消失，最终（Ca）Mn-CeO$_x$/Ti-PILC 出现了钙化物的氧。在 SCR 脱硝反应过程中，吸附氧是强氧化物种，它往往有利于形成强氧化性的自由基，强化 NH₃ 等在催化剂表面的吸附和氧化。因此，（Ca）Mn-CeO$_x$/Ti-PILC 表面吸附氧消失，其氧化能力降低，这与 H₂-TPR 测试结果一致，吸附氧的消失代表的氧化能力下降可能是 Ca 中毒的直接原因。K 的引入并没有引起催化剂表面吸附氧的消失，所以中毒样品（K）Mn-CeO$_x$/Ti-PILC 脱硝活性的下降可能另有原因，后续需要对碱金属中毒机理进行进一步深入研究。

表 7.1　中毒前后催化剂的 XPS 分析数据

催化剂	结合能/eV	
	Mn2$p_{3/2}$	Ce3$d_{5/2}$
Mn-CeO$_x$/Ti-PILC	641.8	898.0
（Ca）Mn-CeO$_x$/Ti-PILC	641.8	897.9
（K）Mn-CeO$_x$/Ti-PILC	642.1	901.1

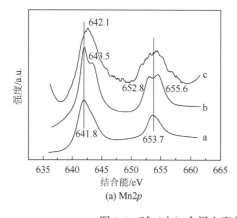

(a) Mn2p

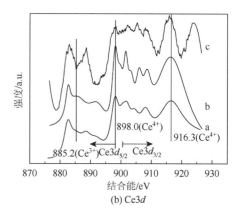

(b) Ce3d

图 7.5　碱（土）金属中毒前后催化剂的 XPS 分析结果

a-Mn-CeO$_x$/Ti-PILC；b-（Ca）Mn-CeO$_x$/Ti-PILC；c-（K）Mn-CeO$_x$/Ti-PILC

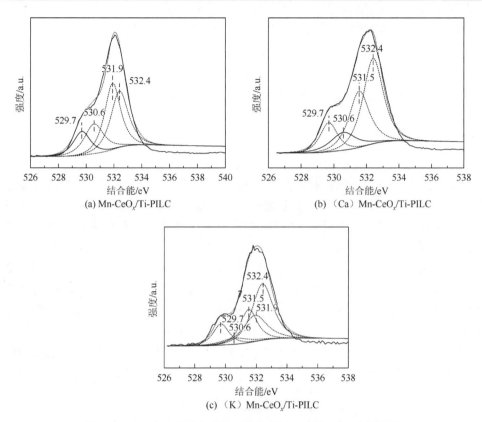

图 7.6　碱（土）金属中毒前后催化剂的 O1s 的 XPS 分析结果

7.3　Mn-CeO$_x$/PILC 碱金属中毒机理

7.3.1　催化剂的制备

使用催化剂为 Mn-CeO$_x$/Zr-PILC，记作新鲜催化剂（Fresh）。

碱金属中毒样品制备过程如下：采用等体积浸渍法制备催化剂碱金属中毒样品。选用 KNO$_3$ 和 NaNO$_3$ 作为碱金属氧化物的前驱物，将 NaNO$_3$ 和 KNO$_3$ 分别配置成一定浓度的溶液，然后将制备好的新鲜催化剂浸入其中。经过 3h 充分浸渍后，将浸渍所得样品于 80℃水浴干燥，然后在陶瓷纤维马弗炉中 500℃焙烧 3h 得到 Na 和 K 中毒催化剂，中毒催化剂分别记为 zNaF 和 zKF，z 表示催化剂 Na 或者 K 与 Mn 的物质的量比。

不同形态 K 中毒样品制备过程如下：采用浸渍法将 KCl 和 K$_2$SO$_4$ 掺入新鲜催化剂以制备 K 中毒样品。将 KCl 和 K$_2$SO$_4$ 分别配置成一定浓度的溶液，然后将制备好的新鲜催化剂浸入其中，经过 3h 充分浸渍后，将样品于 80℃水浴干燥即可得到不同的 K 中毒样品。模拟 KCl 以及 K_2SO_4 中毒样品分别记为 zKCF 和 zKSF，z 表示催化剂 K 与 Mn 的物质的量比。

7.3.2　碱金属中毒催化剂的低温 SCR 脱硝活性

1. K 和 Na 中毒催化剂的脱硝活性

由图 7.7 可以看出，新鲜催化剂的 NO 转化率随温度升高而升高，200℃下出现 NO 最高转化率，之后略有降低，催化剂在 200～240℃内保持 90%以上较稳定的 NO 转化率，显示出较高的脱硝活性。对比而言，碱金属 K 和 Na 的添加使得催化剂的 NO 转化率明显降低，中毒催化剂 NaF 的 NO 最高转化率低于 80%，KF 的 NO 最高转化率甚至低于 65%；针对单一碱金属中毒样品，z 越高，催化剂脱硝活性越低。值得一提的是，中毒催化剂脱硝活性在整个温度测试区间内随温度升高一直升高，不存在稳定的温度窗口。两种中毒催化剂对比而言，KF 的脱硝活性一直低于 NaF，可见 K 中毒催化剂的 NO 转化率降低更严重。在整个温度测试区间内，碱金属 K 对 PILC 负载型 Mn-CeO$_x$ 催化剂的抑制作用一直大于 Na。这与付银成等[269]研究结论相一致，其对 V_2O_5/TiO_2 催化剂的 K、Na 中毒研究也表明，K 具有更强的毒化作用。

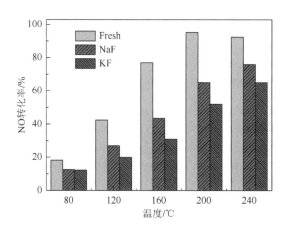

图 7.7　碱金属（K、Na）中毒催化剂的脱硝活性

测试条件：600ppm NO、600ppm NH$_3$、3.0% O$_2$、高纯 N$_2$ 作平衡气；总气体流量为 300mL/min；催化剂质量为 0.5g

2. 不同 K 含量中毒催化剂的脱硝活性

毒化元素碱金属 K 的量显著影响负载型 Mn-CeO$_x$ 催化剂的低温 SCR 脱硝活性（图 7.8）。z 越高，催化剂脱硝活性下降越明显，当 z 为 0.5 时，以 200℃为

例，NO 转化率由 97%下降至 50%左右，z 上升至 1 时，催化剂的 NO 转化率仅
15%左右，呈现出"中毒量越高，催化剂脱硝活性越低"的显著规律。

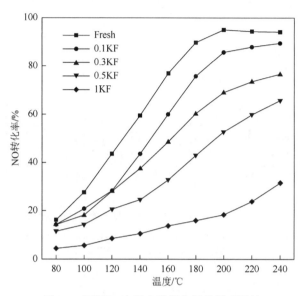

图 7.8　不同 K 含量中毒催化剂的脱硝活性

测试条件：600ppm NO、600ppm NH$_3$、3.0% O$_2$、高纯 N$_2$ 作平衡气；总气体流量为 300mL/min；催化剂质量为 0.5g

　　在以 KCl 和 K$_2$SO$_4$ 为 K 前驱物对催化剂进行沉积模拟中毒研究的过程中，也
发现类似规律（图 7.9）。比较不同中毒元素前驱物可以发现，KCl 和 K$_2$SO$_4$ 两种
前驱物中毒样品脱硝活性大致接近，难以区分；二者均对催化剂脱硝活性具有明
显的抑制作用，高掺杂浓度（$z=1$）KCl 和 K$_2$SO$_4$ 的催化剂 NO 最高转化率分别
仅为 20%和 21%。

　　为了对比 KCl 和 K$_2$SO$_4$ 两种前驱物致催化剂失活效应，比较反应温度在 160℃
和 200℃下催化剂的 NO 转化率随 z 变化的情况。如图 7.10 所示，在 160℃和 200℃
下，随着 z 的增加，催化剂的 NO 转化率持续单调递减。这表明，KCl 或 K$_2$SO$_4$
添加量达到一定值时可造成催化剂的完全中毒失活，两种中毒盐在催化剂表面沉
积均可引起 NO 转化率的降低，在中等中毒量时，KCl 中毒样品脱硝活性丧失更
快，不过催化剂在高中毒量时呈现的脱硝活性相差不大，当中毒元素浓度较高时，
催化剂均发生严重失活，NO 转化率基本稳定在 14%左右。Cl 被广泛认为是催化
剂可能的中毒因素，而适当 SO$_4^{2-}$ 虽然可以增强催化剂的表面酸量，但是往往容易
与活性成分（MnO$_x$ 等）形成硫酸盐，使催化剂损失脱硝活性。两种沉积中毒前驱
物导致的催化剂脱硝活性丧失差异可能与残存的阴离子对催化剂的影响有关。

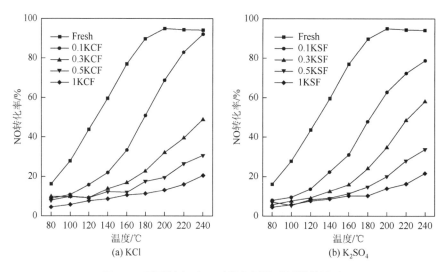

图 7.9　不同温度下 K 对催化剂脱硝活性的影响

测试条件：600ppm NO、600ppm NH_3、3.0% O_2、高纯 N_2 作平衡气；
总气体流量为 300mL/min；催化剂质量为 0.5g

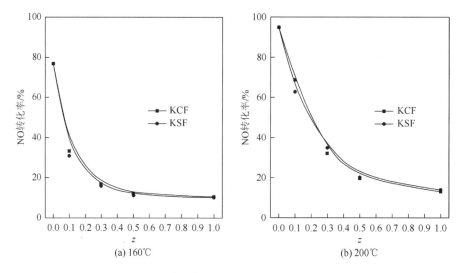

图 7.10　催化剂的脱硝活性随 z 的变化情况

7.3.3　碱金属对催化剂理化性质的影响

1. 碱金属对催化剂的孔结构性质的影响

表 7.2 列出了新鲜催化剂以及碱金属中毒催化剂的孔结构特性。从表 7.2 中可以看出，碱金属造成了催化剂比表面积的下降，而且随着 z 的增加，其下降幅度

增大。K 添加催化剂样品比表面积持续降低，当 z 为 0.5 时，催化剂的比表面积由 78.97m^2/g 降到 42.60m^2/g；而 0.5NaF 催化剂样品的比表面积为 49.64m^2/g。可以推测，碱金属沉积在催化剂表面或者渗入催化剂微孔内部，使得部分孔道堵塞而造成了比表面积的降低，进而抑制了催化剂的低温 SCR 脱硝活性。对表 7.2 中催化剂的比表面积以及 200℃下催化剂中毒前后的脱硝活性对比分析发现，催化剂失活速率远大于比表面积的降低幅度，说明催化剂脱硝活性下降不仅仅是因为物理沉积作用，也存在化学中毒原因。对中毒催化剂的结构性质分析发现，K 添加催化剂的比表面积降低程度比 Na 添加催化剂的比表面积降低明显，这可能是脱硝活性测试中 K 表现出比 Na 毒化作用强的原因之一。

表 7.2　碱金属对催化剂孔结构性质的影响

样品	比表面积 S_{BET}/(m^2/g)	孔容/(m^3/g)	S_{BET}/$S_{BET\,(Fresh)}$/%	η_{NO}^*/η_{NO}/%
Fresh	78.97	0.105	100	100
0.1KF	59.75	0.101	75.66	64.98
0.3KF	57.72	0.095	73.09	39.47
0.5KF	42.60	0.088	53.94	25.19
0.5NaF	49.64	0.085	62.86	35.00
1KF	35.42	0.025	46.24	10.24

注：S_{BET}^* 为碱金属中毒催化剂的比表面积；η_{NO}^* 为碱金属中毒催化剂的 NO 转化率

表 7.3 列出了不同形态 K 含量（z）的催化剂的比表面积以及孔结构特性。从表 7.3 中可以看出，K 的添加使得催化剂比表面积和孔容出现大幅度的降低，其中 0.3KCF 样品的比表面积降低到 46.86m^2/g，孔容则减小为 0.082cm^3/g；0.3KSF 样品的比表面积和孔容的下降幅度更明显。这表明 K 沉积在催化剂表面并堵塞部分孔而造成比表面积下降；K$_2$SO$_4$ 对孔结构的破坏要比 KCl 严重。

表 7.3　K 对催化剂比表面积及孔结构的影响

样品	比表面积/(m^2/g)	孔容/(cm^3/g)	平均孔径/nm
Fresh	78.97	0.105	6.25
0.3KCF	46.86	0.082	5.65
0.3KSF	43.58	0.074	5.96
1KCF	42.79	0.078	5.84
1KSF	40.18	0.072	5.98

2. 碱金属对催化剂晶态的影响

图 7.11 为新鲜催化剂以及 Na（K）中毒后催化剂的 XRD 图谱。对于新鲜催化剂，在 $2\theta = 19.8°$ 和 $34.9°$ 处为黏土的二维 hk 晶面衍射峰，而黏土中石英、方晶石等物质的衍射峰则出现在 $26.6°$、$28°$ 处。此外，催化剂样品在 $37.2°$、$56.6°$ 处出现微弱的 MnO_2 衍射峰。对于 Na（K）中毒样品，黏土的衍射峰以及石英、方晶石等物质的衍射峰均未发生明显变化；此外，除了 MnO_2 衍射峰，XRD 图谱中未出现其他 MnO_x 的衍射峰。这表明，Na（K）的添加未对 MnO_x 在载体表面的分散性产生影响，即活性成分 MnO_x 仍然在催化剂表面高度分散。

此外，在 Na（K）中毒样品中均未发现碱金属氧化物或其相对应的盐类物质衍射峰，可认为 Na_2O/K_2O 以无定形或高分散态分布在催化剂表面，并没有形成相应的结晶。Lisi 等[270]对商业 VO_x 基催化剂碱金属中毒研究也表明，Na（K）对 V_2O_5 和 WO_3 等活性成分的晶相无明显影响，而且 Na（K）在催化剂上高度分散，并未出现相应的衍射峰。

XRD 未发现碱金属对催化剂活性物质等的存在形态造成影响，并且未出现碱金属相应物态，所以不再对不同 K 前驱物中毒样品进行 XRD 分析。

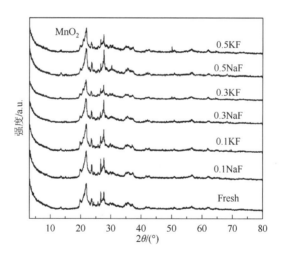

图 7.11　Na（K）对催化剂结晶形态的影响

3. 碱金属对催化剂表面酸量的影响

为了进一步研究碱金属中毒机理，对催化剂进行 NH₃-TPD 实验，结果如图 7.12 所示。新鲜催化剂在 $100\sim500℃$ 出现了一个大的 NH_3 脱附峰，说明催化剂表面吸附有不同热稳定性的 NH_3。Na（K）中毒的催化剂样品的 NH_3 脱附峰形

状与新鲜催化剂的 NH_3 脱附峰相似，但是 NH_3 脱附峰面积明显减小。表 7.4 列出了新鲜催化剂以及 Na（K）中毒催化剂的 NH_3 脱附量。从表 7.4 中可以看出，Na（K）中毒催化剂吸附 NH_3 的能力明显下降，对于 K 中毒催化剂而言，NH_3 吸附量与 z 相关。新鲜催化剂表面酸量可达 104.4μmol/g，中毒催化剂酸量随 z 的增加而持续降低，当 z 为 0.5 时，催化剂表面酸量仅为 42.4μmol/g 左右。

基于 Pena 等[109]提出的 MnO_x 基催化剂低温 SCR 脱硝的反应机理，Na（K）可与催化剂表面的—Mn—OH 配位反应，影响酸位点吸附 NH_3 的能力。而 NH_3 在催化剂表面的吸附是 SCR 脱硝反应的第一步，Na（K）中毒催化剂 NH_3 吸附量的降低必将导致 NO 转化率的下降。对催化剂表面酸量分析发现，K 对表面 NH_3 吸附能力的抑制作用要强于 Na，这与它们对低温 SCR 脱硝活性的影响趋势相一致。对催化剂 Na（K）中毒研究认为，碱金属对催化剂的毒化主要通过与酸位点发生中和反应此路径，而且其毒化能力往往与金属碱性强度成正比。

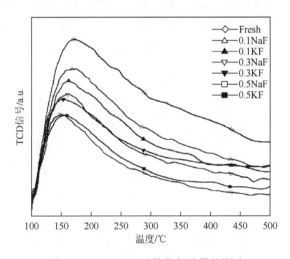

图 7.12　Na（K）对催化剂酸量的影响

表 7.4　催化剂表面酸量结果

样品	酸量/(μmol/g)	NH_3 脱附峰温度/℃
Fresh	104.4	171
0.1KF	67.1	162
0.3KF	54.3	153
0.5NaF	42.7	149
0.5KF	42.1	156
1KF	30.3	150

　　表7.4中各新鲜/中毒催化剂NH$_3$脱附峰温度变化情况表明，碱金属中毒催化剂的脱附峰温度往低温方向移动，说明此时催化剂表面吸附的NH$_3$以热稳定性差的NH$_3$为主。在SCR脱硝过程中，NH$_3$吸附在催化剂酸位点生成配位NH$_3$，在活性氧（O）存在的情况下配位NH$_3$可脱氢形成高活性的—NH$_2$，与气态NO$_x$或者吸附在催化剂表面的NO$_x$发生氧化还原反应。然而，—NH$_2$的生成一般发生在150℃以上，使得—NH$_2$的生成可能成为SCR脱硝的控制步骤。对于0.5NaF以及0.5KF等中毒催化剂，其表面吸附NH$_3$的高温不稳定性使得—NH$_2$的生成步骤受到限制，从而表现出随着反应温度的上升脱硝活性受抑制增强的现象。

　　同样对不同形态K对催化剂NH$_3$相对脱附量的影响进行了研究。从图7.13中可以看出，催化剂的NH$_3$相对脱附量随z的增加而持续降低；而且相对于添加KCl中毒催化剂来说，添加K$_2$SO$_4$中毒催化剂的NH$_3$相对脱附量要高，可能是因为K$_2$SO$_4$在催化剂表面沉积同时引入了SO$_4^{2-}$，成为催化剂表面上新的酸位点。但是对于z相同的KCl和K$_2$SO$_4$中毒催化剂来说，K$_2$SO$_4$中毒催化剂的脱硝活性降低程度并未因SO$_4^{2-}$而有所减弱，据此推测SO$_4^{2-}$吸附的NH$_3$不能够被催化位点有效地活化，未参与SCR脱硝反应过程。

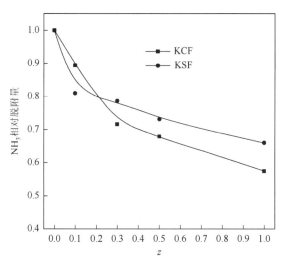

图7.13　不同形态K对催化剂NH$_3$相对脱附量的影响

NH$_3$相对脱附量以新鲜催化剂的NH$_3$脱附量为标准

4. 碱金属对催化剂表面氧化还原性质的影响

　　采用H$_2$-TPR技术对新鲜催化剂和碱金属中毒催化剂的氧化还原性质进行测试，如图7.14和图7.15所示。新鲜催化剂在整个还原温度区间内分别在324℃和420℃处出现H$_2$还原峰，结合Mn-CeO$_x$/PILC催化剂的XRD和H$_2$-TPR测试结果分析，中毒前后催化剂上负载的活性成分 MnO_x 发生了两步还原，分别归属于 $MnO_2/Mn_2O_3 \rightarrow Mn_3O_4$ 以及 $Mn_3O_4 \rightarrow MnO$ 的 H_2 还原峰。

　　对于 Na 中毒催化剂，两个 H_2 还原峰温度向高温方向偏移，氧化还原性质变弱，推断催化剂的低温氧化还原性质受 Na 抑制。而对于 K 中毒催化剂，各样品的 H_2 还原峰温度发生偏移的程度虽然并不明显，但总体上看，呈现向高温偏移的趋势（除 0.1KF 外）。

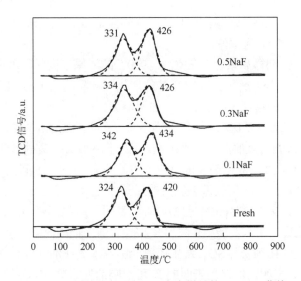

图 7.14　新鲜催化剂以及 Na 中毒样品的 H_2-TPR 曲线

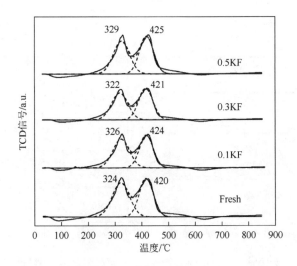

图 7.15　新鲜催化剂以及 K 中毒样品的 H_2-TPR 曲线

文献[271]对于碱（土）金属中毒机理研究发现，Na 和 K 可能会与表面氧中心发生强的键合，改变催化剂上活性位点周围的氧环境，影响活性位点的再氧化过程，进而造成催化剂脱硝活性的抑制。Bulushev 等[272]对催化剂 VO_x/TiO_2 负载 K 后的 H_2-TPR 研究则认为，K 使得催化剂表面生成无定形 KVO_3 等物质，抑制了 VO_x 的氧化还原，影响其参与氧化反应的活性。

为进一步考察 K 对催化剂还原性能的影响，对不同 K 中毒催化剂样品进行 H_2-TPR 测试（图 7.16）。分析可见，新鲜催化剂在整个还原温度区间内分别于 324℃ 和 420℃处出现 H_2 还原峰，两个 H_2 还原峰同样是归属于 $MnO_2/Mn_2O_3 \rightarrow Mn_3O_4$ 以及 $Mn_3O_4 \rightarrow MnO$ 的 H_2 还原峰。

对于中毒催化剂样品来说，在室温～900℃的还原温度区间内也出现了两个 H_2 还原峰。如图 7.16（a）所示，添加 KCl 的催化剂样品的两个 H_2 还原峰温度均向高温方向偏移，而且偏移幅度随着 z 的增加而增大。KCl 在整个还原温度区间内不会发生还原反应，因此可以认为，催化剂样品氧化还原性质的抑制归于 KCl 在催化剂表面的沉积，使得表面氧的流动受到影响。而对于添加 K_2SO_4 的催化剂样品[图 7.16（b）]，当 z 为 0.1 时，催化剂表现出两个明显的 H_2 还原峰；随着 z 的增加，催化剂仍然出现两个还原峰，但较低温度处的还原峰变为肩峰，在 550℃处出现一个大的 H_2 还原尖峰。文献[273]和文献[274]研究表明，催化剂表面的 SO_4^{2-} 可在 527～640℃发生 H_2 还原。在本实验中，添加 K_2SO_4 后催化剂还原峰温度明显向高温方向偏移，这可能是催化剂表面 SO_4^{2-} 发生还原而影响了氧在活性成分 Mn-CeO_x 间的流动。H_2-TPR 测试表明，催化剂表面的 K 可影响活性成分 MnO_x 的还原过程，但是 KCl 和 K_2SO_4 对催化剂氧化还原性质的影响机理和程度均不同。

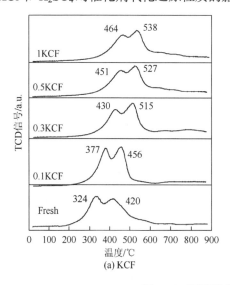
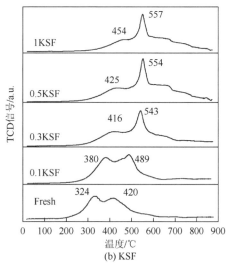

图 7.16　不同催化剂的 H_2-TPR 曲线

5. 碱金属对催化剂表面各元素浓度以及化学状态的影响

选择催化剂 0.5NaF 和 0.5KF 进行 XPS 测试以分析 Na（K）对催化剂表面各元素浓度以及化学状态的影响。表 7.5 为 Na（K）在新鲜催化剂表面沉积后样品表面元素浓度的变化，可以看出，尽管 z 达到了 0.5，催化剂表面未出现 Na（K）元素，可能 Na（K）在催化剂表面高度分散未达到仪器的检测阈值，或者 Na（K）沉积进入催化剂孔内而无法检测。这也与中毒催化剂的 XRD 图谱中未发现 Na(K) 衍射峰的结果相一致。

图 7.17（a）为各样品表面 Mn2p 的 XPS 峰。对新鲜催化剂的 Mn2$p_{3/2}$ 进行拟合，出现对应于 Mn^{3+}（641.1eV）和 Mn^{4+}（643.3eV）的两个 XPS 峰，表明 MnO_x 以 Mn^{3+} 和 Mn^{4+} 形式共存。对图 7.17（b）中 Zr3d 的 XPS 峰分析可知，Zr3$d_{5/2}$ 对应的结合能处在 182.10～182.35eV，表明催化剂上中 Zr 以 Zr^{4+} 的形式存在[275, 276]。对 0.5NaF 和 0.5KF 样品来说，Mn2p 和 Zr3d 的结合能位置均没有发生迁移，说明 Na（K）在催化剂表面的沉积未对 Mn 元素的化学状态发生改变。

表 7.5　新鲜催化剂以及模拟中毒样品的表面元素浓度（%）

样品	Na	K	Mn	Ce	Zr	O	
						O_α	O_β
Fresh	—	—	4.45	—	1.94	86.94	6.67
0.5NaF	—	—	5.10	—	1.90	83.50	9.50
0.5KF	—	—	4.84	—	2.15	79.72	13.29

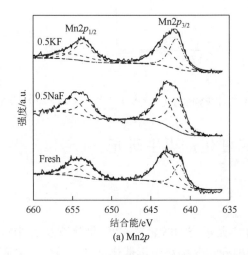

(a) Mn2p

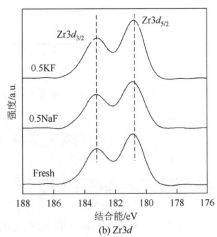

(b) Zr3d

图 7.17　催化剂中毒前后样品的 XPS 分析结果

　　图 7.18 为新鲜催化剂以及 Na（K）中毒催化剂的 O1s 的 XPS 峰。由图 7.18 可以看出，O1s 的 XPS 峰中存在两个明显的峰，说明存在两种氧物种[277]。其中，结合能处于 531.3～531.7eV 的 O1s 峰归于化学吸附氧（O_α），可能来源于催化剂表面吸附氧或羟基氧；结合能处于 529.1～529.6eV 的 O1s 峰则对应于金属氧化物的晶格氧（O_β）。催化剂表面化学吸附氧比晶格氧具有更强的活性，可将 NO 氧化为 NO_2，从而对 SCR 脱硝产生有效的促进作用[123]。从表 7.5 中可以看出，相比于新鲜催化剂，Na（K）中毒催化剂的化学吸附氧浓度明显降低，而表面化学吸附氧的降低可能使催化剂氧化 NO 为 NO_2 的能力受到抑制，使催化剂低温 SCR 脱硝活性出现不同程度的下降。

　　结合 H_2-TPR 结果分析，Na（K）使得催化剂表面氧与金属产生强的键合，影响催化剂表面的化学吸附氧比例，降低了催化剂的低温氧化还原性质。文献[271]对模拟碱（土）金属中毒催化剂的研究也认为，Na（K）降低了催化剂表面吸附氧的比例，影响了催化剂再氧化等过程，从而对催化剂脱硝活性产生了抑制。

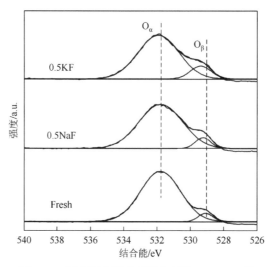

图 7.18　碱金属中毒前后催化剂的 O1s XPS 峰

7.4　碱金属中毒催化剂再生研究

7.4.1　催化剂样品的再生处理

　　主要选取对催化剂毒化作用更强的 K 元素作为碱金属代表，催化剂及 K 中毒方法参照 7.2.1 节。选择水洗和酸洗两种方式分别对中毒催化剂进行再生实验研究，其中酸洗液分别为浓度为 0.1mol/L 的 H_2SO_4 溶液和 HNO_3 溶液。

　　水洗再生过程如下：将 K 中毒催化剂样品放入去离子水中反复洗涤 30min，离心后于 80℃水浴干燥，再进行脱硝活性测试。

　　酸洗再生过程如下：将 K 中毒催化剂样品放入一定体积的酸洗溶液中，充分洗涤 30min，然后用去离子水洗涤至溶液 pH 为 6～7，经干燥后进行再生催化剂脱硝活性评价。

　　将经过水洗和不同酸液酸洗的再生催化剂分别表示为 zKFW（水洗）、zKFA1（HNO_3 洗）以及 zKFA2（H_2SO_4 洗）。不同形态 K 中毒催化剂及再生处理后所得样品分别记为 zKCF（KCl 中毒）/zKSF（$K_2(SO_4)_2$ 中毒）、zKCFW/zKSFW（水洗）和 zKCFA/zKSFA（酸洗）。

7.4.2　碱金属中毒催化剂再生活性

　　由于烟气中碱金属一般具有良好的可溶性，采用水洗或者酸洗往往可以恢复催化剂的脱硝活性。

　　图 7.19 为 K 中毒催化剂水洗再生处理后样品的脱硝活性测试结果。从图 7.19 中可以看出，以 200℃为例，当 z 低于 0.3 时，水洗再生效果比较明显，其中催化剂 0.1KF 经水洗后脱硝活性可恢复至 85%以上，0.3KF 经水洗后脱硝活性也可恢复到 78%左右。而当 z 为 0.5 时，催化剂的水洗再生效果并不明显。结果说明，低添加量的碱金属 K 中毒失活可以通过水洗再生恢复催化剂脱硝活性，而当 K 添加量过高时，简单水洗再生效果不佳。

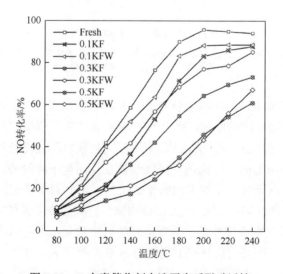

图 7.19　K 中毒催化剂水洗再生后脱硝活性

测试条件：600ppm NO、600ppm NH_3、3.0% O_2、高纯 N_2 作平衡气；总气体流量为 300mL/min；催化剂质量为 0.5g

　　针对水洗无法使高添加量碱金属 K 中毒催化剂脱硝活性恢复的问题，选择 0.5KF 催化剂对其进行酸洗再生实验。如图 7.20 所示，相对于水洗再生来说，经酸洗再生处理后催化剂脱硝活性有了明显的提高，其中硫酸酸洗催化剂在 80～160℃低温范围内脱硝活性恢复比硝酸酸洗催化剂效果好，可恢复 75%左右的脱硝活性；硝酸酸洗催化剂在 180～240℃的脱硝活性恢复则略高于硫酸酸洗催化剂。可以推测，当 K 添加量较高时，部分 K 与催化剂表面活性位点结合牢固或者进入催化剂内部，酸洗可以有效地增加 K 的溶解性，使其脱离—Mn—OK 而恢复 B 酸活性位。有研究报道，酸洗不仅可以洗涤去除 K，而且增强催化剂表面酸量，对催化剂低温 SCR 脱硝活性恢复产生促进作用[221]。

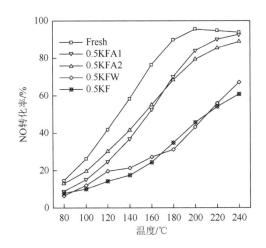

图 7.20　不同再生方式处理后 0.5KF 催化剂的脱硝活性

测试条件：600ppm NO、600ppm NH_3、3.0% O_2、高纯 N_2 作平衡气；
总气体流量为 300mL/min；催化剂质量为 0.5g

　　图 7.21 为硫酸浓度对中毒催化剂 0.5KF 再生脱硝活性的影响。从图 7.21 中可以看出，随着硫酸浓度的增加，催化剂的脱硝活性恢复程度增加；中毒催化剂经 0.2mol/L 的硫酸洗涤后，其 NO 转化率不仅完全恢复而且比新鲜催化剂要高。当硫酸浓度为 0.5mol/L 时，催化剂脱硝活性恢复反而呈下降趋势。对催化剂再生研究表明，酸洗可以促进催化剂表面酸量的增加，但同时会造成活性成分的损失以及催化剂机械强度的降低[278]。因此可以推测，当硫酸浓度较低时，可以有效地去除 K 以及增强催化剂表面酸量，具有良好的再生效果；而高浓度的硫酸可能造成活性成分的渗出，因而对催化剂脱硝活性恢复贡献不大。在实际催化剂酸洗再生过程中，需要注意防止溶液 pH 过低造成的脱硝活性降低问题。

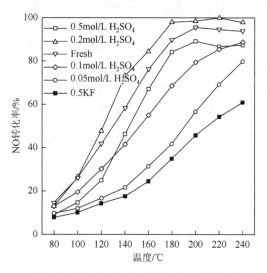

图 7.21　硫酸浓度对 0.5KF 催化剂再生脱硝活性的影响

测试条件：600ppm NO、600ppm NH_3、3.0% O_2、高纯 N_2 作平衡气；
总气体流量为 300mL/min；催化剂质量为 0.5g

　　从以上研究可见，z 为 0.5 样品在酸洗和水洗再生中脱硝活性恢复有限，故在关于不同形态 K 中毒催化剂的再生研究中选取 z 为 0.3 的中毒催化剂，分别采用去离子水和浓度为 0.1mol/L 的硫酸进行洗涤处理，并对再生催化剂的脱硝活性进行测试，结果如图 7.22 所示，0.3KCF 催化剂经水洗以及酸洗之后，脱硝活性均

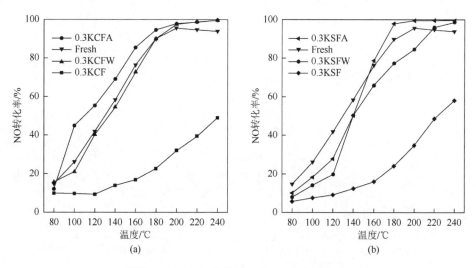

图 7.22　K 中毒催化剂再生处理后脱硝活性

测试条件：600ppm NO、600ppm NH_3、3.0% O_2、高纯 N_2 作平衡气；
总气体流量为 300mL/min；催化剂质量为 0.5g

可以完全恢复，证实两种再生方法的有效性。其中酸洗催化剂 0.3KCFA 的 NO 转化率高于新鲜催化剂。0.3KSF 经再生处理后低温 SCR 脱硝活性测试结果也证实再生处理对活性恢复的效果，酸洗催化剂的脱硝活性甚至高于新鲜催化剂。因此可以认为，由 K 富集造成的碱金属中毒可以通过洗涤进行再生，而且对于两种催化剂再生方法来说，酸洗再生效果要优于水洗再生。

第8章　结　　论

研究表明：与初始黏土以及酸改性、有机改性等方式相比，对黏土进行柱撑改性并通过浸渍法制备的锰基催化剂在低温下具有较好的脱硝活性。本书通过PILC的制备参数、活性成分负载量、催化剂煅烧温度、改性金属种类及含量、柱撑元素种类，以及柱撑方法等对其低温SCR脱硝活性的影响，对锰基PILC催化剂实施优化。通过一系列表征技术系统研究了催化剂的物理结构性质以及化学性质，探索物化性质和其低温SCR脱硝活性之间的关系。研究测试条件（NO、NH$_3$、O$_2$浓度以及空速）的影响，达到优化测试条件的目的。同时研究了锰基PILC催化剂低温SCR脱硝动力学；以及SO$_2$、H$_2$O和碱（土）金属等对催化剂脱硝活性的毒化及机理，以为进一步开发优化催化剂提供基础数据及参考。主要获得的研究结论如下。

（1）对于MnO$_x$/Ti-PILC的制备，系统地研究了载体Ti-PILC的制备条件、活性成分负载量、催化剂煅烧温度等要素。载体的制备条件包含Ti/clay、H/Ti、交联温度、溶剂、黏土浓度、煅烧温度等。研究表明：对黏土进行柱撑改性对制备黏土负载型MnO$_x$催化剂很有必要；在柱添加量Ti/clay为15mmol/g，H/Ti为1.2，以H$_2$O和丙酮混合物为溶剂，在1%的黏土浓度中，室温下交联并在500℃煅烧后可以得到MnO$_x$的有效载体。MnO$_x$/Ti-PILC的最佳负载量为10%，在300℃下煅烧得到的催化剂具有较高的低温SCR脱硝活性。180℃下，NO转化率几乎可达到100%。但是催化剂在SO$_2$和H$_2$O同时存在的情况下迅速发生不可逆失活。300℃热处理后，脱硝活性仅仅恢复10%左右。

在活性成分研究方面，通过添加不同组分在MnO$_x$/Ti-PILC中进行优化，不同组分对催化剂脱硝活性的影响与MnO$_x$负载量有一定关系。其中添加Ce、La氧化物对提高催化剂脱硝活性明显有利。以MnO$_x$负载量为10%的MnO$_x$/Ti-PILC为研究对象，发现Ce添加量为2%时，催化剂氧化还原性质最强，表面化学吸附氧浓度最高，催化剂Mn-CeO$_x$/Ti-PILC脱硝活性最佳。同样，当La添加量在2%～4%时，氧化还原性质最强，表面酸量最强，Mn-LaO$_x$/Ti-PILC表现出最高的脱硝活性。此外，Ce、La氧化物在改善MnO$_x$/Ti-PILC低温SCR脱硝活性的同时，在一定程度上亦有助于增强催化剂的抗H$_2$O抗SO$_2$性。

（2）在此基础上，以Mn-CeO$_x$作为活性成分，发现载体的制备可影响催化剂脱硝活性以及抗SO$_2$性。以传统TiCl$_4$酸解法、Ti(OC$_4$H$_9$)$_4$溶胶法以及TiOSO$_4$沉淀反胶溶法得到的 Ti-PILC 分别负载 Mn-CeO$_x$[记为 Mn-CeO$_x$/Ti-PILC（Cl）、Mn-CeO$_x$/Ti-PILC（O）、Mn-CeO$_x$/Ti-PILC（S）]时，Mn-CeO$_x$/Ti-PILC（S）低温 SCR 脱硝活性最高，其中最佳柱添加量 Ti/clay 为 15mmol/g，分析认为其最佳的脱硝活性与其独特的孔结构、较强的表面酸量以及强氧化还原性质有关，黏土表层存在的 TiO$_2$ 也是可能因素。以传统 TiCl$_4$ 酸解法交联情况较差，Mn-CeO$_x$/Ti-PILC（Cl）脱硝活性最低。同时实验发现，Mn-CeO$_x$/Ti-PILC（S）抗低浓度 SO$_2$ 性较好，在短时间（5h）内，同时通入 100ppm SO$_2$ 和 3% H$_2$O，催化剂脱硝活性变化不大，NO 转化率维持在 90% 以上；200ppm 高浓度的 SO$_2$ 作用下，失活严重，最终 NO 转化率仅 20% 左右。通过动力学研究发现，实验用催化剂低温 SCR 脱硝反应可能更倾向于 L-H 机理。

（3）实验制备了不同 PILC 负载型 MnO$_x$ 以及 Mn-CeO$_x$ 催化剂。发现不同柱撑元素（Zr、Ti、Fe、Al）得到的 PILC 负载 Mn 基催化剂显示出较好的脱硝活性。但是载体中柱撑元素种类对脱硝活性有一定影响。对于 MnO$_x$ 单组分催化剂而言，四种负载型 MnO$_x$ 催化剂的 NO 最高转化率均超过 90%，MnO$_x$/Ti-PILC 和 MnO$_x$/Zr-PILC 在 180℃下即显示出 70% 左右的 NO 转化率，低温 SCR 脱硝活性更佳。负载型 Mn-CeO$_x$ 催化剂中 Mn-CeO$_x$/Zr-PILC 脱硝活性最佳，160℃下，NO 转化率即达到 80% 以上。金属氧化物柱对活性的影响是比表面积、氧化还原性质和表面酸量综合作用的结果。

在黏土层间引入 Zr-Ce 插层，制备的 Zr-Ce-PILC 可作为 MnO$_x$ 的有利载体。负载量为 12% 的 MnO$_x$/Zr-Ce-PILC 在 160℃下的 NO 转化率即可达到 80% 左右。其活性高于 MnO$_x$/Zr-PILC 和 MnO$_x$/Ce-PILC。其中最佳（Zr＋Ce）/clay 为 30mmol/g，Zr∶Ce 为 1∶1。通过表征发现，Zr-Ce 的插入提高了催化剂的比表面积和孔容；丰富了表面酸量；同时增强了载体和 MnO$_x$ 的相互作用，催化剂表面存在分散相对较好的 Mn$_3$O$_4$，这些因素可能共同作用，MnO$_x$/Zr-Ce-PILC 表现出较好的脱硝活性。Zr 和 Ce 在柱撑过程中共同起到促进作用。此外还发现，MnO$_x$/Zr-Ce-PILC 在 SO$_2$ 和 H$_2$O 存在的情况下失活速率明显低于 MnO$_x$/clay。对 Ti-Zr 复合 PILC 负载型 Mn-CeO$_x$ 催化剂研究发现，对黏土进行有机改性后可以促进 Ti-Zr 有效柱撑，制得的 Mn-CeO$_x$/Ti-Zr-OPILC 脱硝活性较 Mn-CeO$_x$/Ti-Zr-PILC 明显提高。通过 XRD 分析发现，活性成分分散性较好，Mn-CeO$_x$/Ti-Zr-OPILC 表面存在丰富的不同强度的酸位点。测试条件（空速、NH$_3$ 浓度、NO 初始浓度、O$_2$ 体积分数）等因素对催化剂脱硝活性有一定影响。190℃下，以上因素分别为 40000h^{-1}、600ppm、600ppm 和 3% 时，Mn-CeO$_x$/Ti-Zr-OPILC 脱硝活性较理想。

（4）通过 N$_2$ 吸附/脱附、TG、FTIR、NH$_3$-TPD 以及 H$_2$-TPR 表征发现，Mn-CeO$_x$/Ti-PILC（S）失活可能是由于硫酸铵盐的沉积造成的，并推测其独特的结构性质以及黏土层外的 TiO$_2$ 对其展现一定的抗 SO$_2$ 性有利。

　　（5）碱（土）金属明显降低了催化剂的 NO 转化率，在同样致毒元素量的情况下，K、Na 对催化剂 NO 转化率的降低作用要明显高于 Ca；H_2-TPR 表征表明，催化剂经过碱金属中毒后氧化还原性质发生明显改变，其中活性成分金属氧化物形态多样化，同时 Mn 和 Ce 之间的相互作用变弱；Ca 和 K 中毒对酸量影响比较复杂，二者可降低了原催化剂的 B 酸量，并使得酸量的分布向高温方向移动（＞137℃）；K 中毒催化剂表面 Mn 的形态发生变化，主要以 MnO_2 的形式存在，Ca 中毒催化剂表面吸附氧消失，其氧化能力降低，可能是 Ca 中毒的直接原因。

　　以 Na、K 为代表的碱金属可以造成催化剂的中毒失活，而且 K 对催化剂的毒化作用要强于 Na，催化剂的脱硝活性降低程度随着 K 添加量的增加而增大；KCl 和 K_2SO_4 也可造成催化剂脱硝活性的降低；在相同添加量的情况下，二者对催化剂低温 SCR 脱硝活性的抑制程度差别不大。分析表明，碱金属使得比表面积等出现了明显的降低，碱金属沉积是导致催化剂脱硝活性降低的原因之一；催化剂的脱硝活性与表面 NH_3 吸附量的降低规律相一致，K 失活可能是由于毒物中和了催化剂的活性酸位点，抑制了 NH_3 在催化剂表面的吸附和活化；K 使得催化剂表面氧与金属产生强的键合，降低了催化剂表面的化学吸附氧比例，抑制了催化剂的低温氧化还原性质。

　　K 中毒催化剂再生研究表明，水洗可以有效地对中毒程度较弱的催化剂进行再生；对于 K 添加量较高的催化剂，酸洗再生效果要优于水洗再生。认为高浓度酸液可能造成催化剂活性成分的损失，对催化剂的再生贡献不大。

参 考 文 献

[1] 张楚莹，王书肖，邢佳，等. 中国能源相关的氮氧化物排放现状与发展趋势分析[J]. 环境科学学报，2008，28（12）：2470-2479

[2] 王妍，李京文. 我国煤炭消费现状与未来煤炭需求预测[J]. 中国人口·资源与环境，2008，18（3）：152-155

[3] 周涛，刘少光，吴进明，等. 火电厂氮氧化物排放控制技术[J]. 环境工程，2008，26（6）：82-85

[4] 刘亭. 锰铈基低温选择性催化还原（SCR）脱硝催化剂的研究[D]. 天津：南开大学，2011

[5] 孙雅丽，郑骥，姜冰. 燃煤电厂烟气氮氧化物排放控制技术发展现状[J]. 环境科学与技术，2011，34（s1）：174-179

[6] 沈明昊. 浅析燃煤对大气环境的污染及防治[J]. 西北煤炭，2008，6（1）：46-48

[7] 江博琼. Mn/TiO$_2$ 系列低温 SCR 脱硝催化剂制备及其反应机理研究[D]. 杭州：浙江大学，2008

[8] 井鹏，岳涛，李晓岩，等. 火电厂氮氧化物控制标准、政策分析及研究[J]. 中国环保产业，2009（4）：19-23

[9] 佚名. 环保部发布《第一次全国污染源普查公报》[J]. 电力勘测设计，2010（1）：31

[10] 黄少鹗. 美国治理燃煤电厂氮氧化物排放的技术措施[J]. 电力环境保护，1999（4）：33-37，48

[11] Koebel M，Madia G，Raimondi F，et al. Enhanced reoxidation of vanadia by NO$_2$ in the fast SCR reaction[J]. Journal of Catalysis，2002，209（1）：159-165

[12] 谭青，冯雅晨. 我国烟气脱硝行业现状与前景及 SCR 脱硝催化剂的研究进展[J]. 化工进展，2011，30：709-713

[13] Jong M W，Sung C H. A study on CH$_4$-SCR reaction characteristics of Mg-added composite alumina Pt catalysts[J]. Applied Chemistry for Engineering，2017，28（1）：87-94

[14] Zahaf R，Jung J W，Coker Z，et al. Pt catalyst over SiO$_2$ and Al$_2$O$_3$ supports synthesized by aerosol method for HC-SCR deNO$_x$ application[J]. Aerosol and Air Quality Research，2015，15（6）：2409-2421

[15] Bosch H，Janssen F J J G，van den Kerkhof F M G，et al. The activity of supported vanadium oxide catalysts for the selective reduction of NO with ammonia [J]. Applied Catalysis，1986，25（1-2）：239-248

[16] Iwamoto M. Zeolites in environmental catalysis[J]. Studies in Surface Science and Catalysis，1994，84：1395-1410

[17] 梁斌，Calis H P. Ce/β-分子筛催化剂上 NH$_3$ 选择还原 NO 反应动力学研究[J]. 高校化学工程学报，1999，13（3）：217-222

[18] Bin F, Song C L, Lv G, et al. Selective catalytic reduction of nitric oxide with ammonia over zirconium-doped copper/ZSM-5 catalysts[J]. Applied Catalysis B: Environmental, 2014, 150-151: 532-543

[19] Lou X R, Liu P F, Li J, et al. Effects of calcination temperature on Mn species and catalytic activities of Mn/ZSM-5 catalyst for selective catalytic reduction of NO with ammonia[J]. Applied Surface Science, 2014, 307: 382-387

[20] Prasad V S, Aghalayam P. Microkinetic modeling of HC-SCR of NO to N_2, N_2O, and NO_2 on Pt catalysts in automotive aftertreatment[J]. Industrial & Engineering Chemistry Research, 2017, 56 (41): 11705-11712

[21] Xue J J, Wang X Q, Qi G S, et al. Characterization of copper species over Cu/SAPO-34 in selective catalytic reduction of NO_x with ammonia: Relationships between active Cu sites and de-NO_x performance at low temperature[J]. Journal of Catalysis, 2013, 297: 56-64

[22] Martínez-Franco R, Moliner M, Franch C, et al. Rational direct synthesis methodology of very active and hydrothermally stable Cu-SAPO-34 molecular sieves for the SCR of NO_x[J]. Applied Catalysis B: Environmental, 2012, 127: 273-280

[23] Zhang H L, Tang C J, Sun C Z, et al. Direct synthesis, characterization and catalytic performance of bimetallic Fe-Mo-SBA-15 materials in selective catalytic reduction of NO with NH_3[J]. Microporous and Mesoporous Materials, 2012, 151: 44-55

[24] Qiu J, Zhuang K, Lu M, et al. The selective catalytic reduction activity of Cu/MCM-41 catalysts prepared by using the Cu^{2+}-MCM-41 mesoporous materials with copper ions in the framework as precursors[J]. Catalysis Communications, 2013, 31: 21-24

[25] Xu L, Shi C, Zhang Z S, et al. Enhancement of low-temperature activity over Cu-exchanged zeolite beta from organotemplate-free synthesis for the selective catalytic reduction of NO_x with NH_3 in exhaust gas streams[J]. Microporous and Mesoporous Materials, 2014, 200: 304-310

[26] Zhao X, Huang L, Li H R, et al. Highly dispersed V_2O_5/TiO_2 modified with transition metals (Cu, Fe, Fe, Mn, Co) as efficient catalysts for the selective reduction of NO with NH_3[J]. Chinese Journal of Catalysis, 2015, 36 (11): 1886-1899

[27] Zhang P, Li K H, Lei Q D. Enhanced activity of tungsten doped $CeAlO_x$ catalysts for the selective catalytic reduction of NO_x with NH_3[J]. Reaction Kinetics Mechanisms and Catalysis, 2015, 116 (2): 523-533

[28] Fang Z T, Yuan B, Lin T, et al. Monolith $Ce_{0.65}Zr_{0.35}O_2$-based catalysts for selective catalytic reduction of NO_x with NH_3[J]. Chemical Engineering Research and Design, 2015, 94: 648-659

[29] Yu M G, Li C T, Zeng G M, et al. The selective catalytic reduction of NO_x with NH_3 over a novel Ce-Sn-Ti mixed oxides catalyst: Promotional effect of SnO_2[J]. Applied Surface Science, 2015, 342: 174-182

[30] Wang X Q, Liu Y, Wu Z B. Highly active $NbOPO_4$ supported Cu-Ce catalyst for NH_3-SCR reaction with superior sulfur resistance[J]. Chemical Engineering Journal, 2020, 382: 122941

[31] Pang L, Fan C, Shao L N, et al. The Ce doping Cu/ZSM-5 as a new superior catalyst to remove NO from diesel engine exhaust[J]. Chemical Engineering Journal, 2014, 253: 394-401

[32] Klovsky J R, Koradia P B, Lim C T. Evaluation of a new zeolitic catalyst for NO_x reduction

with NH$_3$[J]. Industrial & Engineering Chemistry Product Research and Development，1980，11（42）：218-225

[33] 何选盟，朱振峰，任强. 用于 SCR 技术的负载型催化剂研究进展[J]. 陕西科技大学学报（自然科学版），2008，26（1）：159-162

[34] Tuenter G，van Leeuwen W F，Snepvangers L. Kinetics and mechanism of the NO$_x$ reduction with NH$_3$ on V$_2$O$_5$-WO$_3$/TiO$_2$ catalyst[J]. Industrial & Engineering Chemistry Product Research and Development，1986，25（4）：633-636

[35] Ramis G. On the consistency of data obtained from different techniques concerning the surface structure of vanadia-titania catalysts：Reply to the comment of Israel E. Wachs[J]. Journal of Catalysis，1990，124（2）：574-576

[36] Topsoe N Y，Dumesic J A，Topsoe H. Vanadia-titania catalysts for selective catalytic reduction of nitric-oxide by ammonia：II. Studies of active sites and formulation of catalytic cycles[J]. Journal of Catalysis，1995，151（1）：241-252

[37] Djerad S，Crocoll M，Kureti S，et al. Effect of oxygen concentration on the NO$_x$ reduction with ammonia over V$_2$O$_5$-WO$_3$/TiO$_2$ catalyst[J]. Catalysis Today，2006，113（3）：208-214

[38] 苏航. SCR 系统中板式和蜂巢式催化剂的选取[J]. 电力环境保护，2005（2）：27-29

[39] 王静，沈伯雄，刘亭，等. 钒钛基 SCR 催化剂中毒及再生研究进展[J]. 环境科学与技术，2010，33（9）：97-101

[40] Saur O，Bensitel M，Mohammed S，et al. The structure and stability of sulfated alumina and titania[J]. Journal of Catalysis，1986，99（1）：104-110

[41] Uddin M A，Shimizu K，Ishibe K，et al. Characteristics of the low temperature SCR of NO$_x$ with NH$_3$ over TiO$_2$[J]. Journal of Molecular Catalysis A：Chemical，2009，309（1）：178-183

[42] Tauster S J，Fung S C，Garten R L. Strong metal support interactions. Group 8 noble metals supported on titanium dioxide[J]. Journal of the American Chemical Society，1978，100（16）：170-175

[43] Jiang B Q，Liu Y，Wu Z B. Low-temperature selective catalytic reduction of NO on MnO$_x$/TiO$_2$ prepared by different methods[J]. Journal of Hazardous Materials，2009，162（2）：1249-1254

[44] Duffy B L，Curryhyde H，Cant N W，et al. ^{15}N-labeling studies of the effect of water on the reduction of NO with NH$_3$ over chromia SCR catalysts in the absence and presence of O$_2$[J]. Journal of Catalysis，1995，154（1）：107-114

[45] Schneider H，Maciejewski M，Kohler K，et al. Chromium supported on titania：VI. Properties of different chromium oxide phases in the catalytic reduction of NO by NH$_3$ studied by in situ diffuse reflectance FTIR spectroscopy[J]. Journal of Catalysis，1995，157（2）：312-320

[46] Liu F D，He H，Zhang C B，et al. Selective catalytic reduction of NO with NH$_3$ over iron titanate catalyst：Catalytic performance and characterization[J]. Applied Catalysis B：Environmental，2010，96（3-4）：408-420

[47] Liu F D，Asakura K，He H，et al. Influence of calcination temperature on iron titanate catalyst for the selective catalytic reduction of NO$_x$ with NH$_3$[J]. Catalysis Today，2010，164（1）：520-527

[48] Liu F D，He H. Structure-activity relationship of iron titanate catalysts in the selective catalytic reduction of NO$_x$ with NH$_3$[J]. Journal of Physical Chemistry C，2010，114（40）：16929-16936

[49] Liu F D, He H, Zhang C. Novel iron titanate catalyst for the selective catalytic reduction of NO_x with NH_3 in the medium temperature range[J]. Chemical Communications, 2008 (17): 2043-2045

[50] Roy S, Viswanath B, Hegde M S, et al. Low-temperature selective catalytic reduction of NO with NH_3 over $Ti_{0.9}M_{0.1}O_{2-\delta}$ (M = Cr, Mn, Fe, Co, Cu) [J]. Journal of Physical Chemistry C, 2008, 112 (15): 6002-6012

[51] Matralis H, Theret S, Bastians P, et al. Selective catalytic reduction of nitric oxide with ammonia using MoO_3/TiO_2: Catalyst structure and activity[J]. Applied Catalysis B: Environmental, 1995, 5 (4): 271-281

[52] Peña D A, Uphade B S, Smirniotis P G. TiO_2-supported metal oxide catalysts for low-temperature selective catalytic reduction of NO with NH_3: I. Evaluation and characterization of first row transition metals[J]. Journal of Catalysis, 2004, 221 (2): 421-431

[53] Koebel M, Madia G, Elsener M. Selective catalytic reduction of NO and NO_2 at low temperatures[J]. Catalysis Today, 2002, 73 (3): 239-247

[54] Ettireddy P R, Ettireddy N, Mamedov S, et al. Surface characterization studies of TiO_2 supported manganese oxide catalysts for low temperature SCR of NO with NH_3[J]. Applied Catalysis B: Environmental, 2007, 76 (1): 123-134

[55] Choi S H, Cho S P, Lee J Y, et al. The influence of non-stoichiometric species of V/TiO_2 catalysts on selective catalytic reduction at low temperature[J]. Journal of Molecular Catalysis A: Chemical, 2009, 304 (1): 166-173

[56] Li Y T, Zhong Q. The characterization and activity of F-doped vanadia/titania for the selective catalytic reduction of NO with NH_3 at low temperatures[J]. Journal of Hazardous Materials, 2009, 172 (2): 635-640

[57] Phil H H, Reddy M P, Kumar P A, et al. SO_2 resistant antimony promoted V_2O_5/TiO_2 catalyst for NH_3-SCR of NO_x at low temperatures[J]. Applied Catalysis B: Environmental, 2008, 78 (3): 301-308

[58] Khan S U M. Efficient photochemical water splitting by a chemically modified n-TiO_2[J]. Science, 2002, 297 (5590): 2243-2245

[59] Singoredjo L, Korver R, Kapteijn F, et al. Alumina supported manganese oxides for the low-temperature selective catalytic reduction of nitric oxide with ammonia[J]. Applied Catalysis B: Environmental, 1992, 1 (4): 297-316

[60] Singoredjo L, Kapteijn F. Alumina supported manganese catalysts for low temperature selective catalytic reduction of NO with NH_3[J]. Studies in Surface Science and Catalysis, 1993, 75: 2705-2708

[61] Sullivan J A, Doherty J A. NH_3 and urea in the selective catalytic reduction of NO_x over oxide-supported copper catalysts[J]. Applied Catalysis B: Environmental, 2005, 55(3): 185-194

[62] Kijlstra W S. Deactivation by SO_2 of MnO_x/Al_2O_3 catalysts used for the selective catalytic reduction of NO with NH_3 at low temperatures[J]. Applied Catalysis B: Environmental, 1998, 16 (4): 327-337

[63] Xie G Y, Liu Z Y, Zhu Z P, et al. Simultaneous removal of SO_2 and NO_x from flue gas using

a CuO/Al₂O₃ catalyst sorbent: II. Promotion of SCR activity by SO₂ at high temperatures[J]. Journal of Catalysis, 2004, 224（1）: 42-49

[64] Smirniotis P G, Sreekanth P M, Pena D A, et al. Manganese oxide catalysts supported on TiO₂, Al₂O₃, and SiO₂: A comparison for low-temperature SCR of NO with NH₃[J]. Industrial & Engineering Chemistry Research, 2006, 45（19）: 6436-6443

[65] Huang J H, Tong Z Q, Huang Y, et al. Selective catalytic reduction of NO with NH₃ at low temperatures over iron and manganese oxides supported on mesoporous silica[J]. Applied Catalysis B: Environmental, 2008, 78（3）: 309-314

[66] Caraba R M, Masters S G, Eriksen K M, et al. Selective catalytic reduction of NO by NH₃ over high surface area vanadia-silica catalysts[J]. Applied Catalysis B: Environmental, 2001, 34（3）: 191-200

[67] 何勇, 童华, 童志权, 等. 新型 CuSO₄-CeO₂/TS 催化剂低温 NH₃-SCR 脱除 NO 及抗中毒研究[J]. 过程工程学报, 2009, 2: 360-367

[68] Shen B X, Liu T, Yang X Y, et al. MnOₓ/Ce₀.₆Zr₀.₄O₂ catalysts for low-temperature selective catalytic reduction of NOₓ with NH₃[J]. Environmental Engineering Science, 2011, 28（4）: 291-298

[69] 董国君, 常雪, 王桂香, 等. CuO/SiO₂-Al₂O₃/堇青石催化剂选择性还原 NOₓ 性能研究[J]. 应用化工, 2009, 38（5）: 655-658

[70] 杨超, 张俊丰, 童志权, 等. 活性炭低温催化还原 NOₓ 影响因素及反应机理分析[J]. 环境科学研究, 2006, 19（4）: 86-90

[71] 杨超, 童志权, 黄妍. 活性炭上氨低温选择催化还原 NOₓ 研究[J]. 煤炭转化, 2006(1): 77-80

[72] 沈伯雄, 郭宾彬, 史展亮, 等. CeO₂/ACF 的低温 SCR 烟气脱硝性能研究[J]. 燃料化学学报, 2007, 35（1）: 125-128

[73] Muñiz J, Marbán G, Fuertes A B. Low temperature selective catalytic reduction of NO over modified activated carbon fibres[J]. Applied Catalysis B: Environmental, 2000, 27（1）: 27-36

[74] Pasel J, Käßner P, Montanari B, et al. Transition metal oxides supported on active carbons as low temperature catalysts for the selective catalytic reduction （SCR） of NO with NH₃[J]. Applied Catalysis B: Environmental, 1998, 18（3）: 199-213

[75] 刘守军, 刘振宇. 铜物种分散性对 Cu/AC 脱硫剂低温反应性的影响[J]. 煤炭转化, 2000(4): 63-68

[76] Zhu Z P, Liu Z Y, Liu S J, et al. A novel carbon-supported vanadium oxide catalyst for NO reduction with NH₃ at low temperatures[J]. Applied Catalysis B: Environmental, 1999, 23（4）: L229-L233

[77] Zhu Z P, Liu Z Y, Niu H X, et al. NO-NH₃-O₂ reaction catalyzed by V₂O₅/AC at low temperatures[J]. Science in China （Series B）, 2000, 43（1）: 51-57

[78] Zhu Z P, Liu Z Y, Niu H X, et al. Promoting effect of SO₂ on activated carbon-supported vanadia catalyst for NO reduction by NH₃ at low temperatures[J]. Journal of Catalysis, 1999, 187（1）: 245-248

[79] Zhu Z P, Liu Z Y, Liu S J, et al. Catalytic NO reduction with ammonia at low temperatures on V₂O₅/AC catalysts: Effect of metal oxides addition and SO₂[J]. Applied Catalysis B:

Environmental，2001，30（3）：267-276

[80]　Lazaro M J，Galvez M，Ruiz C，et al. Vanadium loaded carbon-based catalysts for the reduction of nitric oxide[J]. Applied Catalysis B：Environmental，2006，68（3）：130-138

[81]　Galvez M，Lazaro M J，Moliner R. Novel activated carbon-based catalyst for the selective catalytic reduction of nitrogen oxide[J]. Catalysis Today，2005，102：142-147

[82]　García-Bordejé E，Monzon A，Lázaro M J，et al. Promotion by a second metal or SO_2 over vanadium supported on mesoporous carbon-coated monoliths for the SCR of NO at low temperature[J]. Catalysis Today，2005，102：177-182

[83]　García-Bordejé E，Calvillo L，Lázaro M J，et al. Vanadium supported on carbon-coated monoliths for the SCR of NO at low temperature：Effect of pore structure[J]. Applied Catalysis B：Environmental，2004，50（4）：235-242

[84]　García-Bordejé E，Pinilla J L，Lázaro M J，et al. Role of sulphates on the mechanism of NH_3-SCR of NO at low temperatures over presulphated vanadium supported on carbon-coated monoliths[J]. Journal of Catalysis，2005，233（1）：166-175

[85]　Zhang M H，Huang B J，Jiang H X，et al. Research progress in the SO_2 resistance of the catalysts for selective catalytic reduction of NO_x[J]. Chinese Journal of Chemical Engineering，2017，25（12）：1695-1705

[86]　Zhu Z P，Niu H X，Liu Z Y，et al. Decomposition and reactivity of NH_4HSO_4 on V_2O_5/AC catalysts used for NO reduction with ammonia[J]. Journal of Catalysis，2000，195（2）：268-278

[87]　Huang Z G，Zhu Z P，Liu Z Y，et al. Formation and reaction of ammonium sulfate salts on V_2O_5/AC catalyst during selective catalytic reduction of nitric oxide by ammonia at low temperatures[J]. Journal of Catalysis，2003，214（2）：213-219

[88]　Marban G，Antuña R，Fuertes A B. Low-temperature SCR of NO_x with NH_3 over activated carbon fiber composite-supported metal oxides[J]. Applied Catalysis B：Environmental，2003，41（3）：323-338

[89]　Yoshikawa M，Yasutake A，Mochida I. Low-temperature selective catalytic reduction of NO_x by metal oxides supported on active carbon fibers[J]. Applied Catalysis A：General，1998，173（2）：239-245

[90]　Salker A V，Weisweiler W. Catalytic behaviour of metal based ZSM-5 catalysts for NO_x reduction with NH_3 in dry and humid conditions[J]. Applied Catalysis A：General，2000，203（2）：221-229

[91]　Moreno-Tost R，Santamaría-González J，Maireles-Torres P，et al. Cobalt supported on zirconium doped mesoporous silica：A selective catalyst for reduction of NO with ammonia at low temperatures[J]. Applied Catalysis B：Environmental，2002，38（1）：51-60

[92]　Balle P，Geiger B，Kureti S. Selective catalytic reduction of NO_x by NH_3 on Fe-HBEA zeolite catalysts in oxygen-rich exhaust[J]. Applied Catalysis B：Environmental，2009，85（3）：109-119

[93]　Zhou G Y，Zhong B C，Wang W H，et al. In situ DRIFTS study of NO reduction by NH_3 over Fe-Ce-Mn-ZSM-5 catalysts[J]. Catalysis Today，2011，175（1）：157-163

[94]　Richter M，Trunschke A，Bentrup U，et al. Selective catalytic reduction of nitric oxide by ammonia over egg-shell MnO_x/NaY composite catalysts[J]. Journal of Catalysis，2002，206（1）：

98-113

[95] Carja G，Kameshima Y，Okada K，et al. Mn-Ce/ZSM-5 as a new superior catalyst for NO reduction with NH₃[J]. Applied Catalysis B：Environmental，2007，73（1-2）：60-64

[96] Park J，Park H，Baik J，et al. Hydrothermal Stability of Cu-ZSM-5 catalyst in reducing NO by NH₃ for the urea selective catalytic reduction process[J]. Journal of Catalysis，2006，240：47-57

[97] Iwasaki M，Yamazaki K，Shinjoh H，et al. NOₓ reduction performance of fresh and aged Fe-zeolites prepared by CVD：Effects of zeolite structure and Si/Al ratio[J]. Applied Catalysts B：Environmental，2011，102：302-309

[98] Bin F，Song C L，Lv G，et al. Structural characterization and selective catalytic reduction of nitrogen oxides with ammonia：A comparison between Co/ZSM-5 and Co/SBA-15[J]. Journal of Physical Chemistry C，2012，116（50）：26262-26274

[99] Zhang T，Liu J，Wang D X，et al. Selective catalytic reduction of NO with NH₃ over HZSM-5 supported Fe-Cu nanocomposite catalysts：The Fe-Cu bimetallic effect[J]. Applied Catalysts B：Environmental，2014，148-149：520-531

[100] Kim D，Kim J W，Choung S，et al. Catalytic performance of Pt impregnated MCM-41 and SBA-15 in selective catalytic reduction of NOₓ[J]. Journal of Industrial and Engineering Chemistry，2008，14（3）：308-314

[101] Xie L J，Liu F D，Ren L M，et al. Excellent performance of one-pot synthesized Cu-SSZ-13 catalyst for the selective catalytic reduction of NOₓ with NH₃[J]. Environmental Science and Technology，2014，48：566-572

[102] Ma L，Cheng Y S，Cavataio G，et al. In situ DRIFTS and temperature programmed technology study on NH₃-SCR of NOₓ over Cu-SSZ-13 and Cu-SAPQ-34 catalysts[J]. Applied Catalysts B：Environmental，2014，156-157：428-437

[103] Zhou J M，Zhao C W，Liu J S，et al. Promotional effects of cerium modification of Cu-USY catalysts on the low-temperature activity of NH₃-SCR[J]. Catalysis Communications，2018，114：60-64

[104] 李金虎，张先龙，陈天虎，等. 凹凸棒石负载锰氧化物低温选择性催化还原催化剂的表征及对氨的吸脱附[J]. 催化学报，2010，31（4）：454-460

[105] 时博文，张先龙，杨保俊，等. 铁锰氧化物负载粉煤灰-凹凸棒石的脱硝研究[J]. 安徽化工，2012，38（1）：22-26

[106] Park T S，Jeong S K，Hong S H，et al. Selective catalytic reduction of nitrogen oxides with NH₃ over natural manganese ore at low temperature[J]. Industrial & Engineering Chemistry Research，2001，40（21）：4491-4495

[107] Kang M，Yeon T H，Park E D，et al. Novel MnOₓ catalysts for NO reduction at low temperature with ammonia[J]. Catalysis Letters，2006，106（1-2）：77-80

[108] Tang X L，Hao J M，Xu W G，et al. Low temperature selective catalytic reduction of NOₓ with NH₃ over amorphous MnOₓ catalysts prepared by three methods[J]. Catalysis Communications，2007，8（3）：329-334

[109] Pena D A，Uphade B S，Reddy A E P，et al. Identification of surface species on titania-supported manganese，chromium，and copper oxide low-temperature SCR catalysts[J].

The Journal of Physical Chemistry B，2004，108（28）：9927-9936

[110] Kang M，Park J H，Choi J S，et al. Low-temperature catalytic reduction of nitrogen oxides with ammonia over supported manganese oxide catalysts[J]. Korean Journal of Chemical Engineering，2007，24（1）：191-195

[111] Jin R B，Liu Y，Wu Z B，et al. Low-temperature selective catalytic reduction of NO with NH_3 over Mn-Ce oxides supported on TiO_2 and Al_2O_3: A comparative study[J]. Chemosphere，2010，78（9）：1160-1166

[112] Kijlstra W S，Daamen J C M L，van de Graaf J M，et al. Inhibiting and deactivating effects of water on the selective catalytic reduction of nitric oxide with ammonia over MnO_x/Al_2O_3[J]. Applied Catalysis B：Environmental，1996，7：337-357

[113] 沈伯雄，周元驰，史展亮，等. 活性炭纤维的预处理及其 SCR 催化活性研究[J]. 燃料化学学报，2008，36（3）：376-380

[114] Wang R H，Hao Z F，Li Y，et al. Relationship between structure and performance of a novel highly dispersed MnO_x on Co-Al layered double oxide for low temperature NH_3-SCR[J]. Applied Catalysis B：Environmental，2019，258：117983

[115] 唐晓龙，郝吉明，徐文国，等. 低温条件下 Nano-MnO_x 上 NH_3 选择性催化还原 NO[J]. 环境科学，2007，28（2）：289-294

[116] Qi G，Yang R T，Chang R. MnO_x-CeO_2 mixed oxides prepared by co-precipitation for selective catalytic reduction of NO with NH_3 at low temperatures[J]. Applied Catalysis B：Environmental，2004，51（2）：93-106

[117] Yu J，Guo F，Wang Y L，et al. Sulfur poisoning resistant mesoporous Mn-base catalyst for low-temperature SCR of NO with NH_3[J]. Applied Catalysis B：Environmental，2010，95（1）：160-168

[118] Qi G，Yang R T. Performance and kinetics study for low-temperature SCR of NO with NH_3 over MnO_x-CeO_2 catalyst[J]. Journal of Catalysis，2003，217（2）：434-441

[119] Duan K J，Tang X L，Yi H，et al. Rare earth oxide modified Cu-Mn compounds supported on TiO_2 catalysts for low temperature selective catalytic oxidation of ammonia and in lean oxygen MnO_x-CeO_2[J]. Journal of Rare Earths，2010，28：338-342

[120] Kang M，Park E D，Kim J M，et al. Cu-Mn mixed oxides for low temperature NO reduction with NH_3[J]. Catalysis Today，2006，111（3-4）：236-241

[121] Chen Z H，Li X H，Gao X，et al. Selective catalytic reduction of NO_x with NH_3 on a Cr-Mn mixed oxide at low temperature[J]. Chinese Journal of Catalysis，2009，30（1）：4-6

[122] Eigenmann F，Maciejewski M，Baiker A. Selective reduction of NO by NH_3 over manganese-cerium mixed oxides: Relation between adsorption，redox and catalytic behavior[J]. Applied Catalysis B：Environmental，2006，62（3）：311-318

[123] Wu Z B，Jin R B，Liu Y，et al. Ceria modified MnO_x/TiO_2 as a superior catalyst for NO reduction with NH_3 at low-temperature[J]. Catalysis Communications，2008,9（13）：2217-2220

[124] Shen B X，Liu T. Deactivation of MnO_x-CeO_x/ACF catalysts for low-temperature SCR of NO with NH_3 in the presence of SO_2[J]. Acta Physico-Chimica Sinica，2010，26（11）：3009-3016

[125] Tang X L，Hao J M，Yi H H，et al. Low-temperature SCR of NO with NH_3 over AC/C supported

manganese-based monolithic catalysts[J]. Catalysis Today，2007，126（3）：406-411

[126] Casapu M，Grunwaldt J，Maciejewski M，et al. Comparative study of structural properties and NO$_x$ storage-reduction behavior of Pt/Ba/CeO$_2$ and Pt/Ba/Al$_2$O$_3$[J]. Applied Catalysis B：Environmental，2008，78（3-4）：288-300

[127] Casapu M，Krocher O，Mehring M，et al. Characterization of Nb-containing MnO$_x$-CeO$_2$ catalyst for low-temperature selective catalytic reduction of NO with NH$_3$[J]. Journal of Physical Chemistry C，2010，114（21）：9791-9801

[128] Zhang Q L，Qiu C T，Xu H D，et al. Novel promoting effects of tungsten on the selective catalytic reduction of NO by NH$_3$ over MnO$_x$-CeO$_2$ monolith catalyst[J]. Catalysis Communications，2011，16（1）：20-24

[129] Thirupathi B，Smirniotis P G. Co-doping a metal（Cr，Fe，Co，Ni，Cu，Zn，Ce，and Zr）on Mn/TiO$_2$ catalyst and its effect on the selective reduction of NO with NH$_3$ at low-temperatures[J]. Applied Catalysis B：Environmental，2011，110：195-206

[130] Thirupathi B，Smirniotis P G. Nickel-doped Mn/TiO$_2$ as an efficient catalyst for the low-temperature SCR of NO with NH$_3$. Catalytic evaluation and characterizations[J]. Journal of Catalysis，2012，288：74-83

[131] Wu X D，Si Z C，Li G，et al. Effects of cerium and vanadium on the activity on the activity and selectivity of MnO$_x$-TiO$_2$ catalyst for low-temperature NH$_3$-SCR[J]. Journal of Rare Earths，2011，29（1）：64-68

[132] Shen B X，Liu T，Zhao N，et al. Iron oxide modified MnO$_x$-CeO$_2$/TiO$_2$ catalyst for low temperature SCR of NO with NH$_3$[J]. Journal of Environmental Sciences，2010，22（9）：1447-1452

[133] Qi G，Yang R T. Low-temperature selective catalytic reduction of NO with NH$_3$ over iron and manganese oxides supported on titania[J]. Applied Catalysis B：Environmental，2003，44（3）：217-225

[134] Li J H，Chen J J，Ke R，et al. Effects of precursors on the surface Mn species and the activities for NO reduction over MnO$_x$/TiO$_2$ catalysts[J]. Catalysis Communications，2007，8（12）：1896-1900

[135] Kapteijn F，Singoredjo L，Vandriel M，et al. Alumina-supported manganese oxide catalysts：II. Surface characterization and adsorption of ammonia and nitric oxide[J]. Journal of Catalysis，1994，150（1）：105-116

[136] Chen L，Li J H，Ge M F. DRIFT study on cerium-tungsten/titiania catalyst for selective catalytic reduction of NO$_x$ with NH$_3$[J]. Environmental Science and Technology，2010，44（24）：9590-9596

[137] 李云涛，钟秦. 低温 NH$_3$-SCR 反应机理及动力学研究进展[J]. 化学进展，2009，21（6）：1094-1100

[138] 孙亮，许悠佳，曹青青，等. 氧化锰基催化剂低温 NH$_3$ 选择性还原 NO$_x$ 反应及其机理[J]. 化学进展，2010，22（10）：1882-1891

[139] Marbán G. Mechanism of low-temperature selective catalytic reduction of NO with NH$_3$ over carbon-supported Mn$_3$O$_4$：Role of surface NH$_3$ species：SCR mechanism[J]. Journal of

Catalysis，2004，226（1）：138-155

[140] Liu C，Shi J W，Gao C，et al. Manganese oxide-based catalysts for low-temperature selective catalytic reduction of NO_x with NH_3：A review[J]. Applied Catalysis A：General，2016，522：54-69

[141] Machida M，Kurogi D，Kijima T. MnO_x-CeO_2 binary oxides for catalytic NO_x-sorption at low temperatures. Selective reduction of sorbed NO_x[J]. Chemistry of Materials，2000，12（10）：3165-3170.

[142] Kijlstra W S，Brands D S，Poels E K，et al. Kinetics of the selective catalytic reduction of NO with NH_3 over MnO_x/Al_2O_3 catalysts at low temperature[J]. Catalysis Today，1999，50（1）：133-140

[143] 韦正乐，杨超，盘思伟，等. MnO_x/Al-SBA-15 催化剂低温 NH_3 选择性催化还原 NO 的原位红外研究[J]. 环境工程学报，2014，8（2）：672-676

[144] Yu T，Hao T，Fan D Q，et al. Recent NH_3-SCR mechanism research over Cu/SAPO-34 catalyst[J]. Journal of Physical Chemistry C，2014，118（13）：6565-6575

[145] Wu Z B，Jiang B Q，Liu Y，et al. Experimental study on a low-temperature SCR catalyst based on MnO_x/TiO_2 prepared by sol-gel method[J]. Journal of Hazardous Materials，2007，145（3）：488-494

[146] Panahi P N，Salari D，Niaei A，et al. NO reduction over nanostructure M-Cu/ZSM-5（M：Cr，Mn，Co and Fe）bimetallic catalysts and optimization of catalyst preparation by RSM[J]. Journal of Industrial and Engineering Chemistry，2013，19（6）：1793-1799

[147] McEwen J S，Anggara T，Schneider W F，et al. Integrated operando X-ray absorption and DFT characterization of Cu-SSZ-13 exchange sites during the selective catalytic reduction of NO_x with NH_3[J]. Catalysis Today，2012，184（1）：129-144

[148] 曹蕃，苏胜，向军，等. SCR 反应过程中 NO/NH_3 在 γ-Al_2O_3 表面吸附特性[J]. 化工学报，2014，65（10）：4056-4062

[149] Wei L，Cui S P，Guo H X，et al. DRIFT and DFT study of cerium addition on SO_2 of manganese-based catalysts for low temperature SCR[J]. Journal of Molecular Catalysis A：Chemical，2016，421：102-108

[150] 唐赟，李卫华，盛亚运. 计算机分子模拟——2013 年诺贝尔化学奖简介[J]. 自然杂志，2013，35（6）：408-415

[151] Brindley G W，Sempels R. Preparation and properties of some hydroxy-aluminum beidellites[J]. Clay Minerals，1977，12（3）：229-237

[152] 林世军，周春晖，王春伟，等. 无机层柱粘土材料的制备和应用研究新进展[J]. 化工矿物与加工，2006，35（5）：4-8

[153] 戴劲草，萧子敬. 粘土的层间交联和多孔材料的形成条件[J]. 无机材料学报，1999，14（1）：90-94

[154] 刘灵燕，肖金凯，张澄博，等. 柱化剂研究进展[J]. 矿物岩石地球化学通报，2002，21（4）：247-252

[155] Gil A，Korili S，Trujillano R，et al. A review on characterization of pillared clays by specific techniques[J]. Applied Clay Science，2011，53（2）：97-105

[156] Busca G，Lietti L，Ramis G，et al. Chemical and mechanistic aspects of the selective catalytic reduction of NO$_x$ by ammonia over oxide catalysts：A review[J]. Applied Catalysis B：Environmental，1998，18（1）：1-36

[157] 李松军，罗来涛. 交联粘土催化剂的研究进展[J]. 工业催化，2000，8（6）：3-7

[158] Huang Q Q，Zuo S F，Zhou R X. Catalytic performance of pillared interlayered clays（PILCs）supported CrCe catalysts for deep oxidation of nitrogen-containing VOCs[J]. Applied Catalysis B：Environmental，2010，95（3）：327-334

[159] Michalikzym A，Dula R，Duraczynska D，et al. Active，selective and robust Pd and/or Cr catalysts supported on Ti-，Zr-，or [Ti，Zr]-pillared montmorillonites for destruction of chlorinated volatile organic compounds[J]. Applied Catalysis B：Environmental，2015，174：293-307

[160] Sanabria N R，Centeno M，Molina R，et al. Pillared clays with Al-Fe and Al-Ce-Fe in concentrated medium：Synthesis and catalytic activity[J]. Applied Catalysis A：General，2009，356（2）：243-249

[161] Zhang S C，Sun X J，Wu S L，et al. Ce-modified Al-pillared clays supported MnO$_x$ catalysts for catalytic degradation of chlorobenzene[J]. Journal of Rare Earths，2013，31：554-562

[162] Zuo S F，Yang P，Wang X Q. Efficient and environmentally friendly synthesis of AlFe-PILC-supported MnCe catalysts for benzene combustion[J]. ACS Omega，2017，2（8）：5179-5186

[163] Li J R，Zuo S F，Yang P，et al. Study of CeO$_2$ modified Al-Ni mixed pillared clays supported palladium catalysts for benzene adsorption/desorption catalytic combustion[J]. Materials，2017，10（8）：949-963

[164] Canizares P，Valverde J L，Kou M R S，et al. Synthesis and characterization of PILCs with single and mixed oxide pillars prepared from two different bentonites. A comparative study[J]. Microporous and Mesoporous Materials，1999，29（3）：267-281

[165] Marcos F C F，Assaf J M，Assaf E M. Catalytic hydrogenation of CO$_2$ into methanol and dimethyl ether over Cu-X/V-Al-PILC（X = Ce and Nb）catalysts[J]. Catalysis Today，2017，289：173-180

[166] 肖金凯，荣天君. 粘土矿物在催化裂化催化剂中的应用[J]. 高校地质学报，2000，6（2）：282-286

[167] Kaneko T，Shimotsuma H，Kajikawa M，et al. Synthesis and photocatalytic activity of titania pillared clays[J]. Journal of Porous Materials，2001，8（4）：295-301

[168] Shahmirzadi M A A，Hosseini S S，Luo J Q，et al. Significance，evolution and recent advances in adsorption technology，materials and processes for desalination，water softening and salt removal[J]. Journal of Environmental Management，2018，215：324-344

[169] Yang R T，Chen J P，Kikkinides E S. Pillared clays as superior catalysts for selective catalytic reduction of NO with NH$_3$[J]. Industrial and Engineering Chemistry Research，1992，31（6）：1440-1445

[170] Chen J P，Hausladen M C，Yang R T. Delaminated Fe$_2$O$_3$-pillared clay：Its preparation，characterization，and activities for selective catalytic reduction of NO by NH$_3$[J]. Journal of Catalysis，1995，151（1）：135-146

[171] Long R，Yang R T. FTIR and kinetic studies of the mechanism of Fe^{3+}-exchanged TiO_2-pillared clay catalyst for selective catalytic reduction of NO with ammonia[J]. Journal of Catalysis，2000，190（1）：22-31

[172] Long R，Yang R T. Selective catalytic reduction of nitrogen oxides by ammonia over Fe^{3+}-exchanged TiO_2-pillared clay catalysts[J]. Journal of Catalysis，1999，186（2）：254-268

[173] Long R，Chang M，Yang R T. Enhancement of activities by sulfation on Fe-exchanged TiO_2-pillared clay for selective catalytic reduction of NO by ammonia[J]. Applied Catalysis B：Environmental，2001，33（2）：97-107

[174] Long R，Yang R T. The promoting role of rare earth oxides on Fe-exchanged TiO_2-pillared clay for selective catalytic reduction of nitric oxide by ammonia[J]. Applied Catalysis B：Environmental，2000，27（2）：87-95

[175] Arfaoui J，Boudali L K，Ghorbel A，et al. Vanadium supported on sulfated Ti-pillared clay catalysts：Effect of the amount of vanadium on SCR-NO by NH_3 activity[J]. Studies in Surface Science and Catalysis，2008，174：1263-1266

[176] Boudali L K，Ghorbel A，Grange P. Characterization and reactivity of WO_3-V_2O_5 supported on sulfated titanium pillared clay catalysts for the SCR-NO reaction[J]. Comptes Rendus Chimie，2009，12（6）：779-786

[177] Wang Y Y，Shen B X，He C，et al. Simultaneous removal of NO and Hg^0 from flue gas over Mn-Ce/PILCs[J]. Environmental Science and Technology，2015，49（15）：9355-9363

[178] Qi G，Yang R T，Chang R. Low-temperature SCR of NO with NH_3 over USY-supported manganese oxide-based catalysts[J]. Catalysis Letters，2003，87（1-2）：67-71

[179] Chmielarz L，Dziembaj R，Grzybek T，et al. Pillared smectite modified with carbon and manganese as catalyst for SCR of NO_x with NH_3. Part I. General characterization and catalyst screening[J]. Catalysis Letters，2000，68：95-100

[180] Krishna B S，Murty D S R，Jai Praksh B S. Surfactant-modified clay as adsorbent for chromate[J]. Applied Clay Science，2001，20（1）：65-71

[181] 曾昭槐. 择形催化[M]. 北京：中国石化出版社，1994

[182] 闵恩泽. 工业催化剂的研制与开发[M]. 北京：中国石化出版社，1997

[183] Yang R T，Cichanowicz E J. Pillared interlayerd clay catalysts for the selective reduction of nitrogen oxides with ammonia：US，5415850[P]. 1995-05-16

[184] Gil A，Vicente M，Gandia L M. Main factors controlling the texture of zirconia and alumina pillared clays[J]. Microporous and Mesoporous Materials，2000，34（1）：115-125

[185] 赵东源，杨亚书，辛勤，等. 混合金属络合物羟基镍铝交联蒙脱土的表面酸性及催化性能[J]. 催化学报，1993，14（4）：287-292

[186] Cheng L S，Yang R T，Chen N. Iron oxide and chromia supported on titania-pillared clay for selective catalytic reduction of nitric oxide with ammonia[J]. Journal of Catalysis，1996，164（1）：70-81

[187] Chmielarz L. SCR of NO by NH_3 on alumina or titania-pillared montmorillonite various modified with Cu or Co Part I. General characterization and catalysts screening[J]. Applied Catalysis B：Environmental，2003，45（2）：103-116

[188] Manova E，Aranda P，Angeles Martinluengo M，et al. New titania-clay nanostructured porous materials[J]. Microporous and Mesoporous Materials，2010，131（1）：252-260

[189] Binitha N N，Sugunan S. Preparation，characterization and catalytic activity of titania pillared montmorillonite clays[J]. Microporous and Mesoporous Materials，2006，93（1）：82-89

[190] 陆琦，雷新荣，汤中道，等. 柱撑粘土矿物材料的晶体结构和晶体化学特征[J]. 地质科技情报，2001，20（1）：91-99

[191] 管俊芳，狄敬茹，于吉顺，等. Zr/Al 基柱撑蒙脱石矿物材料的红外光谱研究[J]. 硅酸盐学报，2005，33（2）：220-224.

[192] Bineesh K V，Kim S，Jermy B R，et al. Synthesis，characterization and catalytic performance of vanadia-doped delaminated zirconia-pillared montmorillonite clay for the selective catalytic oxidation of hydrogen sulfide[J]. Journal of Molecular Catalysis A：Chemical，2009，308（1）：150-158

[193] Li X Y，Lu G，Qu Z P，et al. The role of titania pillar in copper-ion exchanged titania pillared clays for the selective catalytic reduction of NO by propylene[J]. Applied Catalysis A：General，2011，398（1）：82-87

[194] Sychev M，Prihod'Ko R，Stepanenko A，et al. Characterisation of the microporosity of chromia-and titania-pillared montmorillonites differing in pillar density II. Adsorption of benzene and water[J]. Microporous and Mesoporous Materials，2001，47（2-3）：311-321

[195] Maes N，Heylen L，Cool P，et al. The relation between the synthesis of pillared clays and the resulting Porosity[J]. Applied Clay Science，1997，12：43-60

[196] Valverde J L，Sanchez P，Dorado F，et al. Influence of the synthesis conditions on the preparation of titanium-pillared clays using hydrolyzed titanium ethoxide as the pillaring agent[J]. Microporous and Mesoporous Materials，2002，54（1-2）：155-165

[197] 刘涛. 钛交联蒙脱石多孔材料的复合制备与层间结构研究[D]. 武汉：武汉理工大学，2010

[198] 庹必阳，张一敏. Ti-PILCs 的制备条件及焙烧性能的研究[J]. 矿业研究与开发，2008，28（5）：36-39

[199] Fetter G，Hernandez V，Rodriguez V，et al. Effect of microwave irradiation time on the synthesis of zirconia-pillared clays[J]. Materials Letters，2003，57（5）：1220-1223

[200] Gyftopoulou M，Millan M，Bridgwater A V，et al. Pillared clays as catalysts for hydrocracking of heavy liquid fuels[J]. Applied Catalysis A：General，2005，282（1）：205-214

[201] Olaya A，Moreno S，Molina R. Synthesis of pillared clays with aluminum by means of concentrated suspensions and microwave radiation[J]. Catalysis Communications，2009，10（5）：697-701

[202] Olaya A，Blanco G，Bernal S，et al. Synthesis of pillared clays with Al-Fe and Al-Fe-Ce starting from concentrated suspensions of clay using microwaves or ultrasound，and their catalytic activity in the phenol oxidation reaction[J]. Applied Catalysis B：Environmental，2009，93（1-2）：56-65

[203] Gallardo-Amores J M，Armaroli T，Ramis G，et al. A study of anatase-supported Mn oxide as catalysts for 2-propanol oxidation[J]. Applied Catalysis B：Environmental，1999，22（4）：249-259

[204] Bond G C，Tahir S F. Vanadium oxide monolayer catalysts preparation，characterization and catalytic activity[J]. Applied Catalysis，1991，71（1）：1-31

[205] Yuan P，Yin X L，He H P，et al. Investigation on the delaminated-pillared structure of TiO_2-PILC synthesized by $TiCl_4$ hydrolysis method[J]. Microporous and Mesoporous Materials，2006，93（1）：240-247

[206] Kapteijn F，Singoredjo L，Andreini A，et al. Activity and selectivity of pure manganese oxides in the selective catalytic reduction of nitric oxide with ammonia[J]. Applied Catalysis B：Environmental，1994，3（2-3）：173-189

[207] Boot L，Kerkhoffs M H J V，van der Linden B T，et al. Preparation，characterization and catalytic testing of cobalt oxide and manganese oxide catalysts supported on zirconia[J]. Applied Catalysis A：General，1996，137（1）：69-86

[208] Gandia L M，Vicente M A，Gil A. Preparation and characterization of manganese oxide catalysts supported on alumina and zirconia-pillared clays[J]. Applied Catalysis A：General，2000，196（2）：281-292

[209] Wu Z B，Jiang B Q，Liu Y. Effect of transition metals addition on the catalyst of manganese/titania for low-temperature selective catalytic reduction of nitric oxide with ammonia[J]. Applied Catalysis B：Environmental，2008，79（4）：347-355.

[210] Casapu M，Krocher O，Elsener M. Screening of doped MnO_x-CeO_2 catalysts for low-temperature NO-SCR[J]. Applied Catalysis B：Environmental，2009，88（3）：413-419

[211] Qi G，Yang R T. Characterization and FTIR studies of Mn-CeO_x catalyst for low-temperature selective reduction of NO with NH_3[J]. The Journal of Chemical Physics B，2004，108：15738-5747

[212] Liu Z M，Oh K S，Woo S I，et al. Promoting effect of CeO_2 on NO_x reduction with propene over SnO_2/Al_2O_3：Catalyst studied with in situ FT-IR spectroscopy[J]. Catalysis Letters，2008，120（1-2）：143-147

[213] Vicente M A，Banares-Munoz M A，Toranzo R，et al. Influence of the Ti precursor on the properties of Ti-Pillared smectites[J]. Clay Minerals，2001，36（1）：125-138

[214] Yoda S，Sakurai Y，Endo A，et al. Synthesis of titania pillared montmorillonite via intercalation of titanium alkoxide dissolved in supercritical carbon dioxide[J]. Journal of Materials Chemistry，2004，14（18）：2763-2767

[215] Mao H H，Li B S，Li X，et al. Facile synthesis and catalytic properties of titanium containing silica-pillared clay derivatives with ordered mesoporous structure through a novel intra-gallery templating method[J]. Microporous and Mesoporous Materials，2010，130（1）：314-321

[216] 那平，张帆，杨曙锋，等. 水热法制备钛柱撑蒙脱石及对水体中砷酸根的吸附[J]. 天津大学学报，2007（3）：275-279

[217] Chmielarz L，Piwowarska Z，Kuśtrowski P，et al. Porous clay heterostructures（PCHS）intercalated with silica-titania pillars and modified with transition metals as catalysts for the deNO$_x$ process[J]. Applied Catalysis B：Environmental，2009，91（1-2）：449-459

[218] Shimizu K，Kaneko T，Fujishima T，et al. Selective oxidation of liquid hydrocarbons over photoirradiated TiO_2 pillared clays[J]. Applied Catalysis A：General，2002，225（12）：185-191

[219] Sun S M，Jiang Y S，Yu L X，et al. Enhanced photocatalytic activity of microwave treated TiO$_2$ pillared montmorillonite[J]. Materials Chemistry and Physics，2006，98（2）：377-381

[220] Xia Q，Hidajat K，Kawi S. Adsorption and catalytic combustion of aromatics on platinum-supported MCM-41 materials[J]. Catalysis Today，2001，68（1）：255-262

[221] Zheng Y J，Jensen A D，Johnsson J E. Deactivation of V$_2$O$_5$-WO$_3$-TiO$_2$ SCR catalyst at a biomass-fired combined heat and power plant[J]. Applied Catalysis B：Environmental，2005，60（3）：253-264

[222] 邓黎丹. 低温选择性催化还原催化剂的碱金属及碱土金属中毒研究[D]. 天津：南开大学，2011

[223] 刘炜，童志权，罗婕. Ce-Mn/TiO$_2$ 催化剂选择性催化还原 NO 的低温活性及抗毒化性能[J]. 环境科学学报，2006，26（8）：1240-1245

[224] 王忠杰，蔡晔，陈银飞，等. 交联黏土的研究进展[J]. 化工生产与技术，1997，4：23-28

[225] 薛晓敏，黄琴琴，周仁贤. MO$_x$-CeO$_2$/HZSM-5 催化剂催化氧化含氯挥发性有机物研究[J]. 环境科学学报，2011，31（11）：2394-2412

[226] Lin T，Zhang Q L，Li W，et al. Monolith manganese-based catalyst supported on ZrO$_2$-TiO$_2$ for NH$_3$-SCR reaction at low temperature[J]. Acta Physico-Chimica Sinica，2008，24（7）：1127-1131

[227] Keshavaraja A，Ramaswamy A. Mn-stabilized zirconia catalysts for complete oxidation of n-butane[J]. Applied Catalysis B：Environmental，1996，8（1）：L1-L7

[228] Sadykov V A，Kuznetsova T G，Doronin V P，et al. NO$_x$ SCR by decane and propylene on Pt + Cu/Zr-pillared clays in realistic feeds：Performance and mechanistic features versus structural specificity of nanosized zirconia pillars[J]. Catalysis Today，2006，114（1）：13-22

[229] Shen B X，Ma H Q，He C，et al. Low temperature NH$_3$-SCR over Zr and Ce pillared clay based catalysts[J]. Fuel Processing Technology，2014，119：121-129

[230] 刘亭，沈伯雄，朱国营，等. 抗 H$_2$O、抗 SO$_2$ 的低温选择性催化还原催化剂研究进展[J]. 环境污染与防治，2008，30（11）：80-83

[231] Shen B X，Zhang X，Ma H Q，et al. A comparative study of Mn/CeO$_2$，Mn/ZrO$_2$ and Mn/Ce-ZrO$_2$ for low temperature selective catalytic reduction of NO with NH$_3$ in the presence of SO$_2$ and H$_2$O[J]. Journal of Environmental Sciences，2013，25（4）：791-800

[232] Reddy B M，Chowdhury B，Reddy E P，et al. Characterization of MoO$_3$/TiO$_2$-ZrO$_2$ catalysts by XPS and other techniques[J]. Journal of Molecular Catalysis A：Chemical，2000，162（1-2）：431-441

[233] Wo J. Nonoxidative dehydrogenation of ethylbenzene over TiO$_2$-ZrO$_2$ catalysts：Ⅱ. The effect of pretreatment on surface properties and catalytic activities[J]. Journal of Catalysis，1984，87：98-107

[234] Li C W，Sun Y，Hess F，et al. Catalytic HCl oxidation reaction：Stabilizing effect of Zr-doping on CeO$_2$ nano-rods[J]. Applied Catalysis B：Environmental，2018，239：628-635

[235] Liu F D，Asakura K，He H，et al. Influence of sulfation on iron titanate catalyst for the selective catalytic reduction of NO$_x$ with NH$_3$[J]. Applied Catalysis B：Environmental，2011，103（3）：369-377

[236] Liu F D, He H. Selective catalytic reduction of NO_x with NH_3 over manganese substituted iron titanate catalyst: Reaction mechanism and H_2O/SO_2 inhibition mechanism study[J]. Catalysis Today, 2010, 153 (3-4): 70-76

[237] Chmielarz L, Dziembaj R, Lojewski T, et al. Effect of water vapour and SO_2 addition on stability of zirconia-pillared montmorillonites in selective catalytic reduction of NO with ammonia[J]. Solid State Ionics, 2001, 141: 715-719

[238] Xiong S C, Liao Y, Xiao X, et al. The mechanism of the effect of H_2O on the low temperature selective catalytic reduction of NO with NH_3 over Mn-Fe spinel[J]. Catalysis Science Technology, 2015, 5 (4): 2132-2140

[239] Xiong S C, Liao Y, Xiao X, et al. Novel effect of H_2O on the low temperature selective catalytic reduction of NO with NH_3 over MnO_x-CeO_2: Mechanism and kinetic study[J]. Journal of Physical Chemistry C, 2015, 119 (8): 4180-4187

[240] Xiao X, Xiong S C, Shi Y, et al. Effect of H_2O and SO_2 on the selective catalytic reduction of NO with NH_3 over Ce/TiO_2 catalyst: Mechanism and kinetic study[J]. Journal of Physical Chemistry C, 2016, 120 (2): 1066-1076

[241] Yang S J, Guo Y F, Chang H Z, et al. Novel effect of SO_2 on the SCR reaction over CeO_2: Mechanism and significance[J]. Applied Catalysis B: Environmental, 2013, 136: 19-28

[242] Zhang L F, Zhang X L, Lv S, et al. Promoted performance of a MnO_x/PG catalyst for low-temperature SCR against SO_2 poisoning by addition of cerium oxide[J]. RSC Advances, 2015, 5 (101): 82952-82959

[243] Wang Y, Yang L, Liao W P, et al. Research of SO_2 resistance of MnO_x catalyst modified by Ce for low temperature SCR with NH_3[J]. Advanced Materials Research, 2011, 256-260: 529-532.

[244] Cha W, Ehrman S H, Jurng J. CeO_2 added V_2O_5/TiO_2 catalyst prepared by chemical vapor condensation (CVC) and impregnation method for enhanced NH_3-SCR of NO_x at low temperature[J]. Journal of Environmental Chemical Engineering, 2016, 4 (1): 556-563

[245] Lai S S, Meng D M, Zhan W C, et al. The promotional role of Ce in Cu/ZSM-5 and in situ surface reaction for selective catalytic reduction of NO_x with NH_3[J]. RSC Advances, 2015, 5 (110): 90235-90244

[246] Teng Y X, Song C Y, Lu X N, et al. Influence of Fe doping on Ce-Mn/TiO_2-ZrO_2 catalysts for low-temperature selective catalytic reduction of NO_x[J]. Advanced Materials Research, 2014, 898: 447-451

[247] Fang C, Shi L Y, Hu H, et al. Rational design of 3D hierarchical foam-like $Fe_2O_3@CuO_x$ monolith catalysts for selective catalytic reduction of NO with NH_3[J]. RSC Advance, 2015, 5 (15): 11013-11022

[248] Gao R H, Zhang D S, Liu X G, et al. Enhanced catalytic performance of V_2O_5-$WO_3/Fe_2O_3/TiO_2$ microspheres for selective catalytic reduction of NO by NH_3[J]. Catalysis Science and Technology, 2013, 3 (1): 191-199

[249] Weng X L, Dai X X, Zeng Q S, et al. DRIFT studies on promotion mechanism of $H_3PW_{12}O_{40}$ in selective catalytic reduction of NO with NH_3[J]. Journal of Colloid and Interface Science, 2016, 461: 9-14

[250] Chen Y X，Dong Z，Huang Z W，et al. Tuning electronic states of catalytic sites enhances SCR activity of hexagonal WO_3 by Mo framework substitution[J]. Catalysis Science and Technology，2017，7（12）：2467-2473

[251] Huang Z W，Li H，Gao J Y，et al. Alkali-and sulfur-resistant tungsten-based catalysts for NO_x emissions control[J]. Environmental Science and Technology，2015，49（24）：14460-14465

[252] Fan Y M，Ling W，Huang B C，et al. The synergistic effects of cerium presence in the framework and the surface resistance to SO_2 and H_2O in NH_3-SCR[J]. Journal of Industrial and Engineering Chemistry，2017，56：108-119

[253] Liu Z M，Liu H Y，Zeng H，et al. A novel Ce-Sb binary oxide catalyst for the selective catalytic reduction of NO_x with NH_3[J]. Catalysis Science and Technology，2016，6（22）：8063-8071

[254] Shi Y N，Chen S，Sun H，et al. Low temperature selective catalytic reduction of NO_x with NH_3 over hierarchically macro-mesoporous Mn/TiO_2[J]. Catalysis Communications，2013，42：10-13

[255] Yu Y K，Chen J S，Wang J X，et al. Performances of $CuSO_4/TiO_2$ catalysts in selective catalytic reduction of NO_x by NH_3[J]. Chinese Journal of Catalysis，2016，37（2）：281-287

[256] Du X S，Wang X M，Chen Y R，et al. Supported metal sulfates on $Ce-TiO_x$ as catalysts for NH_3-SCR of NO：High resistances to SO_2 and potassium[J]. Journal of Industrial and Engineering Chemistry，2016，36：271-278

[257] Yao W Y，Liu Y，Wang X Q，et al. The superior performance of sol-gel made Ce-O-P catalyst for selective catalytic reduction of NO with NH_3[J]. Journal of Physical Chemistry C，2016，120（1）：221-229

[258] Gao C，Shi J W，Fan Z Y，et al. Sulfur and water resistance of Mn-based catalysts for low temperature selective catalytic reduction of NO_x[J]. Catalysts，2018，8（1）：11

[259] Kamata H，Takahashi K，Ingemar Odenbrand C U. The role of K_2O in the selective reduction of NO with NH_3 over a V_2O_5（WO_3）$/TiO_2$ commercial selective catalytic reduction catalyst[J]. Journal of Molecular Catalysis A：Chemical，1999，139（2）：189-198

[260] Zheng Y J，Jensen A D，Johnsson J E，et al. Deactivation of V_2O_5-WO_3/TiO_2 SCR catalyst at biomass fired power plants：Elucidation of mechanisms by lab and pilot-scale experiments[J]. Applied Catalysis B：Mental，2008，83（3）：186-194

[261] Larsson A，Einvall J，Andersson A A，et al. Targeting by comparison with laboratory experiments the SCR catalyst deactivation process by potassium and zinc salts in a large-scale biomass combustion boiler[J]. Energy & Fuels，2006，20（4）：1398-1405

[262] Nicosia D，Czekaj I，Krocher O. Chemical deactivation of SCR catalysts by additives and impurities from fuels，lubrication oils and urea solution：Part. Characterization study of the effect of alkali and alkaline earth metals[J]. Applied Catalysis B：Environmental，2008，77（3-4）：228-236

[263] Klimczak M，Kern P，Heinzelmann T，et al. High-throughput study of the effects of inorganic additives and poisons on NH_3-SCR catalysts-Part I：V_2O_5-WO_3/TiO_2 catalysts[J]. Applied Catalysis B：Environmental，2010，95（1-2）：39-47

[264] Staudt J E，Engelmeyer T，Weston W H，et al. The impact of arsenic on coal fired power plants equipped with SCR-experience at OUC station[R]. ICAC forum，2002：6-15

[265] Khodayari R，Ingemar Odenbrand C U. Deactivating effects of lead on the selective catalytic reduction of nitric oxide with ammonia over a $V_2O_5/WO_3/TiO_2$ catalyst for waste incineration applications[J]. Industrial & Engineering Chemistry Research，1998，37（4）：1196-1202

[266] Gao X，Du X S，Fu Y C，et al. Theoretical and experimental study on the deactivation of V_2O_5 based catalyst by lead for selective catalytic reduction of nitric oxides[J]. Catalysis Today，2011，175（1）：625-630

[267] Chen J P. Preparation，characterization and deactivation of the catalysts for the selective catalytic reduction of NO with NH_3[D]. Buffalo：State University of New York，1993

[268] Li H L，Li Y，Wu C Y，et al. Oxidation and capture of elemental mercury over SiO_2-TiO_2-V_2O_5 catalysts in simulated low-rank coal combustion flue gas[J]. Chemical Engineering Journal，2011，169（1）：186-193

[269] 付银成，宋浩，吴卫红，等. V_2O_5/TiO_2 的钾、钠、钙复合中毒及改性研究[J]. 能源工程，2011（2）：40-44

[270] Lisi L，Lasorella G，Malloggi S，et al. Single and combined deactivating effect of alkali metals and HCl on commercial SCR catalysts[J]. Applied Catalysis B：Environmental，2004, 50（4）：251-258

[271] Chen L，Li J H，Ge M F. The poisoning effect of alkali metals doping over nano V_2O_5-WO_3/TiO_2 catalysts on selective catalytic reduction of NO_x by NH_3[J]. Chemical Engineering Journal，2011，170（2-3）：531-537

[272] Bulushev D A，Rainone F，Kiwiminsker L，et al. Influence of potassium doping on the formation of vanadia species in V/Ti oxide catalysts[J]. Langmuir，2001，17（17）：5276-5282

[273] Ebitani K，Tanaka T，Hattori H. X-ray absorption spectroscopic study of platinum supported on sulfate ion-treated zirconium oxide[J]. Applied Catalysis，1993，102（2）：79-92

[274] 沈伯雄，姚燕，唐雪娇，等. 掺杂元素对 TiO_2/SO_4^{2-} 固体酸特性的影响[J]. 化工学报，2011，62（3）：699-704

[275] Picasso G，Gutierrez M，Pina M，et al. Preparation and characterization of Ce-Zr and Ce-Mn based oxides for n-hexane combustion：Application to catalytic membrane reactors[J]. Chemical Engineering Journal，2007，126（2）：119-130

[276] Alifanti M，Baps B，Blangenois N，et al. Characterization of CeO_2-ZrO_2 mixed oxides. Comparison of the citrate and sol-gel preparation methods[J]. Chemistry of Materials，2003，15（2）：395-403

[277] Machida M，Uto M，Kurogi D，et al. MnO_x-CeO_2 binary oxides for catalytic NO_x sorption at low temperatures：Sorptive removal of NO_x[J]. Chemistry of Materials，2000，12（10）：3158-3164

[278] 沈伯雄，施建伟，杨婷婷，等. 选择性催化还原脱氮催化剂的再生及其应用评述[J]. 化工进展，2008，27（1）：64-67